Luftbehandlung
in Industrie- und Gewerbebetrieben
Be- und Entfeuchten, Heizen und Kühlen

Von

Dipl.-Ing. L. Silberberg

Mit 96 Abbildungen im Text
und einer Tafel

Springer-Verlag
Berlin Heidelberg GmbH
1932

Additional material to this book can be downloaded from http://extras.springer.com

Originally published by Julius Springer in Berlin in 1932
Softcover reprint of the hardcover 1st edition 1932

ISBN 978-3-642-98218-7 ISBN 978-3-642-99029-8 (eBook)
DOI 10.1007/978-3-642-99029-8

Vorwort.

Daß der Feuchtigkeitsgrad der Luft in gewerblichen Betrieben die Verarbeitung und Lagerung von Waren günstig oder ungünstig beeinflussen kann, ist seit längerer Zeit bekannt; besonders in der Industrie der Faserstoffe sind bereits in der zweiten Hälfte des 19. Jahrhunderts Einrichtungen zur künstlichen Befeuchtung der Raumluft geschaffen worden[1]. Erst in den letzten zehn bis zwanzig Jahren hat man jedoch gelernt, die Vorgänge, die bei künstlicher Erhöhung oder Verringerung der Luftfeuchtigkeit auftreten, so zu beherrschen, daß man Luftbehandlungsanlagen wirklich im voraus berechnen und bei entsprechender Ausführung die Wirkung gewährleisten kann. In Amerika ist dieser Zweig der Technik in den Händen einiger größerer Unternehmungen zu großer Blüte gelangt, während in den europäischen Ländern erst ziemlich vereinzelt Luftbehandlungsanlagen anzutreffen sind, die dem gegenwärtigen Stande der Technik voll entsprechen und ihren Zweck wirklich erfüllen. Sehr groß ist die Zahl der Betriebe, die noch mit unvollkommenen Anlagen arbeiten, die Kosten für Verbesserung derselben jedoch scheuen, weil sie fürchten, bei der Mannigfaltigkeit der bestehenden Bauarten wieder eine falsche Wahl zu treffen.

Dieses Mißtrauen ist nicht ganz unberechtigt, da auch gegenwärtig noch zu oft infolge ungenügender Fachkenntnis oder durch Mangel an Gewissenhaftigkeit Apparate empfohlen werden, die unter den gegebenen Umständen bestimmt nicht die beste Lösung darstellen.

Für den Fabrikanten oder Betriebsmann, aber auch für den Heizungs- und Lüftungsingenieur ist es schwierig, sich aus der Fülle zerstreuter Veröffentlichungen anpreisender, rein beschreibender oder wissenschaftlicher Art ein zusammenhängendes Bild von dem Stande der Luftbehandlungstechnik zu machen. Die Zusammenhänge zwischen Lüftungsstärke, Raumtemperatur und -feuchtigkeit, die besonderen Eigenschaften der verschiedenen Bauarten sind noch zu wenig bekannt. Manche unvollkommene Anlage könnte sonst mit ziemlich einfachen, zweckmäßigen Mitteln verbessert werden.

Der Verfasser der vorliegenden Schrift hat den hier geschilderten Zustand in seiner eigenen Berufstätigkeit kennengelernt und so die Anregung erhalten, einen kurzen Führer durch das Gebiet der Luftbehandlung zu schaffen. Dem der Ausführung gewidmeten praktischen Teile

[1] Eine Übersicht aus dem Jahre 1909 gibt die Veröffentlichung Qu.-V. 15.

ist eine ziemlich ausführliche Behandlung der Grundlagen vorangestellt; dabei wurde versucht, dieselben möglichst einfach und anschaulich darzustellen.

Vom deutschen Schrifttum wurden besonders die Arbeiten von Mollier, Grubenmann und Hirsch herangezogen.

Zweifellos wird die vorliegende Schrift (die durchaus nicht den Anspruch auf Vollständigkeit erhebt) als ein erster Versuch zusammenhängender Darstellung der Grundlagen und Ausführungsformen von Luftbehandlungsanlagen zu mancherlei Kritik und zu künftigen Verbesserungen Anlaß geben. Inzwischen hofft der Verfasser jedoch mit dieser Schrift auch in der jetzigen Form bereits eine bestehende Lücke auszufüllen.

Den Firmen, die Unterlagen, zum Teil in besonders ausführlicher Form, zur Verfügung gestellt haben, und der Verlagsbuchhandlung, die die Absichten des Verfassers verständnisvoll gefördert hat, sei hiermit besonders gedankt, ebenso den Herren Dipl.-Ing. M. Hirsch, Frankfurt a. M. und Dr.-Ing. M. Berlowitz, Berlin, denen der Verfasser manche wertvolle Anregung verdankt.

Arnhem, im Dezember 1931.

L. Silberberg.

Inhaltsverzeichnis.

Einleitung.

Anlagen zur künstlichen Behandlung der Luft bezwecken, die Feuchtigkeit der Luft in bestimmten Räumen unabhängig vom Zustande der Außenluft innerhalb gewisser Grenzen regeln zu können. Zuweilen soll die Luft feuchter, in anderen Fällen trockener gehalten werden, als sie ohne künstliche Behandlung in dem betreffenden Raume wäre. Die Luft soll die gewünschte Feuchtigkeit bei denjenigen Temperaturen enthalten, die sich aus den allgemeinen Umständen in dem Raume ergeben. In Arbeitsräumen liegen die Temperaturen im Winter je nach dem Grade der Heizung etwa zwischen + 12 und + 22° C; im Sommer je nach der Witterung, der Lage und Bauart des Raumes, ferner je nach der in ihm durch Menschen, Maschinen und sonstige Einrichtung abgegebenen Wärme und nach dem Grade etwaiger künstlicher Kühlung und Lüftung etwa zwischen 15 und 33° C. Einen Sonderfall bilden Räume mit tiefgekühlter Luft zur Aufbewahrung von verderblichen Waren. Derartige Tiefkühlung der Luft gehört in das Gebiet der Kältetechnik und ist in den darüber bestehenden Veröffentlichungen bereits ausführlich behandelt.

Aus dem engen Zusammenhange zwischen Feuchtigkeit und Temperatur der Raumluft ergibt sich, daß Anlagen zur künstlichen Regelung der Luftfeuchtigkeit sorgfältig den durch die örtlichen Verhältnisse gegebenen Temperaturen angepaßt werden müssen.

Die Höhe der in einem Raume erwünschten Luftfeuchtigkeit wird verhältnismäßig selten durch rein hygienische Anforderungen bestimmt, z. B. in Krankenhäusern, Schulen usw.; in gewerblichen Betrieben wird sie durch die in dem Raume zu verarbeitende oder zu lagernde Ware bestimmt, von der erfahrungsgemäß bekannt ist, bei welcher Luftfeuchtigkeit sie die günstigsten Eigenschaften erhält. Jedem Feuchtigkeitsgehalte einer Ware entspricht eine bestimmte Luftfeuchtigkeit, bei der die Ware nach genügend langer Berührung mit derartiger Luft weder Feuchtigkeit aus ihr aufnimmt noch solche an sie abgibt. Wie weit in einem Betriebsraume die wirkliche Luftfeuchtigkeit über oder unter diesem „Gleichgewichtswerte" liegen muß, hängt davon ab, mit welchem Feuchtigkeitsgehalte die Ware in den Raum kommt, wie lange sie darin bleibt, wie schnell sie Feuchtigkeit aufnimmt oder abgibt, und wie sie den Raum verlassen soll. Die Wahl der in einem Betriebsraume einzuhaltenden

Luftfeuchtigkeit hängt also von einer Reihe von Faktoren ab, die in den einzelnen Gewerbezweigen gewöhnlich durch Erfahrung und veröffentlichte Untersuchungen genügend bekannt sind. Stets empfiehlt es sich, die Luftbehandlungsanlage so zu bemessen, daß der Feuchtigkeitsgrad im Raume bei den darin vorkommenden Temperaturen innerhalb eines nicht zu engen Bereiches geregelt werden kann; dadurch erhält man die Möglichkeit, bei wechselnden Umständen stets den günstigsten Feuchtigkeitsgrad wählen zu können.

Als erwünschte Nebenerscheinung der künstlichen Luftbefeuchtung durch Verdunsten von Wasser erhält man im Sommer eine gewisse Abkühlung des Betriebsraumes. Der Grad dieser Abkühlung kann jedoch je nach der Bauart und Lage des Raumes, der Menge befeuchteter Luft, der Witterung usw. sehr verschieden sein und durch zweckentsprechende Bemessung und Anordnung der Luftbehandlungsanlage wesentlich beeinflußt werden.

Von der Möglichkeit, Luft zu entfeuchten, d. h. störend hohen Feuchtigkeitsgehalt der Luft ohne unerwünscht hohe Steigerung der Raumtemperatur zu verringern, wird noch verhältnismäßig wenig Gebrauch gemacht; auch in der neueren Fachliteratur findet man hierüber weniger für die Praxis geeignete Mitteilungen als über Befeuchtungsanlagen.

Die Zahl der gewerblichen Betriebe, in denen künstliche Sicherung einer erwünschten Luftfeuchtigkeit auf Verarbeitung und Lagerung der Waren günstigen Einfluß ausüben kann, ist sehr groß. Angedeutet seien z. B. die folgenden Betriebszweige:

In der gesamten Industrie der Faserstoffe, also in der Woll-, Baumwolle-, Jute-, Seiden- und Kunstseidenindustrie usw. sind für die verschiedenen Arbeitsvorgänge und Lagerräume bestimmte Feuchtigkeitsgrade, zum Teil innerhalb gewisser Temperaturgrenzen, nötig, um den Fäden oder Stoffen die erwünschte größere oder geringere Dehnung und Geschlossenheit der Einzelfasern, beim Verkauf auch den richtigen Feuchtigkeitsgehalt zu geben.

In der Tabakindustrie ist sowohl für die Verarbeitung als für die Lagerung der Grad der Luftfeuchtigkeit von größter Bedeutung.

Das gleiche gilt für verschiedene graphische Gewerbe, für die papierverarbeitende Industrie, viele chemische Betriebe, für Gummiwarenfabriken, in denen Tauchartikel hergestellt werden; ferner für Süßwarenfabriken, Packräume von Silberwarenfabriken, für zahlreiche Betriebe, in denen Trocknung an der Luft ohne eigentliche Trockenapparate üblich ist, und für eine große Zahl anderer Betriebszweige hinsichtlich einzelner Arbeitsvorgänge.

A. Grundlagen.

I. Die physikalischen Grundlagen.

1. Begriffe.

Die atmosphärische Luft ist ein Gemisch von trockener Luft (Reinluft), die die Eigenschaften eines Gases hat, und von Wasserdampf. Sichtbar und wägbar wird letzterer bei Abkühlung der Luft unter eine gewisse, von ihrem Wassergehalte abhängige Temperatur (Taupunkt) in der Form von Nebel oder von Schwitzwasser, das sich an kalten Flächen bildet. Jeder Temperatur der Luft entspricht bei gegebenem Barometerstande ein gewisses Höchstgewicht an Wasser, das die Luft noch in der Form von unsichtbarem Wasserdampf enthalten kann, das sogenannte Sättigungsgewicht. Der Druck der atmosphärischen Luft, z. B. 1 kg/cm² bei einem Barometerstande von 735,6 mm QS. oder 1,033 kg/cm² bei 760 mm QS., setzt sich nach dem Daltonschen Gesetze zusammen aus den beiden Teildrücken der Luft und des Wasserdampfes; dabei ist sowohl der weitaus überwiegende Teildruck der reinen Luft als derjenige des Wasserdampfes ebenso groß, als wenn jeder der beiden Gemischteile allein den Raum ausfüllen würde. Zahlentafel 1 enthält für verschiedene Lufttemperaturen die zugehörigen Sättigungsgewichte an Wasserdampf auf 1 m³ Luft bei 760 mm Barometerstand; ferner die entsprechenden Teildrücke des Wasserdampfes in derart gesättigter Luft, ausgedrückt in mm QS. Diese Teildrücke des Wasserdampfes stimmen mit denen überein, die man bei den betreffenden Temperaturen in den Tafeln für reinen, gesättigten Wasserdampf findet; denn in mit Wasserdampf gesättigter Luft verhält sich dieser nach dem Daltonschen Gesetze wie reiner, gesättigter Wasserdampf, der allein den gleichen Raum einnehmen würde. Zahlentafel 1 läßt erkennen, daß das in 1 m³ Luft enthaltene Sättigungsgewicht an Wasserdampf bei niedrigen Temperaturen sehr gering ist, z. B. bei 0° C nur 4,9 g, bei höheren Temperaturen jedoch stark anwächst, z. B. bei 25° C bereits 22,9 g beträgt. Der Teildruck des Wasserdampfes ist dabei 4,6 bzw. 23,6 mm QS.

Zahlentafel 1, in welcher die Sättigungsgewichte auf 1 m³ Luft bezogen werden, ist hier wiedergegeben, weil derartige Tafeln in der Praxis noch sehr oft angetroffen werden und für einfache Überschlagsrechnungen auch gute Dienste tun. Um jedoch die Zustandsänderungen der Luft bei Änderung von Feuchtigkeitsgrad und Temperatur übersichtlich verfolgen zu können, ist es richtiger, den Gehalt der Luft an Wasserdampf auf 1 kg reine Luft (Trockenluft) zu beziehen, siehe Zahlentafel 2[1].

Denn bei Änderung ihrer Temperatur und ihres Wassergehaltes verändert eine bestimmte Anfangs-Luftmenge auch ihren Rauminhalt; z. B. nimmt 1 kg gesättigte Winterluft von — 5° C, die auf + 20° C erwärmt und künstlich wieder bis zur Sättigung befeuchtet wird, im Anfangszustande einen Raum von 0,76 m³ ein, worin je 2,47 g Wasserdampf mit 1 kg Trockenluft gemischt sind; im Endzustande nimmt 1 kg Luft einen Raum von 0,836 m³ ein, worin je 14,7 g Wasserdampf auf 1 kg Trockenluft entfallen. Man erhält also lästige Umrechnungen, wenn man nicht alle Rechnungen auf 1 kg Trockenluft als gleichbleibende Einheit mit der ihr zugemischten veränderlichen Gewichtsmenge an Wasserdampf bezieht. Diese Rechnungsweise, die im folgenden durchweg angewendet wird, ermöglicht es, alle Zustandsänderungen der Luft in einem sehr übersichtlichen Schaubilde abzulesen, dem von Mollier angegebenen „J-x"-Diagramm[2].

Der Feuchtigkeitsgrad der Luft oder ihre „relative Feuchtigkeit" wird ausgedrückt durch das Verhältnis

$$\varphi = \frac{h_w}{h_{ws}}, \tag{1}$$

worin bedeutet: h_w den wirklichen Teildruck des Wasserdampfes in mm QS., h_{ws} den Sättigungsdruck von Wasserdampf gleicher Temperatur, bei gleichem Barometerstande, in mm QS.

Anschaulicher ist es, die relative Feuchtigkeit auszudrücken durch das Verhältnis

$$\varphi = \frac{w}{w_s}, \tag{1a}$$

worin bedeutet: w das in 1 m³ Feuchtluft wirklich enthaltene Gewicht an Wasserdampf, w_s das Sättigungsgewicht in 1 m³ Feuchtluft von gleicher Temperatur, bei gleichem Barometerstande.

Auf S. 6 wird nachgewiesen, daß $\frac{w}{w_s} = \frac{h_w}{h_{ws}}$.

In Tafel 1 sind die Sättigungsgewichte w_s in g/m³ für Luft von 760 mm QS. angegeben; das wirkliche Gewicht an Wasserdampf je m³ Feuchtluft, $w = \varphi \cdot w_s$ wird „absolute Feuchtigkeit" genannt.

Zahlenbeispiel: Gemessen sei mit einem zuverlässigen Meßgeräte bei einer Lufttemperatur von 20° C eine relative Feuchtigkeit von 40 bzw. 70%.

Nach Tafel 1 (oder 2) ist $h_{ws} = 17{,}5$ mm QS. und $w_s = 17{,}3$ g/m³.

Demnach ist der wirkliche Teildruck des Wasserdampfes $h_w = 0{,}4 \times 17{,}5 = 7$ bzw. $0{,}7 \cdot 17{,}5 = 12{,}25$ mm QS. und das wirkliche Wassergewicht in 1 m³ Feuchtluft $w = 0{,}4 \cdot 17{,}3 = 6{,}9$ bzw. $0{,}7 \cdot 17{,}3 = 12{,}1$ g/m³.

[1] Qu.-V. 9. [2] Qu.-V. 1 u. 2.

Über die Bedeutung des Wertes x als Maß der Luftfeuchtigkeit (vgl. Zahlentafel 2) siehe S. 8.

Den „Taupunkt" von Luft gegebener Temperatur und Feuchtigkeit erhält man, indem man sie bis auf diejenige Temperatur abkühlt, bei der ihr ursprünglicher Wassergehalt mit dem zur Sättigung gehörigen übereinstimmt; bei Abkühlung unter den Taupunkt wird Wasser in der Form von feineren oder gröberen Tropfen (Nebel, Schwitzwasser) ausgeschieden.

Die Zahlentafeln 1 und 2 lassen erkennen, daß das in gesättigter Feuchtluft enthaltene Gewicht an Wasserdampf mit zunehmender Temperatur außerordentlich stark ansteigt; so ist z. B. bei

t	0	10	20	30° C
h_{ws}	4,58	9,21	17,53	31,82 mm QS.
w_s	4,84	9,41	17,3	30,4 g/m³

2. Die Gasgesetze.

Es bedeute:

V in m³ den Rauminhalt einer Menge feuchter Luft.

G_L in kg das Gewicht der darin enthaltenen Trockenluft.

G_w in kg das Gewicht des darin enthaltenen Wasserdampfes.

$G = G_L + G_w$ = das Gesamtgewicht.

h in kg/m² den Gesamtdruck des Gemisches.

h_w in kg/m² den Teildruck des Wasserdampfes.

h_{ws} in kg/m² den Sättigungsdruck des Wasserdampfes.

h_L in kg/m² den Teildruck der Luft.

t die Temperatur in ° C.

$T = 273 + t$ die zugehörige absolute Temperatur.

R = Gaskonstante $= \dfrac{848}{\mu}$.

μ = Molekulargewicht; für Wasserdampf $\mu = 18$, für Sauerstoff $\mu = 32$, für Stickstoff $\mu = 28$, für Luft angenähert $\mu = 29$.

Nach dem Boyle-Mariotteschen Gesetze lautet für vollkommene Gase die allgemeine Zustandsgleichung:

$$h \cdot V = G \cdot R \cdot T \tag{3}$$

also

$$G = \frac{h \cdot V}{T} \cdot \frac{1}{R}.$$

Eine Wasserdampfmenge G_w in ungesättigter Luft hat eine höhere Temperatur als im gesättigten Zustande, ist also überhitzt und kann ohne nennenswerten Fehler ebenso wie die Luft als ideales Gas angesehen werden.

G_L und G_w nehmen mit den Teildrücken h_L und h_w den gleichen gemeinsamen Raum V ein, demnach gilt:

$$G_L = h_L \cdot \frac{V}{T} \cdot \frac{1}{R_L} \tag{4}$$

$$G_w = h_w \cdot \frac{V}{T} \cdot \frac{1}{R_w} \tag{5}$$

Da es üblich ist, die Drücke h, h_L und h_w in mm QS. auszudrücken und 1 mm QS. = 13,6 mm WS. = 13,6 kg/m², so erhält man mit $R_L = 29{,}27$ für Luft und $R_w = 47{,}06$ für Wasserdampf

$$G_L = h_L \cdot \frac{V}{T} \cdot \frac{13{,}6}{29{,}27} = h_L \frac{V}{T} \cdot 0{,}465 \tag{6}$$

$$G_w = h_w \cdot \frac{V}{T} \cdot \frac{13{,}6}{47{,}06} = h_w \cdot \frac{V}{T} \cdot 0{,}289. \tag{7}$$

Für Luft, die mit Wasserdampf gesättigt ist, wird

$$G_{ws} = h_{ws} \cdot \frac{V}{T} \cdot 0{,}289\,,$$

demnach: $$\frac{G_w}{G_{ws}} = \frac{h_w}{h_{ws}} = \varphi, \quad \text{d. h.} \tag{8}$$

das bei gegebener Temperatur in einem Raume V enthaltene Wassergewicht verhält sich zu dem bei gleicher Temperatur möglichen Sättigungsgewicht wie der wirkliche Teildruck des Wasserdampfes zu seinem Sättigungsdrucke.

Zahlenbeispiel: $V = 5000$ m³ Luft
$t = 20°$ C
$h = 755$ mm QS. (Barometerstand)
demnach $T = 273 + t = 293°$ C.

Für 20° C ist der Sättigungsdruck des Wasserdampfes nach Zahlentafel 2: $h_{ws} = 17{,}53$ mm QS.

Aus $h = h_L + h_w$ folgt für gesättigte Luft von 20° C:

$$755 = h_L + 17{,}53$$

$$h_L = 755 - 17{,}53 = 737{,}47 \text{ mm QS.}$$

Ferner wird für gesättigte Luft von 20° (nach Gl. 6 und 7):

$$G_L = \frac{737{,}47 \cdot 5000}{293} \cdot 0{,}465 = 5851{,}93 \text{ kg}$$

$$G_{ws} = \frac{17{,}53 \cdot 5000}{293} \cdot 0{,}289 = 86{,}40 \text{ kg}$$

$$G = G_L + G_{ws} = 5938{,}33 \text{ kg}$$

oder für 1 m³: $\gamma = \frac{G}{V} = \frac{5938{,}33}{5000} = 1{,}1876$ kg/m³.

Für 760 mm Barometerstand wäre dieser Wert umzurechnen im Verhältnis $\frac{760}{755}$, d. h. $\gamma_{s\,760} = 1{,}195$ kg/m³.

Den gleichen Wert findet man in Tafel 2 als spezifisches Gewicht gesättigter Luft von 760 mm.

Beträgt bei 20° C die relative Feuchtigkeit z. B. 70%, der Teildruck des Wasserdampfes also $h_w = 0{,}7 \cdot 17{,}53 = 12{,}27$ mm QS,. so ist der Teildruck der Luft $h_L = 755 - 12{,}27 = 742{,}73$ mm QS.

Rechnet man hierfür wiederum G_L und G_w aus, so wird G_L größer, G_w kleiner als bei gesättigter Luft.

Allgemein ist bei gegebener Temperatur das spezifische Gewicht von Luft um so kleiner, je höher ihr Feuchtigkeitsgehalt ist; es ist am größten für ganz trockene, am kleinsten für gesättigte Luft, vgl. Zahlentafel 2. Zunehmende Feuchtigkeit verdrängt also einen Teil der schwereren Trockenluft.

3. Das spezifische Gewicht trockener und feuchter Luft.

Bezeichnet: γ_L kg/m³ das spezifische Gewicht trockener Luft,

γ_w „ „ „ „ von Wasserdampf,

γ „ „ „ „ feuchter Luft,

so gilt für trockene Luft nach Gl. 6 mit $V = 1$ m³

$$\gamma_L = \frac{h_L}{T} \cdot 0{,}465, \tag{9}$$

für Wasserdampf nach Gl. 7 mit $V = 1$ m³

$$\gamma_w = \frac{h_w}{T} \cdot 0{,}289. \tag{10}$$

Da bei gegebener Temperatur γ_L und γ_w die in 1 m³ feuchter Luft enthaltenen Teilgewichte an Trockenluft und an Wasserdampf sind, wird

$$\begin{aligned}\gamma &= \gamma_L + \gamma_w \\ &= \frac{h_L}{T} \cdot 0{,}465 + \frac{h_w}{T} \cdot 0{,}289; \quad h_L = h - h_w \\ &= \frac{(h - h_w) \cdot 0{,}465 + h_w \cdot 0{,}289}{T} \\ &= \frac{h \cdot 0{,}465 - 0{,}176 \cdot h_w}{T} \\ &= \frac{h}{T} \cdot 0{,}465 - \frac{h_w}{T} \cdot 0{,}176,\end{aligned}$$

da $h_w = \varphi \cdot h_{ws}$ ist, kann man schreiben:

$$\gamma = \frac{h}{T} \cdot 0{,}465 - \frac{\varphi \cdot h_{ws}}{T} \cdot 0{,}176. \tag{11}$$

Zahlenbeispiel: Bei 20° C und einem Barometerstande $h = 760$ mm wird: für ganz trockene Luft, d. h. $\varphi = 0$

$$\gamma = \frac{760}{293} \cdot 0{,}465 = 1{,}205 \text{ kg/m}^3$$

für gesättigte Luft, d. h. $\varphi = 1$

$$\gamma = \frac{760}{293} \cdot 0{,}465 - \frac{1 \cdot 17{,}53}{293} = 1{,}195$$

(siehe Zahlentafel 2). Für Feuchtigkeitsgrade zwischen 0 und 100% liegt γ zwischen 1,205 und 1,195 kg/m³. Bei Überschlagsrechnungen kann man, zum Umrechnen von m³ in kg, das spezifische Gewicht γ trockener Luft einsetzen; der Fehler beträgt im vorliegenden Beispiele gegenüber gesättigter Luft 0,8%.

Für trockene Luft ist bei 0° C und 760 mm QS. $\gamma = 1{,}293$. Bei einem anderen Barometerstande h mm QS. und einer Temperatur t ist dann $\gamma = 1{,}293 \cdot \frac{h}{760} \cdot \frac{273}{273 + t}$.

4. Der Wassergehalt x auf 1 kg Trockenluft.

In 1 m³ feuchter Luft befinden sich γ_w kg Wasserdampf und γ_L kg Trockenluft, siehe Gl. 9 und 10. Auf 1 kg Trockenluft entfällt daher eine Gewichtsmenge Wasserdampf

$$x = \frac{\gamma_w}{\gamma_L}, \quad \text{wobei} \quad \gamma_w = \frac{h_w}{T} \cdot 0{,}289$$

$$\gamma_L = \frac{h_L}{T} \cdot 0{,}465$$

dies eingesetzt ergibt: $$x = \frac{h_w \cdot 0{,}289}{h_L \cdot 0{,}465}.$$

Nun ist der Teildruck der Trockenluft $h_L = h - h_w = h - \varphi \cdot h_{ws}$, also

$$x = \frac{h_w \cdot 0{,}289}{(h - h_w) \cdot 0{,}465} = \frac{\varphi \cdot h_{ws}}{h - \varphi \cdot h_{ws}} \cdot 0{,}622 \tag{12}$$

und $$x_s = \frac{h_{ws}}{h - h_{ws}} \cdot 0{,}622. \tag{12a}$$

Hierin bedeutet x das einem kg Trockenluft zugemischte Gewicht an Wasserdampf in kg, x_s das entsprechende Sättigungsgewicht (bei gleicher Temperatur und gleichem Barometerstande).

Zahlenbeispiel: Barometerstand 760 mm QS. $t = 24°$ C, $h_{ws} = 22{,}38$ für $\varphi = 1$ (gesättigte Luft)

$$x = \frac{22{,}38}{760 - 22{,}38} \cdot 0{,}622 = 0{,}0188 \text{ kg} = 18{,}8 \text{ g} \text{ (s. Zahlentafel 2, } x_s)$$

$\varphi = 0{,}5$ d. h. 50% relat. Feuchtigkeit.

$$x = \frac{0{,}5 \cdot 22{,}38 \cdot 0{,}622}{760 - 0{,}5 \cdot 22{,}38} = 0{,}0094 \text{ kg} = 9{,}4 \text{ g}.$$

Aus den Gl. 12 und 12a folgt

$$\frac{x}{x_s} = \varphi \cdot \frac{h - h_{ws}}{h - \varphi \cdot h_{ws}}. \tag{12b}$$

Der Bruch $\frac{x}{x_s}$, den man als „Sättigungsgrad“ der Luft bezeichnet (ψ) ergibt also nicht genau den — auf S. 4 definierten — Feuchtigkeitsgrad φ der Luft; die Größe des Unterschiedes sei an folgendem Zahlenbeispiele untersucht:

$$t = 28^\circ,\ h = 760 \text{ mm QS},\ \varphi = 0{,}4 \text{ gemessen.}$$

$$h_{ws} = 28{,}35 \qquad x_s = 24{,}0$$

$$\frac{h - h_{ws}}{h - \varphi \cdot h_{ws}} = 0{,}977$$

$$\text{d. h. } x = x_s \cdot \varphi \cdot 0{,}977 = 24{,}0 \cdot 0{,}4 \cdot 0{,}977 = 9{,}38.$$

Mittels der angenäherten Beziehung

$$\frac{x}{x_s} \approx \varphi$$

würde man erhalten: $x \approx x_s \cdot \varphi \approx 24 \cdot 0{,}4 \approx 9{,}6$. Errechnet man umgekehrt φ mittels der angenäherten Beziehung $\varphi \approx \frac{x}{x_s}$, so erhält man mit $x = 9{,}38$ $\varphi \approx 0{,}393 = 39{,}3\%$, $x = 9{,}6$ $\varphi \approx 0{,}4 = 40\%$, während die genaue Rechnung ergibt:

$$\varphi = \frac{x}{x_s \cdot 0{,}977} = \frac{9{,}38}{24 \cdot 0{,}977} = 0{,}4 = 40\%.$$

Die Größenordnung des Fehlers, der bei Benutzung der Beziehung $x \approx \varphi \cdot x_s$ bzw. $\frac{x}{x_s} \approx \varphi$ entsteht, liegt durchaus im Rahmen desjenigen Genauigkeitsgrades, mit dem man sich im allgemeinen bei praktischen Berechnungen an Luftbefeuchtungs- und -entfeuchtungsanlagen begnügt. Durch die zur Vereinfachung der Rechnungen übliche Verwendung von Zahlentafeln und Schaubildern für 760 mm angenommenen Barometerstand, durch die nie ganz zutreffenden Annahmen über Wärmeaufnahme und -abgabe der Räume, Speicherung von Wärme und Feuchtigkeit usw. erscheint es gerechtfertigt, bei den folgenden Zahlenbeispielen öfters die vereinfachende Beziehung $\frac{x}{x_s} \approx \varphi$ zu benutzen, d. h. die relative Feuchtigkeit gleich dem Sättigungsgrade anzunehmen.

Unzulässig groß wäre der Fehler bei sehr niedrigem Luftdruck h oder bei hohen Temperaturen und entsprechend hohen Werten h_{ws}, wie sie z. B. bei Trockenanlagen vorkommen; in diesen Fällen kann der Wert des Bruches $\frac{h - h_{ws}}{h - \varphi \cdot h_{ws}}$ in Gl. 12b erheblich vom Werte 1 abweichen.

Nach Mollier[1] kann man die Vorgänge, bei denen der Wassergehalt x der Luft verändert wird, wie folgt kennzeichnen:

Der Wassergehalt x der Luft kann verändert werden, indem man einer gegebenen Luftmenge eine andere von anderem Wassergehalt oder Wasserdampf oder Wasser beimengt, oder indem man Wasserdampf aus der Luft zum Niederschlagen bringt und von der Luft trennt. Diese Vorgänge können außerdem von einer Zu- oder Abfuhr von Wärme

[1] Qu.-V. 2.

begleitet sein. Für das Ergebnis ist es dabei gleichgültig, ob die Wärme vor oder nach oder während der Mischung, und ob sie der einen oder der anderen der sich mischenden Mengen zugeführt wird.

5. Der Wärmeinhalt feuchter Luft.

Es bezeichne: i_L den Wärmeinhalt von 1 kg trockener Luft in WE, i_w den Wärmeinhalt von 1 kg Wasserdampf in WE, $J = i_L + x \cdot i_w$ den Wärmeinhalt von 1 kg trockener Luft, gemischt mit x kg Wasserdampf.

Für Luftdrücke bis 800 mm QS. und für Temperaturen von $-30°$ bis $+150°$ kann nach Mollier[1] angenommen werden:

$$i_L = 0{,}24 \cdot t \qquad i_w = 595 + 0{,}46 \cdot t.$$

Hierbei ist 0,24 die spezifische Wärme trockener Luft (d. h. 1 kg Trockenluft erfordert zur Erwärmung um 1° C 0,24 WE). 595 WE ist die zur Umwandlung von 1 kg Wasser von 0° in Dampf von 0° nötige Wärmemenge (Verdampfungswärme bei 0°). 0,46 ist die mittlere spezifische Wärme des Wasserdampfes. Demnach wird

$$J = 0{,}24\, t + 595\, x + 0{,}46\, tx. \tag{13}$$

II. Die J-x-Tafel nach Mollier[2].

Auf Grund der Gl. 13 ist durch Mollier[1] ein Diagramm angegeben worden, welches die Zustandsänderungen der Luft bei Veränderung von Temperatur und Feuchtigkeit sehr übersichtlich verfolgen läßt.

1. Der Aufbau der J-x-Tafel.

Die Molliersche J-x-Tafel verwendet schiefwinkelige Ordinaten, mit einer waagerechten Hilfsachse, auf der die Wassergewichte x abgelesen werden, siehe Abb. 1. Für trockene Luft, $x = 0$ und für eine Temperatur t stellt auf der senkrechten Achse die Strecke OD den Wärmeinhalt je kg $= 0{,}24 \cdot t$ dar. Hat die Luft bei der gleichen Temperatur t den auf der waagerechten Achse bei B abzulesenden Feuchtigkeitsgehalt x, so entspricht senkrecht unter B die Strecke BC dem Werte $595 \cdot x$ (wobei x in kg gerechnet ist). Senkrecht über B ist $BE = OD = 0{,}24 \cdot t$ und $EA = 0{,}46 \cdot xt$, d. h. die ganze Strecke AC stellt den gesamten Wärmeinhalt i_A dar. Zieht man zur Verbindungslinie OC eine Parallele durch A, welche die senkrechte Achse in F schneidet, so ist $FO = AC = i_A$, und alle auf der Linie FA liegenden Punkte entsprechen Luftzuständen von gleichem Wärmeinhalte i_A (bei gleichem Luftdruck). Punkt A' entspricht z. B. Luft von kleinerem Wassergehalt x' — ent-

[1] Qu.-V. 1 u. 2. [2] s. Anlage am Schluß des Buches.

sprechend den kleineren Strecken $B'C' = 595 \cdot x'$ und $E'A' = 0{,}46 \cdot x' \cdot t'$—, aber einer höheren Temperatur t', entsprechend der größeren Strecke $D'O = E'B' = 0{,}24 \cdot t'$.

Wenn die Luft vom ursprünglichen Zustande A bei gleichbleibender Temperatur t bis zu dem, dieser entsprechenden Sättigungsgewichte x_s befeuchtet wird, entsprechend dem Punkte B'' auf der x-Achse, so ist

$$B''C'' = 595 \cdot x_s \qquad B''E'' = 0{,}24 \cdot t \qquad E''A'' = 0{,}46 \cdot x_s \cdot t,$$

d. h. $A''C'' = i_A''$. Die durch A'' parallel zur schiefen Achse OC'' gezogene Parallele enthält Punkte gleichen Wärmeinhaltes i_A''. Die Gerade DA'' (Verlängerung von DA) ist eine Linie gleicher Temperatur t; für alle auf ihr gelegenen Punkte ist der Anteil der Trockenluft $0{,}24 \cdot t = OD$ am gesamten Wärmeinhalte gleich, während der Anteil der Dampfwärme, $595\,x + 0{,}46 \cdot x \cdot t$ mit zunehmendem x steigt. Linien gleicher Temperatur schneiden für jeden, auf der waagerechten Achse abzulesenden Punkt x senkrecht über diesem eine Linie des den Werten t und x entsprechenden Wärmeinhaltes; häufig ist beim praktischen Gebrauch der Tafel Interpolieren zwischen den eingezeichneten Linien nötig. Ermittelt man für jede Linie t = konstant (Isotherme) denjenigen Punkt, der — wie A'' — senkrecht über dem entsprechenden Werte x_s liegt, so erhält man durch Verbindung dieser Punkte die Sättigungslinie. Rechnerisch folgt aus Gl. 12a

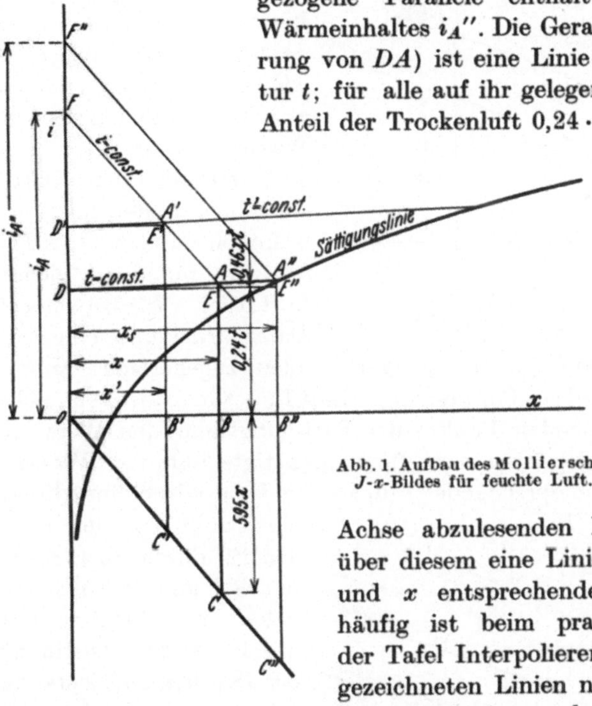

Abb. 1. Aufbau des Mollierschen J-x-Bildes für feuchte Luft.

$$x_s = \frac{h_{ws} \cdot 0{,}622}{h - h_{ws}},$$

daß x_s außer von dem, bei gegebener Temperatur festliegenden Sättigungs-Dampfdrucke auch vom Barometerstande h abhängt. Für verschiedene Luftdrücke erhält man also Sättigungslinien, die voneinander abweichen. Für die meisten Zwecke der Praxis genügt es jedoch, die Sättigungslinie für $h = 760$ mm QS. zu benutzen, die auch den folgenden Rechnungen zugrunde gelegt ist. Unter besonderen Umständen kann es nötig sein, für stark abweichenden Luftdruck entsprechende Sättigungslinien zu benutzen[1].

Zusammenfassung: In der J-x-Tafel bedeuten die von links nach rechts mäßig ansteigenden Geraden Linien konstanter Temperatur, die für jede dieser Linien auf der senkrechten Achse links angegeben ist. Die schräg von links oben nach rechts unten verlaufenden Geraden sind Linien gleichen Wärmeinhaltes, der für jede dieser Linien beim Schnitt mit der Sättigungslinie angegeben ist. Die Senkrechten auf der x-Achse sind Linien gleichen Wassergehaltes.

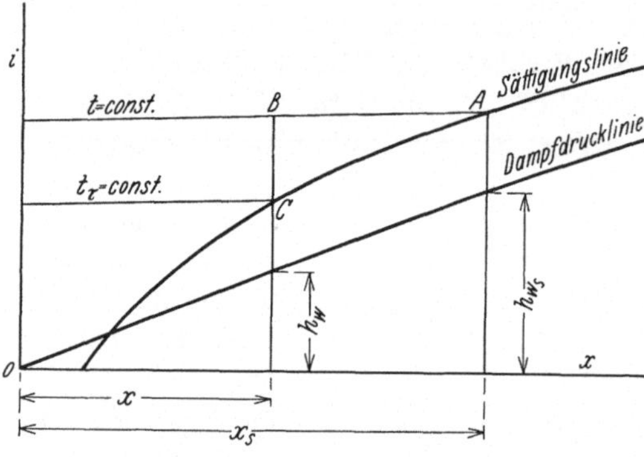

Abb. 2. Sättigungs- und Dampfdrucklinie.

Unterhalb der Sättigungslinie findet man gewöhnlich in den J-x-Tafeln die für den gleichen Luftdruck h berechnete Dampfdrucklinie eingetragen, deren Ordinaten für jeden Wert x den zugehörigen Dampfdruck in mm QS. ergeben. Für gesättigte Luft findet man also senkrecht unter dem entsprechenden Punkte der Sättigungslinie den Wert h_{ws} (vgl. Abb. 2, Punkt A); aber auch für ungesättigte Luft vom Wassergehalte x ergibt die entsprechende Ordinate der Dampfdrucklinie direkt den Dampfteildruck $h_w = \varphi \cdot h_{ws}$ (vgl. Abb. 2, Punkt B), der nach Gl. 12 durch den Luftdruck h und den Wassergehalt x unabhängig von der Temperatur bestimmt ist. Der dem Luftzustande B entsprechende Dampfteildruck h_w stellt zugleich den Sättigungsdruck für den senkrecht unter B auf der Sättigungslinie liegenden Punkt C dar, d. h. für den zu B gehörigen Taupunkt.

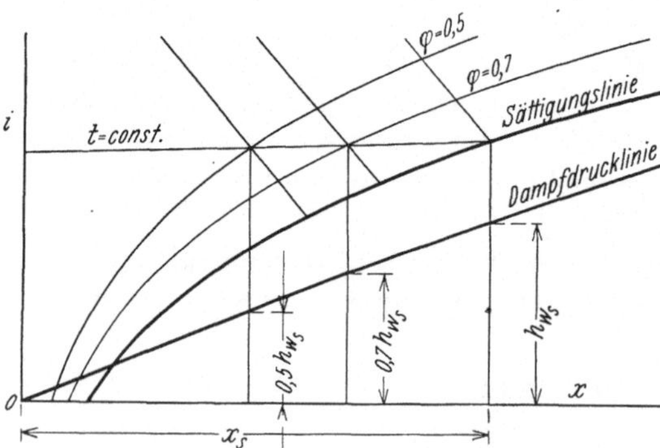

Abb. 3. Linien konstanten Feuchtigkeitsgrades.

Beschränkt man sich darauf, in die J-x-Tafel Sättigungs- und

[1] Eine Erweiterung des Mollierschen J-x-Bildes zum Gebrauch bei verschiedenen Luftdrücken ist mit einem Anwendungsbeispiele durch A. Baumann beschrieben, siehe Q.-V. 18.

Dampfdrucklinie für einen einzigen Luftdruck — gewöhnlich 760 mm QS. — einzutragen, so können, für diesen Luftdruck gültig, auch Linien gleicher relativer Feuchtigkeit φ eingezeichnet werden, siehe Abb. 3. Diese entstehen, indem man auf den Temperaturlinien für eine Anzahl Punkte h_w bestimmt, hieraus $\varphi = \frac{h_w}{h_{ws}}$ errechnet und Punkte vom gleichen Werte φ miteinander verbindet. Die Linien konstanter relativer Feuchtigkeit φ weichen in dem für Luftbehandlungsanlagen in Betracht kommenden Gebiete sehr wenig von Linien konstanten Sättigungsgrades $\psi = \frac{x}{x_s}$ ab (vgl. S. 9). Für den praktischen Gebrauch der J - x -Tafel sind diese Linien sehr anschaulich.

2. Benutzung der Molliertafel[1].

Einige einfache Anwendungen der Molliertafel zeigen die folgenden Beispiele; der mittlere Barometerstand ist zu 760 mm QS. angenommen:

1. Für Luft von 22° C soll bestimmt werden: Wassergehalt, Dampfdruck und Wärmeinhalt bei 100 und bei 60% relativer Feuchtigkeit, der Taupunkt bei 60% relativer Feuchtigkeit.

Auf der Temperaturlinie für 22° C liest man ab: im Schnittpunkte mit der Sättigungslinie $x = 16{,}6$ g/kg, im Schnittpunkte mit der Linie $\varphi = 0{,}6$ $x = 10$ g/kg Senkrecht unter diesen Schnittpunkten findet man die Punkte der Dampfdruckkurve: für $\varphi = 1{,}0$ $h_{wt} = 19{,}8$ mm QS., für $\varphi = 0{,}6$ $h_w = 11{,}9$ mm QS.

Ebenfalls senkrecht unter dem Schnittpunkte der Temperaturlinie $t = 22°$ und der Linie $\varphi = 0{,}6$ findet man auf der Sättigungslinie den Taupunkt; dieser ist 14°, da die Sättigungslinie in dem betreffenden Punkte von der Temperaturlinie $t = 14°$ geschnitten wird. Ein Vergleich mit Zahlentafel 2 bestätigt, daß $x = 10$ g (genau 9,97) das Sättigungsgewicht für Luft von 14° ist. Den Wärmeinhalt kann man finden, indem man durch die Schnittpunkte der Linie $t = 22°$ mit den Linien $\varphi = 1{,}0$ und $\varphi = 0{,}6$ je eine Parallele zu den Linien $J =$ konst. bis zur Ordinatenachse links zieht und die Werte J abliest. Einfacher bedient man sich der Zahlenwerte J, die für jede Linie $J =$ konst. beim Schnitte mit der Sättigungslinie direkt angeschrieben sind. Für $t = 22°$ findet man für die Punkte

$\varphi = 1{,}0$ $J = 15{,}3$ WE
$\varphi = 0{,}6$ $J = 11{,}3$ WE
$\varphi = 0$ $J = 5{,}3$ WE (entsprechend $0{,}24 \cdot t$)

2. Welche relative Feuchtigkeit nimmt Luft von ursprünglich 22° C und $\varphi = 0{,}6$ an, wenn sie ohne Zu- oder Abfuhr von Feuchtigkeit, also bei gleicher „absoluter Feuchtigkeit" $x = 10$ g/kg, auf 26° C erwärmt bzw. auf 17° C abgekühlt wird?

Da x unverändert bleibt, liegen die beiden gesuchten Punkte senkrecht über und unter dem Schnittpunkte der Linien $t = 22$ und $\varphi = 0{,}6$. Im Schnittpunkte der Senkrechten mit der Temperaturlinie $t = 26°$ findet man (durch Interpolieren) $\varphi = 0{,}47$, also 47% relative Feuchtigkeit, im Schnittpunkte mit der Linie $t = 17°$C ist $\psi = 82{,}4\%$.

Rechnerisch erhält man das entsprechende Ergebnis wie folgt: für $t = 22°$

[1] Siehe Tafel am Schluß des Buches.

ist nach Zahlentafel 2 $h_{ws} = 19{,}83$ und $x_s = 16{,}6$. Mittels der angenäherten Beziehung $x \approx \varphi\, x_s$ wird $x \approx 0{,}6 \cdot 16{,}6 = 9{,}96$. Für 26 bzw. 17° ist nach Tafel 2 $x_s = 21{,}4$ bzw. $= 12{,}1$, daher angenähert

für 26°: $$\varphi = \frac{9{,}96}{21{,}4} \cdot 100 = 46{,}5\,\%$$

für 17°: $$\varphi = \frac{9{,}96}{12{,}1} \cdot 100 = 82{,}3\,\%.$$

Die genauen Werte erhält man bei Benutzung von Gl. 12.

Sucht man für einige Zustände der Luft, wie sie im Sommer und im Winter im Freien und in Innenräumen vorkommen, die entsprechenden Werte von t, x, φ und J in der Molliertafel auf, so erhält man schnell einen guten Überblick über den Zusammenhang von Temperatur und relativer Feuchtigkeit sowie wirklichem Wassergehalt und Wärmeinhalt er Luft.

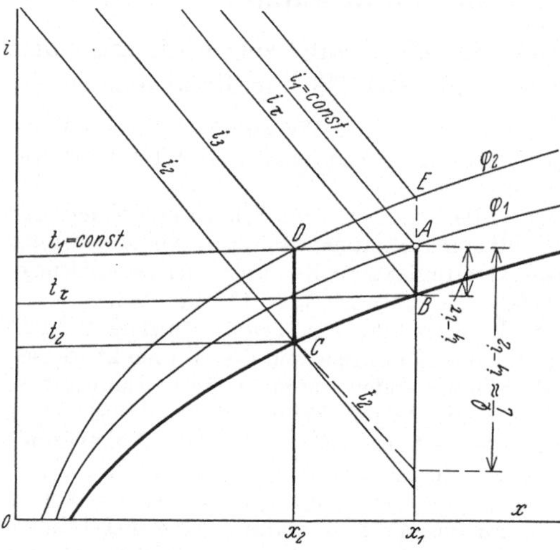

Abb. 4. Darstellung einiger Zustandsänderungen der Luft im J-x-Bilde.

Wird Luft durch Heizkörper oder durch Strahlung erwärmt, bleibt also ihr Wassergewicht x konstant, so kann man für jede Temperatur im Schittpunkte der betreffenden t-Linie (Isotherme) mit der bei x errichteten Senkrechten die relative Feuchtigkeit φ und den Wärmeinhalt J ablesen. Das gleiche gilt für Abkühlung durch Strahlung oder durch trokkene Kühlflächen. Erwärmen bewirkt Abnahme, Kühlung dagegen Zunahme der relativen Feuchtigkeit. Diejenige Temperaturlinie, welche die durch x gehende Senkrechte im Schnittpunkte mit der Sättigungslinie trifft, ergibt den Taupunkt. Bei Abkühlung unter dem Taupunkt wird aus der Luft Wasser als Nebel oder Schwitzwasser abgeschieden; für jede tiefere Temperatur findet man x und J im Schnittpunkte der betreffenden Temperaturlinie mit der Sättigungslinie. Je weiter die Kühlung unter dem Taupunkte fortgesetzt wird, um so kleiner wird das in der Luft übrigbleibende Sättigungsgewicht x_s. Hört die Kühlung bei einer Temperatur t_2 auf (Abb. 4), und wird die Luft danach durch Heizung erwärmt, so findet man ihren jeweiligen Zustand im Schnittpunkte der Temperaturlinien mit der Senkrechten $x_2 =$ konst. In Abb. 4 entsprechen t_1, x_1 dem Anfangszustande A der Luft. A—B

ist die Abkühlung von t_1 auf die Taupunktstemperatur τ, wobei der Wärmeinhalt von J_1 auf J_τ sinkt. B—C entspricht der weiteren Abkühlung von τ bis t_2, wobei der Wassergehalt von x_1 auf x_2 zurückgeht, also $x_1 - x_2$ gr Wasser je kg Reinluft abgeschieden werden.

Bei der Unterschreitung des Taupunktes B entsteht, wenn die ausgeschiedene Flüssigkeit fein verteilt in der Luft schwebt, Nebel. Ist J_2 der Wärmeinhalt gesättigter Luft von der Temperatur t_2, Punkt C, so ist derjenige der Nebelluft (mit x in kg):

$$J_n = J_2 + (x_1 - x_2) \cdot t_2,$$

worin das zweite Glied den Wärmeinhalt der in Nebelform ausgeschiedenen Flüssigkeit darstellt. In der J-x-Tafel ist die Fortsetzung der Isotherme t_2 über die Sättigungslinie hinaus, also im Nebelgebiete (daher als Nebelisotherme bezeichnet), eine Gerade, die etwas flacher verläuft als die Linien J_1, J_2 usw., jedoch unter den bei Luftbehandlungsanlagen meist vorkommenden Verhältnissen nur wenig von diesen Linien abweicht[1]. Wird die ausgefallene Wassermenge x_1—x_2 im Luftbehandlungsapparate abgeschieden, z. B. durch einen Wasserregen und Tropfenpfänger, so erhält man gesättigte Luft von der Temperatur t_2 und dem Wärmeinhalte J_2, Punkt C.

C—D stellt die Wiedererwärmung bei x_2 = konstant dar. Erfolgt diese z. B., wie in der Abbildung, bis zur ursprünglichen Temperatur t_1, so liegt Punkt D bei gleicher Temperatur wie Punkt A auf einer Linie niedrigerer relativer Feuchtigkeit φ_3 gegenüber φ_1. Der Luft ist also durch Abkühlung unter ihren ursprünglichen Taupunkt, d. h. durch Wärmeabfuhr Wasser entzogen und durch die anschließende Wiedererwärmung ihr Feuchtigkeitsgrad gegenüber dem ursprünglichen verringert; die Luft ist entfeuchtet. Die dazu nötige Wärmeabfuhr ist $= J_1 - J_2$, die Wärmezufuhr während der Wiedererwärmung $= J_3 - J_2$. Auf den Feuchtigkeitsgrad φ_3 kann man die Luft vom Anfangszustande A auch durch reine Erwärmung bringen, entsprechend Punkt E.

3. Der Randmaßstab der J-x-Tafel.

Will man Luft vom Anfangszustande A (Abb. 5) mit der relativen Feuchtigkeit φ_1 auf einen Feuchtigkeitsgrad φ_2 bringen, so deuten die Linien AE—AB—AC—AD an, daß dieser Zweck mit sehr verschiedenen Endtemperaturen erreicht werden kann, je nach den Mitteln, die man anwendet. Die Richtung der Verbindungslinie zwischen dem Anfangspunkte A und dem Endpunkte in der J-x-Tafel gibt also offenbar einen wichtigen Maßstab für Zustandsänderungen der Luft. Für eine Anzahl verschiedener Richtungen sind nach dem Vorschlage von

[1] Vgl. Qu.-V. 2.

Mollier am Rande der J-x-Tafel Richtungsstrahlen, ausgehend vom Punkte $x = 0$, $t = 0$, eingetragen, denen bestimmte Zahlenwerte zugeteilt sind; diese entsprechen dem für jede Richtung festliegenden Zahlenverhältnis

$$\frac{\Delta J}{\Delta x} = \frac{\text{Änderung des Wärmeinhaltes}}{\text{Änderung des Feuchtigkeitsgewichtes}}.$$

Der Zahlenwert des Bruches $\frac{\Delta J}{\Delta x}$ wird umso größer, je mehr die Richtung der Zustandsänderung von derjenigen der Linien $J =$ konst. abweicht, d. h. je mehr Wärme der Luft zugleich mit einer gewissen Änderung des Feuchtigkeitsgewichtes zugeführt oder entzogen wird.

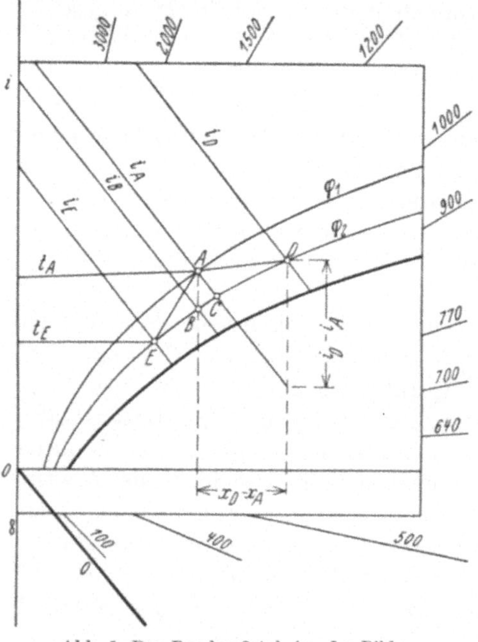

Abb. 5. Der Randmaßstab im J-x-Bilde.

In Abb. 5 entspricht die Richtung A—B einer Zunahme der relativen Feuchtigkeit durch Abkühlung bei $x =$ konstant, also $\Delta x = 0$. Der Zahlenwert $\frac{\Delta J}{\Delta x}$ ist also für diesen Strahl $= \frac{J_A - J_B}{0}$ d. h. unendlich; dem entspricht der parallel zu A—B durch den Nullpunkt gehende Richtungsstrahl.

Die Richtung A—C, entsprechend einer Linie gleichen Wärmeinhaltes, zeigt die Befeuchtung von Luft durch restlose Zerstäubung von Wasser von 0° C; denn in diesem Falle bringt das (z. B. durch Druckluft zerstäubte) Wasser selbst keine Wärme mit, die Luft kühlt sich ab und liefert dadurch die Verdampfungswärme für das Wasser. Nach Gl. 13 gilt für den Zustand vor und nach der Wasseraufnahme $J = 0{,}24\,t_1 + (595 + 0{,}46\,t_1)\,x_1 = 0{,}24\,t_2 + (595 + 0{,}46\,t_2)\,x_2$,

$$0{,}24\,(t_1 - t_2) = x_2\,(595 + 0{,}46\,t_2) - x_1\,(595 + 0{,}46\,t_1).$$

Die Abnahme an fühlbarer Wärme (Anteil der Reinluft) ist gleich der Zunahme der in Form von Wasserdampf vorhandenen Wärme. Der gesamte Wärmeinhalt bleibt gleich, also $\Delta J = 0$ und $\frac{\Delta J}{\Delta x} = \frac{0}{\Delta x} = 0$, d. h. der Richtungsstrahl für Linien $J =$ konstant hat im Randmaßstabe den Zahlenwert 0.

III. Darstellung einiger Änderungen des Luftzustandes.

1. Zumischen von Dampf und von Wasser verschiedener Temperatur zur Luft[1].

Befeuchtet man eine Luftmenge, bestehend aus L kg Reinluft und $L x_1$ kg Wasserdampf, zusammen $L(1+x_1)$ kg durch Zumischen von W kg Wasserdampf oder restlos zerstäubtem Wasser, so beträgt je kg Reinluft die Feuchtigkeitszunahme

$$x_2 - x_1 = \frac{W}{L}. \tag{14}$$

Der Wärmeinhalt je kg des zugemischten Dampfes oder Wassers sei i_w WE, dann beträgt je kg Reinluft die Zunahme des Wärmeinhaltes

$$J_2 - J_1 = \frac{W i_w}{L}. \tag{15}$$

Dividiert man Gl. 15 durch Gl. 14, so wird

$$\frac{J_2 - J_1}{x_2 - x_1} = \frac{\Delta J}{\Delta x} = i_w, \tag{16}$$

d. h. der Zahlenwert des Randmaßstabes ist gleich i_w und damit ist die Richtung der Zustandsänderung in der Molliertafel gegeben. Bei restloser Zerstäubung von Wasser von 0—100 ° kann die Richtung nur wenig (Winkel β in Abb. 6, Punkt A) von derjenigen der Linien J = konstant abweichen, da für Wasser von 0° C $i_w = 0$, für Wasser von 100° C $i_w = 100$. Beim Zumengen von Dampf zur Luft ist für Sattdampf von 1 at abs $i_w \approx 640$ WE/kg, für überhitzten Dampf von 20 at abs $i_w \approx 770$ WE/kg. Dementsprechend weicht der Richtungsstrahl mehr oder weniger von Geraden konstanter Temperatur ab, siehe Winkel α in Abb. 6.

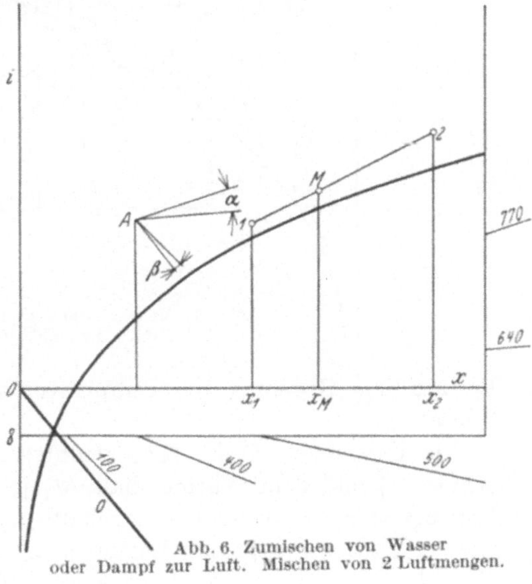

Abb. 6. Zumischen von Wasser oder Dampf zur Luft. Mischen von 2 Luftmengen.

Man erkennt hieraus, daß beim Befeuchten von Luft durch Zumengen

[1] Darstellung der Abb. 5—10 in Anlehnung an Grubenmann, Qu.-V. 3.

von entspanntem, gesättigtem Dampf die Lufttemperatur nicht wesentlich steigt. Verlängert man den Richtungsstrahl bis zum Schnittpunkte A_s mit der Sättigungslinie, so gibt die waagerecht gemessene Entfernung zwischen A und As auf der x-Achse das Dampfgewicht an, welches 1 kg Luft vom Anfangszustande A bis zur Sättigung aufnehmen kann.

Das spezifische Gewicht der Luft ändert sich durch Zumischen von Dampf oder Wasser (vgl. Gl. 11). Es wird größer beim Zumischen von zerstäubtem, kaltem oder mäßig erwärmtem Wasser, dagegen kleiner beim Zumischen von Dampf zur Luft[1].

2. **Mischen von Luftmengen** (siehe Abb. 6 und 7).

Wird einem Raume ein Gemenge von Frisch- und Umluft zugeführt, so findet man die Beschaffenheit des Gemenges vor dessen künstlicher

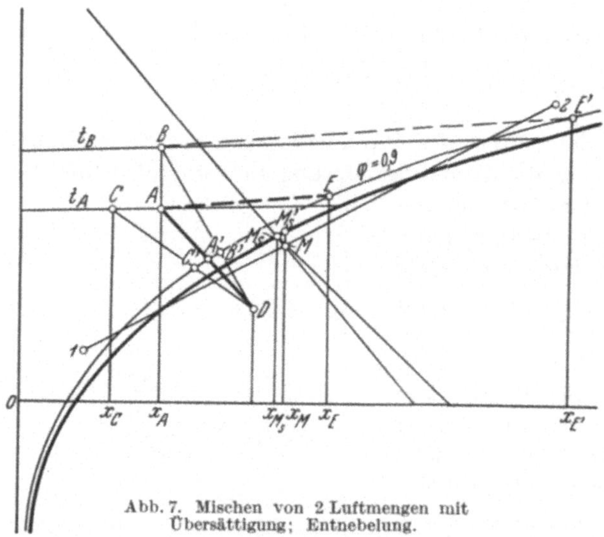

Abb. 7. Mischen von 2 Luftmengen mit Übersättigung; Entnebelung.

Behandlung (Regelung von Temperatur und Feuchtigkeit) in folgender Weise:

Die Luftmenge L_1 kg (Trockenluft) mit dem zugehörigen Wassergehalte x_1 und dem Wärmeinhalte J_1 je kg werde gemischt mit einer Luftmenge L_2 kg vom Wassergehalte x_2 und vom Wärmeinhalte J_2. Das Verhältnis der beiden Luftmengen sei n, d. h. $L_2 = n \cdot L_1$, also $L_1 + L_2 = L_1 + n \cdot L_1 = L_1\,(1 + n)$. Für das Gemisch mit dem Wassergehalte x_m und dem Wärmeinhalte J_m gilt:

[1] Ausführlich sind diese Vorgänge behandelt durch Hirsch, Qu.-V. 4.

$$J_m (L_1 + L_2) = J_1 \cdot L_1 + J_2 \cdot L_2$$

$$J_m \cdot L_1 (1 + n) = L_1 (J_1 + n \cdot J_2)$$

$$J_m = \frac{J_1 + n \cdot J_2}{1 + n} \tag{17}$$

ebenso:

$$x_m (L_1 + L_2) = x_1 L_1 + x_2 L_2$$

$$x_m = \frac{x_1 + n \cdot x_2}{1 + n}. \tag{18}$$

Zahlenbeispiel: Bei 760 mm Barometerstand werden gemischt:

Außenluft . . . . $L_1 = 20000$ kg $t_1 = -5°$ C $\varphi = 0{,}7$
Umluft . . . . . $L_2 = 30000$ kg $t_2 = +18°$ C $\varphi = 0{,}65$

Für L_1 ergibt sich $x_1 = 1{,}73$ g/kg $J_1 = -0{,}3$ WE
„ L_2 „ „ $x_2 = 7{,}74$ g/kg $J_2 = +9$ WE

ferner $\frac{L_2}{L_1} = \frac{30000}{20000} = 1{,}5 = n$,

demnach

$$J_m = \frac{-0{,}3 + 1{,}5 \cdot 9}{1 + 1{,}5} = 5{,}3 \text{ WE}.$$

$$x_m = \frac{1{,}73 + 1{,}5 \cdot 7{,}74}{1 + 1{,}5} = 5{,}3 \text{ g/kg}.$$

In der Molliertafel findet man für diese Mischluft eine Temperatur von $+9°$ C und eine relative Feuchtigkeit von 75% (nämlich im Schnittpunkte der Senkrechten bei $x = 5{,}3$ und einer Linie gleichen Wärmeinhaltes $J = 5{,}3$).

Der Zustandspunkt der Mischluft liegt in der Molliertafel stets auf der Verbindungsgeraden zwischen den Zustandspunkten der Teilmengen, und zwar näher an der größeren Menge, siehe Abb. 7 und Zahlenbeispiel.

Mischt man (Abb. 7) warme, sehr feuchte Luft (Punkt 2) mit kälterer Luft (Punkt 1), so kann Nebelbildung, also Wasserabscheidung eintreten, d. h. der Zustandspunkt, der J_m und x_m entspricht, kann außerhalb der Sättigungslinie liegen (siehe Abb. 7, Punkt M).

Die Temperatur t_M dieser Mischluft findet man auf einer durch Punkt M nach der Sättigungslinie verlaufenden Nebelisotherme (vgl. Abb. 4), deren Richtung wenig von derjenigen der Linien $J =$ konst. abweicht. Werden die in Nebelform ausfallenden Wassertröpfchen — vom Gewichte $x_M - x_{Ms}$ je kg Luft — wirksam ausgeschieden, so erhält man gesättigte Luft vom Zustande M_s. Wird dagegen die Nebelluft wieder erwärmt, so verschwindet der Nebel beim Erreichen der Sättigungslinie im Punkte M_s', senkrecht über M, durch Wiederverdunstung.

Um L_2 kg übersättigte Luft vom Zustande D zu entnebeln (Abb. 7), mischt man ihr ungesättigte Luft in solcher Menge L_1 bei, daß der Zustandspunkt der Mischluft im i-x-Bilde in einigem Abstande von der Sättigungslinie, z. B. auf einer Linie $\varphi = 0{,}9$ liegt. Gl. 18 kann man auch in der Form schreiben:

$$\frac{L_1}{L_2} = \frac{x_2 - x_m}{x_m - x_1}.$$

Verwendet man zur Entnebelung Luft vom Anfangszustande A und verbindet man die Punkte A und D, so schneidet AD die Linie $\varphi = 0{,}9$ im Punkte A'. Um Mischluft von $\varphi = 0{,}9$ zu erhalten, wird

$$L_1 = L_2 \cdot \frac{x_2 - x_m}{x_m - x_1} = L_2 \cdot \frac{DA}{AA'}.$$

Erwärmt man die zur Entnebelung verwendete Luft erst von A bis B, so kann die Luftmenge L_1 kleiner werden, entsprechend

$$L_1 = L_2 \cdot \frac{DB'}{BB'}.$$

Wenn Erwärmung der zum Entnebeln gebrauchten Zusatzluft unerwünscht ist, z. B. im Sommer wegen Belästigung des Bedienungspersonals, so kann man die Luftmenge L_1 auch dadurch kleiner halten, daß man die Zusatzluft vom Zustande A erst durch Entfeuchten und Nachheizen in den Zustand C überführt (vgl. Abb. 7); alsdann wird

$$L_1 = L_2 \cdot \frac{DC'}{CC'}, \text{ d. h. kleiner als } L_2 \cdot \frac{DA'}{AA'}.$$

3. Kühlgrenze und Psychrometer.

Setzt man eine Wassermenge von beliebiger Anfangstemperatur, ohne Zu- und Ablauf, einem Luftstrome aus (Abb. 8), so tritt Verdunstung ein, und das Wasser nimmt im Beharrungszustande eine Temperatur t_w an, die niedriger ist als diejenige der zuströmenden Luft (sofern diese nicht gesättigt ist). 1 kg Wasser enthält dann an fühlbarer Wärme t_w WE und erhöht beim Verdunsten den Wärmeinhalt der Luft um diesen Betrag. Für eine Luftmenge von L kg Reinluft mit dem Zustande J_1, x_1, t_1 vor, und dem Zustande J_2, x_2, t_2 nach der Verdunstung von W kg Wasser gilt: $L\,(J_2 - J_1) = W \cdot t_w$

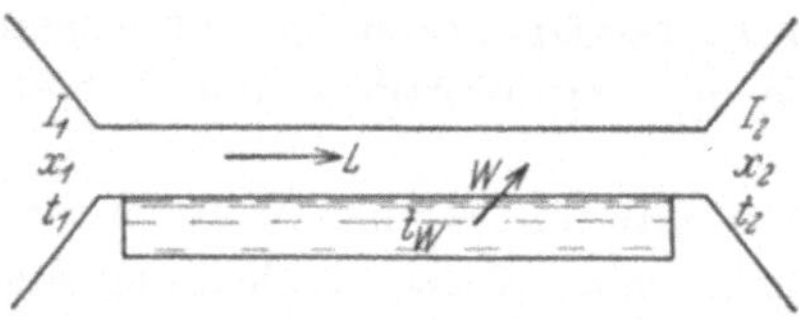

Abb. 8. Geschlossener Luftstrom, entlang einer Wasserfläche strömend.

$$J_2 - J_1 = \frac{W \cdot t_w}{L}. \tag{19}$$

Ferner $$L\,(x_2 - x_1) = W, \quad \text{d. h.}$$

$$x_2 - x_1 = \frac{W}{L},$$

demnach $$\frac{J_2 - J_1}{x_2 - x_1} = \frac{\Delta J}{\Delta x} = t_w. \tag{20}$$

In der Molliertafel findet man also die Änderung des Luftzustandes in der Richtung t_w (siehe Randmaßstab). Da die Beharrungstemperatur des Wassers über 0° und unter 100° C liegen muß, zeigt der Richtungsstrahl schräg nach unten, entspricht also einer Abnahme der

Temperatur, wie beim Zumischen von restlos zerstäubtem Wasser zur Luft (siehe Abb. 6 und Gl. 16). Die Temperatur t_w (Beharrungszustand) sinkt mit zunehmender Luftgeschwindigkeit bis zur „Kühlgrenze“. Man kann diese Erscheinung, die bei der Messung der relativen Luftfeuchtigkeit mittels eines trockenen und eines feuchten Thermometers vielfach angewendet wird, auf die folgende Art erklären. Verdunstung entsteht dadurch, daß in einer Grenzlage zwischen der Luft und der Oberfläche des Wassers eine Dampfspannung herrscht, die gesättigtem Wasserdampf von der Temperatur des Wassers entspricht, z. B. bei Wasser von 15° C, $h_{ws} = 12{,}79$ mm QS. Ist die Teilspannung h_w des Wasserdampfes in der umgebenden Luft kleiner, so geht an der Berührungsfläche zwischen Wasser und Luft Wasser durch Verdunsten in die Luft über. Durch Diffusion dringt der so gebildete Wasserdampf in die weiter abgelegenen Luftschichten ein. Die Verdunstung ist daher um so stärker,

1. je größer der Unterschied der Dampfspannungen an der Oberfläche des Wassers und in der umgebenden Luft ist,
2. je schneller durch Bewegung der Luft immer neue, noch ungesättigte Luftmengen an die Wasserfläche herangeführt werden.

Entsprechend der in der Zeiteinheit verdunstenden Wassermenge wird dem Wasser Wärme entzogen. Die Temperatur des Wassers sinkt daher soweit unter diejenige der zuströmenden Luft, daß, infolge des Temperaturunterschiedes, von der Luft ebensoviel Wärme an das Wasser übergeht, wie zur Verdunstung verbraucht wird. Beim „Psychrometer“ benutzt man diese Erscheinung in der folgenden Weise, um den Feuchtigkeitsgrad von Luft zu bestimmen. Von zwei in geringem Abstande angeordneten Thermometern wird das eine trocken gehalten, das andere an der Quecksilberkugel mit einem nassen Mulläppchen umwickelt (gewöhnlich steht dieses nach Art eines Dochtes mit einem Wassernäpfchen in Verbindung). Abb. 9[1] zeigt nun den Vorgang am feuchten Thermometer[2]. Ist die Luft nicht künstlich bewegt, so bildet sich am feuchten Thermometer

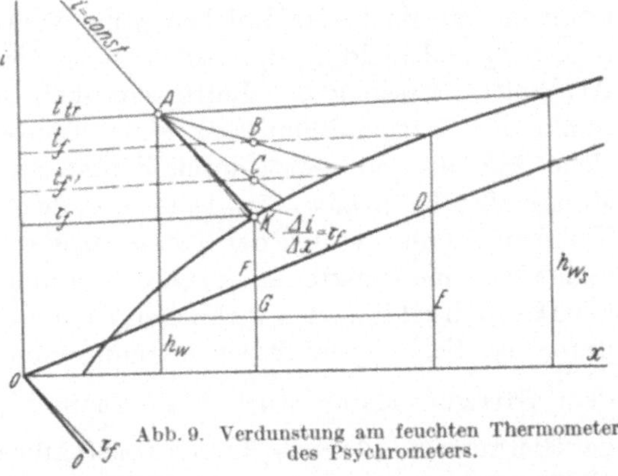

Abb. 9. Verdunstung am feuchten Thermometer des Psychrometers.

[1] Nach Qu.-V. 3. [2] Rechnerische Ableitung siehe Qu.-V. 2 und S. 41ff.

ein langsamer Luftwechsel dadurch aus, daß die abgekühlte Luft nach unten sinkt. Zeigt das feuchte Thermometer eine Temperatur t_f an, so erfolgt in der Molliertafel die Zustandsänderung der Luft vom Anfangspunkt A aus in der Richtung $\frac{\Delta J}{\Delta x} = t_f$ bis zum Schnittpunkte B mit der Linie $t_f =$ konst.

Wird die Luft mehr bewegt, die Verdunstung also stärker, so sinkt die Temperatur des feuchten Thermometers auf t'_f, entsprechend der Richtung $\frac{\Delta J}{\Delta x} = t'_f$ und Punkt C zeigt den neuen Beharrungszustand. Bei genügend starker Luftströmung (z. B. durch einen Ventilator herbeigeführt beim Aspirations-Psychrometer) wird schließlich die größtmögliche Verdunstung und damit die tiefste Temperatur τ_f am feuchten Thermometer herbeigeführt, wobei die Luft an der Wasseroberfläche gesättigt ist. Der Schnittpunkt des Richtungsstrahles $\frac{\Delta J}{\Delta x} = \tau_f$ mit der Temperaturlinie $\tau_f =$ konst. liegt auf der Sättigungslinie. Die tiefste am feuchten Thermometer erreichbare Temperatur wird als „Kühlgrenze" der das Thermometer umströmenden Luft bezeichnet. Diese Temperatur nimmt z. B. eine Wassermenge an, die (ohne Ablauf) in einem Luftbefeuchtungsapparate der strömenden Luft ausgesetzt wird.

Die relative Luftfeuchtigkeit kann man aus den Anzeigen t_{tr} des trockenen und τ_f des feuchten Thermometers in der Molliertafel leicht ermitteln, ausreichende Luftbewegung vorausgesetzt (sonst mißt man t_f bzw. t'_f und nicht τ_f, d. h. es ist sonst eine Berichtigung nötig, siehe Abschnitt „Messung der Luftfeuchtigkeit"). Man sucht den Schnittpunkt der Sättigungslinie mit einer Temperaturlinie $\tau_f =$ konst. auf, siehe Abb. 9, und zieht durch diesen Schnittpunkt eine Gerade im Randmaßstabe $\Delta J/\Delta x = \tau_f$. Diese Gerade schneidet die höher liegende Temperaturlinie, welche der Temperatur des trockenen Thermometers entspricht, im Punkte A. Senkrecht unter Punkt A findet man auf der Dampfdrucklinie den wirklichen Dampfdruck der Luft h_w, senkrecht unter dem Schnittpunkte der Sättigungslinie mit der Linie $t_{tr} =$ konst., dem Sättigungsdampfdruck h_{ws}. Dann ist $\varphi = \frac{h_w}{h_{ws}}$. Die Linien mit der Richtung $\Delta J/\Delta x = \tau_f$ (Linien konstanter Kühlgrenze) weichen in der Molliertafel nur wenig von den Linien konstanten Wärmeinhaltes ab, erst bei höheren Temperaturen, als sie in der Außen- und Raumluft gewöhnlich vorkommen, wird die Abweichung stärker[1]. Die rechnerische Bestimmung von φ aus t_{tr} und τ_f ist auf S. 41ff. behandelt.

Aus der Temperatur t der Luft (trockenes Thermometer) und der Temperatur τ des gut belüfteten feuchten Thermometers kann man den Wassergehalt x direkt durch die folgende Formel bestimmen, die für

[1] Ausführliche Darstellung siehe Hirsch, Qu.-V. 4.

Temperaturen bis 40° C und Barometerstände von 740—780 mm QS. mit ausreichender Genauigkeit gilt:

$$x = x_\tau - 0{,}43\,(t - \tau) \tag{21}$$[1]

Beispiel: $t = 30°$, $\tau = 26°$ C. Das Sättigungsgewicht bei τ ist $x_\tau = 21{,}4$ g, demnach $x = 21{,}4 - 0{,}43\,(30 - 26) = 19{,}7$ g.

Will man bei einem Luftbehandlungsapparat erreichen, daß ein großer Teil der durchströmenden Luftmenge mit dem Wasser in Berührung kommt und an der Verdunstung teilnimmt, so muß die Wasseroberfläche künstlich vergrößert werden, z. B. durch Zerstäubung, durch umlaufende Tauchscheiben, durch Berieselung von Füllkörpern usw.

4. Verdunstung einer Wassermenge mit Wärmezu- oder -abfuhr.

Wenn der einem Luftstrome ausgesetzten Wassermenge (ohne Zu- und Ablauf) von außen Wärme zugeführt wird, z. B. durch eine Heizschlange (siehe Abb. 10), steigt ihre Temperatur, damit die Dampfspannung gegenüber der Luft und dadurch wiederum die Stärke der Verdunstung. Nach den von Dalton angestellten Versuchen, deren Ergebnis durch die neueren Untersuchungen im wesentlichen bestätigt ist, gilt für die Verdunstung an Wasseroberflächen: die stündlich je m² der Oberfläche verdunstende Wassermenge ist direkt proportional dem Druckunterschiede zwischen dem zur Wassertemperatur gehörigen Sättigungsdrucke und dem Teildrucke des Wasserdampfes in der zuströmenden Luft, und annähernd proportional der Quadratwurzel aus der Luftgeschwindigkeit.

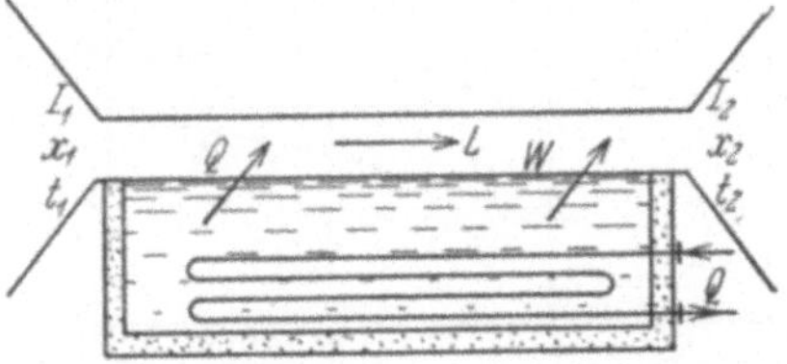

Abb. 10. Geschlossener Luftstrom entlang einer Wasserfläche mit Wärmezu- oder -abfuhr strömend.

Eine Formel, die bei der Berechnung von Entnebelungsanlagen vielfach zur Ermittelung der an warmen Wasseroberflächen entstehenden Verdunstung benutzt wird, lautet:

$$W = \frac{F \cdot 45{,}6 \cdot c\;(h_{ws} - h_w)}{h}\ \text{kg/St.}$$

Darin bedeutet:

W die verdunstende Wassermenge in kg/St.

F die Oberfläche des Wassers in m².

h_{ws} die Spannung gesättigten Wasserdampfes bei der Temperatur des Wassers an dessen Oberfläche, in mm QS., z. B. bei 30°, 760 mm QS.: $h_{ws} = 31{,}82$.

h_w die Dampfspannung der umgebenden Luft in mm QS.

h den Barometerstand in mm QS.

c eine Erfahrungszahl, und zwar:

[1] Ableitung dieser Formel siehe F. Merkel, Qu.-V. 8.

$c = 0{,}55$ für ruhige Luft,
$c = 0{,}71$ für mäßig bewegte Luft,
$c = 0{,}86$ für stark bewegte Luft.

Zur Prüfung dieser Formel sind u. a. ausführliche Messungen von Thiesenhusen verrichtet worden.

Abb. 11[1] zeigt anschaulich den Einfluß von Luftgeschwindigkeit und Temperatur auf die Stärke der Verdunstung (bei t_1 und $x_1 =$ konst.).

Bei der Übertragung der Versuchswerte auf praktische Verhältnisse ist die besondere Form der Versuchseinrichtung zu berücksichtigen.

Die Dampfspannung an der Oberfläche von Salzlösungen ist kleiner als die von reinem Wasser gleicher Temperatur, und zwar um so kleiner, je stärker die Lösung ist. Die Verdunstung aus einer Salzlösung ist daher bei einem gegebenen Dampfteildrucke der Luft schwächer als diejenige aus Wasser gleicher Temperatur.

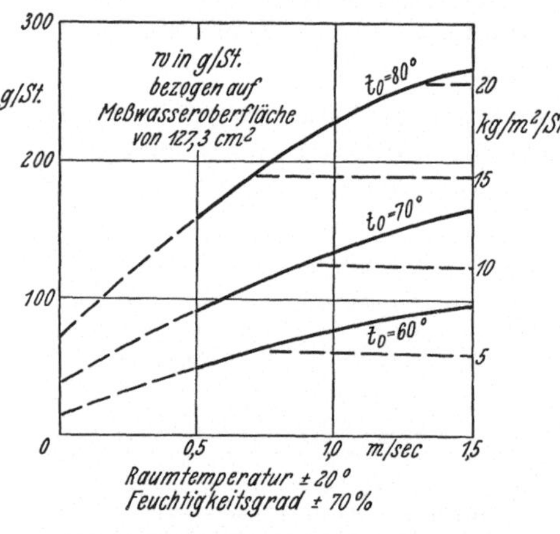

Abb. 11. Verdunstungsstärke abhängig von Luftgeschwindigkeit und Wassertemperatur (nach Thiesenhusen).

Wird der dem Luftstrome von $L\,(1 + x)$ kg/St. ausgesetzten Wassermenge (Abb. 10) stündlich eine Wärmemenge Q WE von außen zugeführt, und verdunsten stündlich W kg Wasser, so gilt die Beziehung:

$$J_2 - J_1 = \frac{Q + W \cdot t_w}{L}$$

$$x_2 - x_1 = \frac{W}{L}$$

demnach

$$\frac{J_2 - J_1}{x_2 - x_1} = \frac{Q}{W} + t_w. \qquad (22)$$

Der Wert $\frac{Q}{W}$ ist die je kg verdunsteten Wassers zugeführte Wärmemenge. Während bei Verdunstung ohne Wärmezufuhr die Feuchtigkeitsaufnahme durch die Luft in der Molliertafel zwischen den Richtungen 0 und 100 (im Randmaßstabe), also stets mit Abkühlung erfolgt, können bei Wärmezufuhr zum Wasser je nach der Größe von Q Richtungen bis etwa 640 auftreten. Führt man nämlich im Grenzfalle dem Wasser so viel Wärme zu, daß es kocht, so geht die Verdunstung in Verdampfung über; der Wert $\frac{Q}{W}$ wird gleich der Verdampfungswärme, also $\frac{Q}{W} + t_w$ gleich dem Wärmeinhalt des gebildeten Dampfes, d. h. bei 100° C rund 640 WE/kg. Zwischen diesem Grenzfalle, der dem Zumischen von Dampf zur Luft entspricht (vgl. S. 17) und dem Grenzfalle $Q = 0$, können alle Zwischenwerte vorkommen.

Wird der dem Luftstrome ausgesetzten Wassermenge von außen eine

[1] Qu.-V. 11.

Wärmemenge Q entzogen, z. B. durch eine in das Wasser eingebaute Kühlschlange, so gilt Gl. 22 ebenfalls, nur ist dann die rechte Seite negativ, d. h. $\frac{J_2 - J_1}{x_2 - x_1} = -\frac{J_1 - J_2}{x_2 - x_1} = -\left(\frac{Q}{W} + t_w\right)$.

Der Richtungsstrahl im Mollierbilde verläuft — verglichen mit demjenigen bei Verdunstung ohne Wärmeabfuhr, also mit $\frac{\Delta J}{\Delta x} = t_w$ — steiler nach unten, die Wassertemperatur liegt im Beharrungszustande tiefer als die Kühlgrenze, die Verdunstung ist schwächer und geht, wenn der Richtungsstrahl schräg nach links von der Senkrechten abweicht, in Wasserniederschlag, also Verringerung von x über. Wird als Flüssigkeit nicht Wasser, sondern eine Lösung, z. B. von Kochsalz oder von Chlorkalzium verwendet, deren Gefrierpunkt unter 0° liegt, so kann der Richtungsstrahl, bei entsprechender Größe von Q, die Sättigungslinie bei Temperaturen unter 0° schneiden.

Der hier geschilderte Vorgang hat Bedeutung für sogenannte nasse Luftkühler und Luftentfeuchter.

5. Berührung von strömender Luft mit bewegtem Wasser.

Wenn einer dem Luftstrome ausgesetztem Wassermenge von außen weder Wärme zugeführt noch entzogen wird, verliert die Luft annähernd ebensoviel an fühlbarer Wärme (im wesentlichen 0,24 $[t_2 - t_1]$), wie ihr Zuwachs an Dampfwärme infolge der Verdunstung beträgt. Im Mollierbilde liegt — bei genügender Luftbewegung — die Richtung der Zustandsänderung fest (siehe Abb. 6 und 9); angenähert ist es die Richtung der Linien gleichen Wärmeinhaltes. Wie weit sich in dieser Richtung vom Anfangspunkte aus Temperatur und Feuchtigkeit der Luft der Kühlgrenze (Sättigungslinie) nähern, hängt nach dem auf S. 22 über die Stärke der Verdunstung Gesagten davon ab, ob das Wasser der Luft eine kleinere oder größere Berührungsfläche darbietet. Ist diese groß genug, so kann die Luft annähernd bis zur Sättigung (praktisch bis etwa 95%) befeuchtet werden. Die Größe der gleichzeitig eintretenden Abkühlung der Luft hängt bei gleicher Anfangstemperatur davon ab, welchen Feuchtigkeitsgrad die zuströmende Luft hat. Für die trockenere Luft von der Anfangsfeuchtigkeit φ_1, Punkt A in Abb. 12, ist die erreichbare Abkühlung

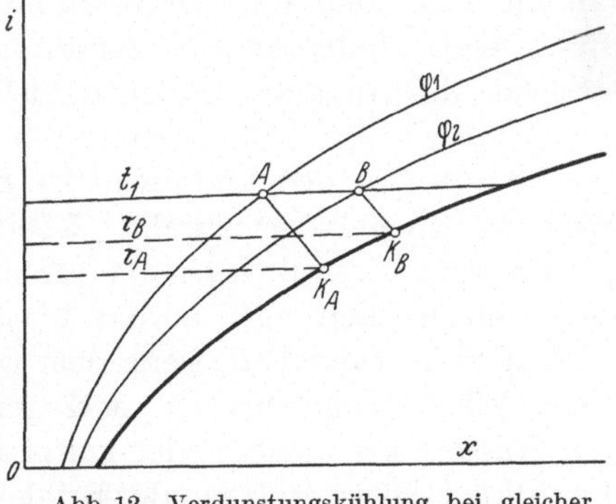

Abb. 12. Verdunstungskühlung bei gleicher Anfangstemperatur, aber verschiedenem Feuchtigkeitsgrade der Luft.

$t_1 - \tau_A$ größer als für die feuchtere Luft, Punkt B, von der Anfangsfeuchtigkeit φ_2, größte Abkühlung $t_1 - \tau_B$. Bei Luftbefeuchtungsapparaten geschieht die Wasserbewegung zuweilen nach Abb. 13a, in der Weise, daß eine Anzahl metallener Tauchscheiben, in kleinem Abstande auf einer drehenden Achse angeordnet, eine große wasserbenetzte Oberfläche bilden. Ebensoviel Wasser wie verdunstet, wird durch einen Schwimmerhahn nachgefüllt. Vernachlässigt man die kleinen Wärmemengen, die durch die Außenwände des Apparates und durch wärmeres oder kälteres Zusatzwasser zu- bzw. abgeführt werden, so stellt sich auch bei derartigen Apparaten im Beharrungszustande die Temperatur des Wassers t_w auf die Kühlgrenze ein, die dem Zustande der zuströmenden Luft entspricht, d. h. auf die Anzeige des feuchten Thermometers. Das gleiche gilt für alle Luftbefeuchtungsapparate, bei denen eine Wassermenge durch irgendwelche mechanischen Mittel im Kreislaufe dem luftdurchströmten Raume zugeführt wird, also ohne eigentlichen Ablauf und ohne Wärmezu- oder -abfuhr; z. B. auch für eine Anordnung nach Abb. 13b, wo das Wasser durch eine Umlaufpumpe Zerstäuberdüsen zugeführt, nach Durchstreichen des Apparates in einem Behälter aufgefangen und von neuem hochgepumpt wird. Die Wärmeentwicklung durch Reibungsverluste in der Pumpe und den Leitungen ist gering, hat jedoch theoretisch die Wirkung einer Wärmezufuhr. Ebenso geht bei höherer Temperatur der Umgebung etwas Wärme durch die kälteren Oberflächen des Apparates und der Leitungen an das Wasser über.

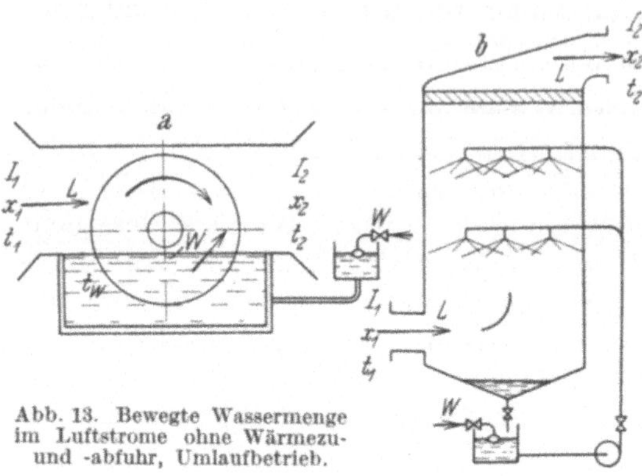

Abb. 13. Bewegte Wassermenge im Luftstrome ohne Wärmezu- und -abfuhr, Umlaufbetrieb.

Anders liegt der Fall, wenn dem von der Luft berührten Wasser von außen Wärme zugeführt oder entzogen wird, z. B. durch Zu- und Ablauf von Wasser, das wärmer oder kälter ist als die zuströmende Luft, oder durch künstliches Heizen oder Kühlen von Umlaufwasser. In Abb. 14a bzw. 14c oder 14d wird bei einem Apparate ähnlicher Bauart wie Abb. 13a bzw. 13b das Wasser durch eine eingebaute Schlange geheizt oder gekühlt, also eine Wärmemenge Q der (bis auf das Zusatzwasser gleichbleibenden) Wassermenge zugeführt oder entzogen. In Abb. 14c (rechts) laufe stündlich eine Wassermenge W_a von der Anfangstemperatur t_a zu, wobei t_a größer oder kleiner sei als die

Kühlgrenze t_w der zuströmenden Luft. Ferner laufe stündlich die Wassermenge W_a—W mit der Temperatur t_e ab, wobei W die stündlich durch Verdunstung von der Luft aufgenommene Wassermenge ist. In beiden Fällen, entsprechend Abb. 14b bzw. 14c oder 14d, besteht nicht mehr das eindeutige Verhältnis zwischen Abkühlung der Luft (Abnahme der fühlbaren Wärme) und Verdunstung (Zunahme der Dampfwärme), nämlich Gleichheit dieser beiden Größen (abgesehen von der geringen Zunahme von J durch die fühlbare Wärme des verdunsteten Wassers); vielmehr erfolgt entsprechend der von außen zu- bzw. abgeführten Wärmemenge zusätzlicher Wärmeübergang, teilweise durch Verdunstung bzw. Wasserniederschlag, teilweise durch Erwärmung bzw. Abkühlung der Luft (fühlbare Wärme). Bei gegebenem Anfangszustande und gegebener Menge der zuströmenden Luft (J_1, x_1, t_1, L) können sowohl die gesamte an die Luft übergehende (oder ihr entzogene) Wärmemenge als auch die auf Verdunstungswärme bzw. auf fühlbare Wärme entfallenden Anteile der gesamten Wärmemenge sehr verschieden ausfallen; sie hängen von den folgenden Faktoren ab:

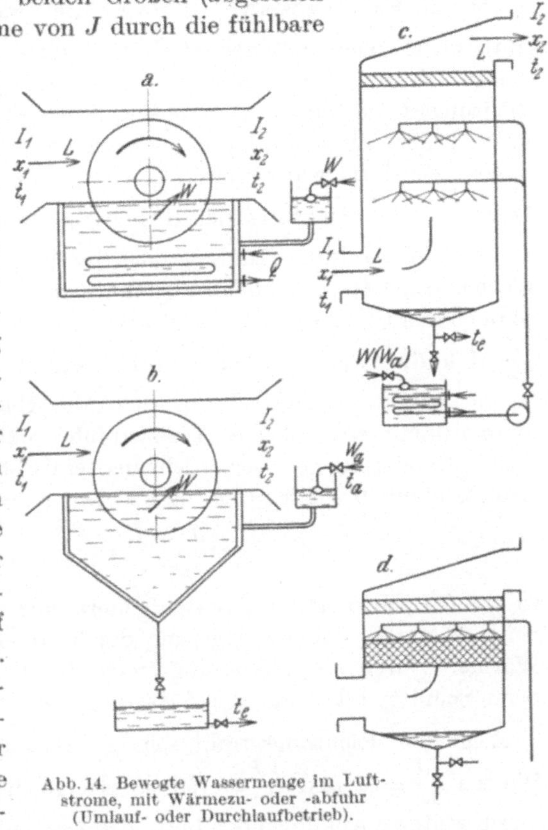

Abb. 14. Bewegte Wassermenge im Luftstrome, mit Wärmezu- oder -abfuhr (Umlauf- oder Durchlaufbetrieb).

1. Menge des stündlich durch den luftdurchströmten Raum bewegten Wassers (Berieselungsstärke).
2. Anfangstemperatur des Wassers.
3. Querschnitt des Raumes, senkrecht zur Richtung der Luftbewegung gemessen.
4. Gesamtinhalt des Raumes, in welchem sich Luft und Wasser berühren.
5. Größe der Berührungsfläche zwischen Wasser und Luft (gegeben durch die Art der Wasserverteilung).

Aufgabe des Konstrukteurs ist es, für die Behandlung einer Luftmenge L vom Zustande J_1, x_1, t_1 diese Faktoren so zu wählen, daß auf die günstigste Art ein gewünschter Zustand J_2, x_2, t_2 erreicht wird.

Die stärkste Verdunstung, nämlich überwiegenden Wärmeübergang durch Verdampfung, ergibt die Berührung von schnell strömender Luft mit sehr heißem Wasser. Nach Gl. 22 hat dabei der Richtungsstrahl im Randmaßstabe der J-x-Tafel den Wert $\frac{Q}{W} + t_w$; er verläuft mehr oder weniger steil ansteigend, vgl. Zahlentafel 3. Je weniger Wärme von außen zugeführt wird, um so steiler geht der Richtungsstrahl schräg nach unten, d. h. die Luft muß durch Abgabe eines Teiles ihrer fühlbaren Wärme zur Verdunstungswärme beitragen. Wird die Wärmezufuhr 0, so ergibt sich der bereits behandelte Verlauf in der Richtung der Kühlgrenze, mit Werten $\frac{\Delta J}{\Delta x}$ zwischen 0 und 100. Wird durch Kühlung oder durch Ablauf von Kühlwasser eine Wärmemenge Q nach außen abgeführt, so verläuft der Strahl mit zunehmendem Q stets steiler nach unten, entsprechend negativen Werten $\frac{\Delta J}{\Delta x}$, d. h. die Wasseraufnahme durch Verdunstung wird immer geringer bei gleichzeitig sinkender Temperatur; die Abfuhr von fühlbarer Wärme nimmt damit zu. Ist die Wärmeabfuhr schließlich so groß, daß die Zustandsänderung in der Richtung einer Senkrechten nach unten erfolgt, nämlich für $x_2 = x_1$, d. h. $x_2 - x_1 = 0$,

$$\frac{J_2 - J_1}{x_2 - x_1} = \infty,$$

so hat die Verdunstung ganz aufgehört, alle abgeführte Wärme dient, bei $x =$ konst., zur Verringerung der Temperatur, also der fühlbaren Wärme. Durch die Abkühlung steigt der Feuchtigkeitsgrad der Luft beim Schnittpunkte mit der Sättigungslinie auf 100% (Taupunkt).

Zeigt der Richtungsstrahl schräg nach links, etwa zwischen den Werten $\frac{\Delta J}{\Delta x} = \infty$ und $\frac{\Delta J}{\Delta x} = 750$, so erfolgt die Wärmeabfuhr teilweise durch weiteres Abkühlen der Luft, also Entziehen von fühlbarer Wärme, teilweise durch Verringerung des Wassergehaltes x der Luft, also durch Entziehen von Verdampfungswärme (in diesem Falle Niederschlagswärme). Je mehr der Strahl von der Senkrechten nach links abweicht, um so kleiner ist die Abfuhr an fühlbarer, um so größer diejenige an Niederschlagswärme.

Für Luftbehandlungsapparate mit beheizter oder gekühlter Umlauf-Wassermenge, entsprechend Abb. 14a, gilt mit großer Annäherung Gl. 22

$$\frac{J_2 - J_1}{x_2 - x_1} = \frac{Q}{W} + t_w \quad \text{bzw.} = -\left(\frac{Q}{W} + t_w\right).$$

Für Apparate, bei denen Wärme durch Zu- und Ablauf von warmem oder kaltem Wasser erfolgt, siehe Abb. 14b, c, d gilt, mit W_a = stündlich zulaufende Wassermenge, t_a = deren Zulauftemperatur, t_e = deren Ablauftemperatur, W = stündlich verdunstende bzw. niedergeschlagene Wassermenge:

1. Wenn t_a oberhalb der Kühlgrenze der Luft liegt, also durch Abkühlung des Wassers Wärme in die Luft übergeht,

$$L J_1 + W_a t_a = L J_2 + (W_a - W) t_e$$

$$L (J_2 - J_1) = W_a (t_a - t_e) + W t_e \tag{23}$$

ferner

$$L (x_2 - x_1) = W \tag{24}$$

durch Division von Gl. 23 und 24 erhält man:

$$\frac{J_2 - J_1}{x_2 - x_1} = \frac{W_a (t_a - t_e)}{W} + t_e, \tag{25}$$

2. Wenn t_a unterhalb der Kühlgrenze der Luft liegt, also das Wasser erwärmt und der Luft Wärme entzogen wird, jedoch noch kein Wasserniederschlag aus der Luft erfolgt (W also noch Verdunstung darstellt)

$$L J_1 + W_a t_a = L J_2 + (W_a - W) t_e$$

$$L (J_1 - J_2) = W_a (t_e - t_a) - W t_e$$

$$L (x_2 - x_1) = W$$

durch Division:

$$\frac{J_1 - J_2}{x_2 - x_1} = -\frac{J_2 - J_1}{x_2 - x_1} = -\left(\frac{W_a (t_e - t_a)}{W} - t_e\right). \tag{26}$$

3. Wenn t_a unterhalb des Taupunktes der Luft liegt und aus der Luft eine Wassermenge W niedergeschlagen wird

$$L J_1 + W_a t_a = L J_2 + (W_a + W) \cdot t_e$$

$$L (J_1 - J_2) = W_a (t_e - t_a) + W t_e$$

$$L (x_1 - x_2) = W$$

durch Division:

$$\frac{J_1 - J_2}{x_1 - x_2} = \frac{W_a (t_e - t_a)}{W} + t_e. \tag{27}$$

Da das Glied t_e auf der rechten Seite der Gleichungen 25, 26, 27 im allgemeinen gegenüber dem Gliede $\frac{W_a (t_a - t_e)}{W}$ bzw. $\frac{W_a (t_e - t_a)}{W}$ sehr klein ist, wird die Richtung $\frac{\Delta J}{\Delta x}$ der Zustandsänderung im wesentlichen bestimmt durch das Verhältnis

$$\frac{\text{stündlicher Wasserdurchsatz} \times \text{Temperaturänderung des Wassers}}{\text{stündlich verdunstetes bzw. niedergeschlagenes Wassergewicht}}.$$

Die Vorzeichen, die man in den Gleichungen 25, 26 und 27 für den Richtungswert $\frac{\Delta J}{\Delta x}$ erhält, erklären die teils positiven, teils negativen Werte des Randmaßstabes. Sind die Luftmenge L, der Wasserdurchsatz W_a und die Anfangstemperatur des Wassers t_a gegeben, so hängen die

Ablauftemperatur t_e und die verdunstete bzw. niedergeschlagene Wassermenge W von der Bauart und den Abmessungen des Apparates ab; t_e gibt in dem Ausdrucke $W_a\,(t_a - t_e)$ bzw. $W_a\,(t_e - t_a)$ den Maßstab für den insgesamt erreichten Wärmeübergang zwischen Wasser und Luft, während W, multipliziert mit der wenig veränderlichen Verdampfungswärme des Wassers, den auf Verdunstung bzw. Niederschlagen von Wasser entfallenden Anteil beurteilen läßt.

6. Der Wärmeübergang zwischen Luft und Wasser.

Befeuchtet man Luft durch Zumischen von Dampf oder von fein zerstäubtem Wasser, das restlos verdampft (Druckluftzerstäuber), so ist, bei richtiger Einstellung der Einrichtung, der Endzustand der Luft eindeutig gegeben, siehe S. 17.

Erfolgt dagegen die Be- oder Entfeuchtung der Luft durch Berührung mit bewegtem Wasser in Düsenkammern, berieselten Füllkörperschichten, umlaufenden Tauchscheiben u. dgl., so wird die Änderung von Temperatur und Feuchtigkeit der Luft bedingt durch die Größe des Wärmeüberganges zwischen Luft und Wasser. Wärme geht hierbei in zwei Formen über: als fühlbare Wärme Q_f, durch welche sich die Temperatur des Luft-Dampfgemisches ändert, und als Verdampfungs- bzw. Niederschlagswärme Q_d, die einer Zu- oder Abnahme des der Luft beigemengten Wassergewichtes entspricht, siehe Gl. 13, bezogen auf Wasser von 0°.

$$Q_f = 0{,}24\,(t_2 - t_1) + 0{,}46\,(t_2\,x_2 - t_1\,x_1)$$

Das zweite Glied ist hierbei gewöhnlich gering gegenüber dem ersten.

$$Q_d = 595\,(x_2 - x_1).$$

Die Menge fühlbarer Wärme, die zwischen zwei Stoffen von verschiedener Temperatur übergeht, hängt allgemein ab von der Größe und Form der Berührungsfläche, von der Richtung der Strömung (Gleich- oder Gegenstrom) und von den Strömungsgeschwindigkeiten der beiden Stoffe. Wenn die Berührungsfläche schwer zu ermitteln ist, wie bei zerstäubtem Wasser oder berieselten, unregelmäßig geformten Füllschichten, führt man statt der für Flächen üblichen Wärmeübergangszahl K eine auf 1 m³ Rauminhalt bezogene Wärmeübergangszahl α ein. Bedeutet

α_f WE/m³/St./° C den stündlichen Übergang an fühlbarer Wärme zwischen Luft und Wasser je m³ Berührungsraum bei 1° Temperaturunterschied,

*α_d WE/m³/St/° C den stündlichen Übergang an Verdampfungs- bzw. Niederschlagswärme je m³ Berührungsraum für 1 mm QS. Unterschied der Dampfspannung von Wasser und Luft,

---

* Setzt man die Dampfspannungen nicht in mm QS., sondern in kg/m², oder,

V m³ den Inhalt des Berührungsraumes (Luftwaschraumes),

t_L °C die mittlere Temperatur der Luft zwischen Ein- und Austritt,

t_w °C die mittlere Temperatur des Wassers zwischen Ein- und Austritt,

$*h_d$ mm QS. den mittleren Teildruck des Wasserdampfes in der Luft,

$*h_w$ mm QS. den mittleren Sättigungsdruck des Wasserdampfes, welcher der mittleren Wassertemperatur entspricht.

x_w g/kg = Sättigungsgewicht an Wasserdampf entsprechend der mittleren Temperatur des Wassers,

x_d g/kg das mittlere Gewicht an Wasserdampf in der Luft entsprechend t_L und h_d,

so gilt:

$$Q_f = V \cdot \alpha_f (t_L - t_w) \tag{28}$$

$$Q_d = V \cdot \alpha_d (h_w - h_d) \tag{29}$$

Diese Formeln haben praktische Bedeutung für die Ermittlung der Abmessungen, also des Rauminhaltes V von Luftbehandlungsapparaten (Luftwäschern), die eine bestimmte Leistung ergeben sollen. Kenntnis der Werte α_f und α_d für bestimmte Anordnungen ist also wichtig.

Gl. 28 drückt aus, daß bei gegebenem Werte α_f der Übergang an fühlbarer Wärme proportional dem mittleren Temperaturunterschiede zwischen Luft und Wasser angenommen wird.

Bei den für Luftbehandlungsanlagen in Frage kommenden Temperaturen ergeben sich nur geringe Abweichungen, wenn man als mittlere Temperatur das algebraische Mittel aus Anfangs- und Endtemperatur einsetzt. Genauer ist, mit einem Temperaturunterschiede der beiden Stoffe von Δt_a vom Anfange und von Δt_e am Ende, der mittlere Temperaturunterschied

$$\Delta t_m = \frac{\Delta t_a - \Delta t_e}{ln \frac{\Delta t_a}{\Delta t_e}}$$

In Gl. 29 für die Verdunstungs- bzw. Niederschlagswärme tritt an die Stelle des mittleren Temperaturunterschiedes der mittlere Unterschied der Dampfspannungen als wirksame Kraft.

Bei Apparaten mit reinem Wasserumlauf, ohne Wärmezu- und -abfuhr von außen, gibt die Luft soviel fühlbare Wärme an das Wasser ab, wie der Verdunstungswärme entspricht, also gilt hierbei

$$Q_f = Q_d, \qquad V \cdot \alpha_f (t_L - t_w) = V \cdot \alpha_d (h_w - h_d)$$

$$\frac{\alpha_f}{\alpha_d} = \frac{h_w - h_d}{t_L - t_w}. \tag{30}$$

In den Gleichungen 28, 29 und 30 werden die Werte $t_L - t_w$ und $h_w - h_L$ positiv oder negativ, je nachdem die Luft oder das Wasser

---

was das gleiche ist, in mm WS. ein, so bezieht sich sinngemäß α_d auf einen Unterschied der Dampfspannungen von 1 mm WS.

wärmer ist bzw. die höhere Dampfspannung hat; dementsprechend gehen Wärme und Feuchtigkeit von der Luft an das Wasser oder vom Wasser an die Luft über.

Die Größe der Wärmeübergangszahl α_f hängt von der Art der Wasserverteilung im Berührungsraume und von der Luftgeschwindigkeit ab. Bedeutet

w m/sec die Luftgeschwindigkeit, bezogen auf den freien Querschnitt,
γ kg/m³ das spezifische Gewicht der Luft,
G_L kg/St. das stündliche Luftgewicht,
F m² den Querschnitt, senkrecht zur Richtung der Luftströmung,

so stellt der Ausdruck

$$\frac{G_L}{F} = \frac{F \cdot w \cdot \gamma \cdot 3600}{F} = w \cdot \gamma \cdot 3600$$

das stündlich je m² Querschnitt durch den Apparat strömende Luftgewicht dar. Bei Düsenkammern ergeben bei den üblichen Anordnungen die folgenden, von Whitman und Keats aufgestellten Formeln[1] Annäherungswerte für α_f:

für Luftbefeuchtung $$\alpha_f = 600 + 0{,}12 \cdot \frac{G_L}{F}, \tag{31}$$

für Luftentfeuchtung $$\alpha_f = \frac{1}{\dfrac{1}{600 + 0{,}12 \cdot \dfrac{G_L}{F}} + \dfrac{1}{330 + 0{,}013 \cdot \dfrac{G_L}{F}}}. \tag{32}$$

Natürlich ergeben sich Abweichungen je nach der Zahl, Bohrung und Anordnung der Düsen und nach der Feinheit der Zerstäubung, also dem Betriebsdrucke des Wassers, wodurch die Gesamtfläche der von der Luft berührten Wassertröpfchen beeinflußt wird.

An Stelle von Düsenkammern, die verhältnismäßig große Abmessungen ergeben, werden neuerdings vielfach berieselte Schichten von Füllkörpern verwendet; man erreicht damit je m³ Rauminhalt des Apparates wesentlich höheren Übergang an fühlbarer und Verdampfungswärme, allerdings mit größerem Luftwiderstand. Für derartige berieselte Füllschichten ist es schwierig, allgemein gültige Formeln für α_f aufzustellen, da die vom Wasser benetzte und von der Luft berührte Gesamtoberfläche je nach der Art der Füllkörper sehr verschieden sein kann; Latten- oder Stabfüllung, Koks, Steinschlag, keramische Körper, verzinkte Eisendrehspäne usw. finden Anwendung in verschiedenen Stückgrößen und -formen. Abb. 15 zeigt schematisch einige Beispiele. Für eine bestimmte Ausführungsart — bei deren Wahl man sich durch niedrigen Preis, leichtes Anbringen, Wasserbeständigkeit und Luftwiderstand leiten läßt — pflegt die herstellende Fabrik durch Messungen

[1] Qu.-V. 4, 6, 7.

die Zahl α_f bei bestimmten Luftgeschwindigkeiten und Berieselungsstärken zu ermitteln. Wie bei einer gegebenen Größe des Luft-Wasser-Berührungsraumes der Wärmeaustausch mit der Größe der eingebauten wasserbenetzten Oberfläche steigt, ist sehr anschaulich durch Merkel[1] nachgewiesen worden, siehe Zahlentafel 3; die Zahlenwerte im linken Teile sind dem Originale entnommen, die im rechten Teile hieraus errechnet. Die Versuche wurden an einem kleinen Kühlturme durchgeführt, in dem künstlich erwärmtes Wasser im Umlaufbetriebe durch Berieselung mit einem Luftstrome in Berührung kam; die Zusatzwassermenge entspricht der verdunsteten Wassermenge. Die Versuchswerte unter 1. zeigen die Zunahme der Verdunstung bei gleichbleibender Anfangstemperatur des Wassers und gleichbleibender Belüftung, aber verschieden großer Kühlfläche; bei 10 m² Kühlfläche sind, unter sonst gleichen Bedingungen, die Ergebnisse bei 40 und bei 50° Anfangstemperatur des Wassers eingetragen. Q_L ist die Menge fühlbarer Wärme, Q_w die Verdunstungs- und $Q = Q_L + Q_w$ die gesamte vom Wasser an die Luft übergegangene Wärme in WE/St. Die Zahlen unter 2. zeigen die entsprechenden Werte bei zweifacher Luftmenge, d. h. verdoppelter Luftgeschwindigkeit. Man sieht hieraus, daß bei Benutzung des gleichen Apparates für die doppelte Luftmenge unter dem Einflusse der erhöhten Luftgeschwindigkeit die gesamte verdunstete Wassermenge und die gesamte Wärmeübertragung kräftig gestiegen sind; dagegen hat die je kg Luft übertragene Wärmemenge $J_2 - J_1 = \frac{Q}{G_L}$ abgenommen, die Temperaturveränderung der Luft ist kleiner geworden; die relative Feuchtigkeit ist ebenso stark gestiegen wie bei der Versuchsreihe 1, da bei der niedrigeren Temperatur die kleinere je kg Luft verdunstete Wassermenge $x_2 - x_1 = \frac{W_0}{L}$ zum Erreichen der gleichen relativen Feuchtigkeit genügt.

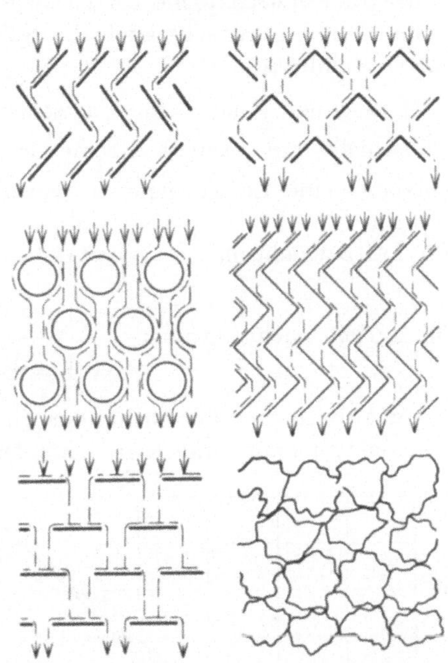
Abb. 15. Berieselungsflächen und berieselte Füllkörper.

[1] Qu.-V. 8.

Das Beispiel ist lehrreich für die Wirkung verschieden großer benetzter Oberfläche in einem bestimmten Rauminhalt und für den Einfluß verschiedener Luftgeschwindigkeit.

Die im Zusammenhange mit Düsenkammern erwähnten Untersuchungen von Whitman und Keats (siehe S. 32) haben sich auch auf die Größe von α_f bei Berieselung einer Koksschicht von etwa 3″ Stückgröße erstreckt; hierbei wurde gefunden, daß bei Luftentfeuchtung außer dem Luftgewicht auch die Stärke der Berieselung den Wert α_f stark beeinflußt.

Bezeichnet $\frac{G_w}{F}$ kg/St./m² das stündlich je m² Querschnitt durch die Füllschicht gut verteilt strömende Wassergewicht, $\frac{G_L}{F}$ kg/St./m² das entsprechende Luftgewicht, so wurden die folgenden Beziehungen gefunden:

für Luftbefeuchtung $$\alpha_f = 1150 + 1{,}5 \cdot \frac{G_L}{F} \tag{33}$$

für Luftentfeuchtung $$\alpha_f = \frac{1}{\dfrac{1}{1150 + 1{,}5 \cdot \dfrac{G_L}{F}} + \dfrac{1}{2{,}16 \cdot 10^{-9} \cdot \left(\dfrac{G_L}{F}\right)^{1,8} \cdot \left(\dfrac{G_w}{F}\right)^{1,54}}} \tag{34}$$

In Abb. 16 sind auf Grund der Gl. 31 und 33 für Luftbefeuchtung die von Whitman und Keats mit Düsenkammern und mit berieselten Koksschichten gefundenen Werte von α_f für verschiedene Werte $\frac{G_L}{F}$ eingetragen.

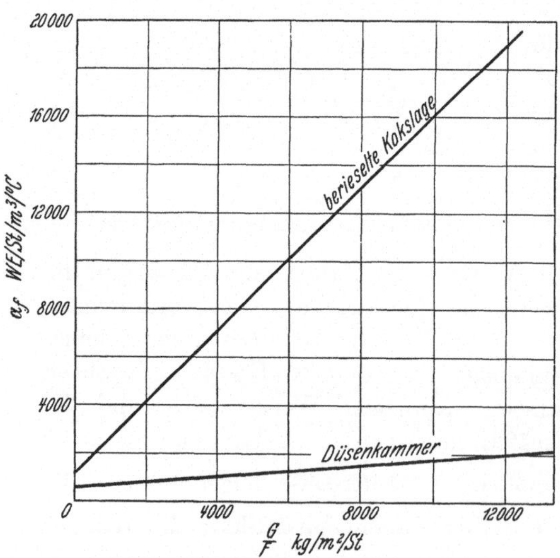

Abb. 16. Raum-Wärmeübergangszahl α_f für Luftbefeuchtung (nach Whitman und Keats, Anhaltszahlen).

Zwischen den, auf 1 m³ Berührungsraum bezogenen Übergangszahlen α_f für die fühlbare Wärme (je Grad mittleren Temperaturunterschiedes) und α_d für Verdampfungs- und Niederschlagswärme (je mm QS. mittleren Unterschiedes der Dampfspannung) besteht die folgende Beziehung[1]:

$$\frac{\alpha_f}{\alpha_d} = \frac{c_p (h_w - h_d)}{i_{tw} (x_w - x_d)} \cdot 1000, \tag{35}$$

worin c_p WE/kg/° C die mittlere spezifische Wärme je kg feuchter Luft, i_{tw} WE/kg die Verdampfungswärme je kg Wasser bei der mittleren Wassertemperatur t_w bedeutet.

[1] Qu.-V. 19, 8, 4.

Legt man im Einzelfalle der Rechnung eine bestimmte Luft- und Wassermenge sowie deren Zustand beim Ein- und Austritt zugrunde, so ergeben sich daraus die zu übertragenden Mengen an fühlbarer und Dampfwärme Q_f und Q_d. Wählt man zur Bestimmung des nötigen Berührungsraumes den der Art der Wasserverteilung entsprechenden Wert α_f auf Grund von Erfahrungszahlen, so erhält man durch Gl. 35 den zugehörigen Wert α_d. Hiernach kontrolliert man mittels Gl. 29 die Verdunstungswärme.

Berechnungsbeispiel: Zur Entfeuchtung soll Luft von 27°, $\varphi = 0{,}7$ abgekühlt werden auf 17°, $\varphi = 1$. Das Kühlwasser soll mit 12° zu- und mit 14° ablaufen. Hiermit ergibt sich die mittlere Dampfspannung in der Luft

$$h_w = \frac{0{,}7 \cdot 26{,}74 + 1 \cdot 14{,}53}{2} = 16{,}6 \text{ mm QS.}$$

die Sättigungsspannung entsprechend der mittleren Wassertemperatur von 13°

$$h_w = 11{,}23 \text{ mm QS.}$$

die entsprechenden Gewichte an Wasserdampf

$$x_d = \frac{15{,}7 + 12{,}1}{2} = 13{,}9 \text{ g/kg}$$

$$x_w = 9{,}35 \text{ g/kg}$$

die Verdampfungswärme bei t_w

$$i_{tw} = 595 + 0{,}46 \cdot 13 - 13 = 588 \text{ WE/kg}$$

demnach $$\frac{\alpha_f}{\alpha_d} = \frac{0{,}24\ (11{,}23 - 16{,}6)}{588\ (9{,}35 - 13{,}9)} \cdot 1000 = 0{,}48\,.$$

Führt man die Dampfspannung in mm WS. oder — was gleichwertig ist — in kg/m² ein, statt in mm QS., so wird, mit 1 mm QS. = 13,6 mm WS.

$$\frac{\alpha_f}{\alpha_d} = 0{,}48 \cdot 13{,}6 = 6{,}5\,.$$

Bei der Entfeuchtung von Luft tritt, wie Kevil und Lewis[1] nachgewiesen haben, örtliche Wasserabgabe bereits ein, wenn noch nicht der ganze Luftstrom, sondern ein Teil desselben auf die Taupunktstemperatur abgekühlt ist.

Berechnungsbeispiel: 18000 kg Luft/St. von 40% relativer Feuchtigkeit bei 30° C sollen in einer Düsenkammer mit Umlaufwasser auf 80% befeuchtet werden. Die dabei eintretende Abkühlung der Luft und die annähernde Größe der Düsenkammer sollen ermittelt werden.

Die Änderung von Temperatur und Feuchtigkeit verläuft bei Umlaufbetrieb in der Molliertafel vom Anfangszustande aus mit großer Annäherung in der Richtung der Linien gleichen Wärmeinhaltes. Die Kühlgrenze, als Schnitt mit der Sättigungslinie, liegt bei 20,2° C; die Linie gleicher Luftfeuchtigkeit $\varphi = 0{,}8$ wird in einem Punkte geschnitten, der auf einer Temperaturgraden für $t = 22{,}6°$ C liegt, siehe Abb. 17.

[1] Qu.-V. 20.

Man findet aus der Molliertafel oder aus Zahlentafel 2 $x_1 = 10{,}88$ g, $x_2 = 13{,}94$ g, $x_2 - x_1 = 3{,}06$ g Wasseraufnahme je kg Luft; insgesamt $W = \frac{18000 \cdot 3{,}06}{1000} = 55{,}08$ kg/St. Die Luft gibt an fühlbarer Wärme ab:

$$Q_f = 18000 \quad (30 - 22{,}6) \cdot 0{,}24 + \frac{18\,000 \cdot 10{,}88}{1000} \cdot 0{,}46\,(30 - 22{,}6)$$
$$= 31\,900 + 65 \approx 32\,000 \text{ WE/St.}$$

Man sieht, daß das zweite Glied praktisch ohne Bedeutung ist.

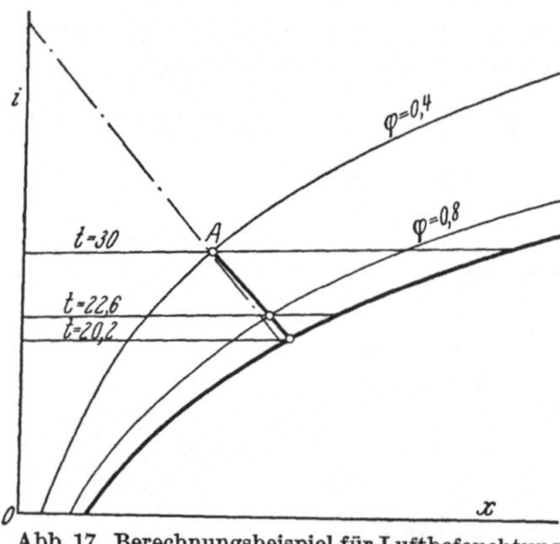

Abb. 17. Berechnungsbeispiel für Luftbefeuchtung im J-x-Bilde.

An Dampfwärme nimmt sie auf:

$$\frac{18\,000 \cdot 3{,}06}{1000} \cdot (595 + 0{,}46 \cdot 22{,}6)$$
$$= 55{,}08 \cdot 605{,}4 = 33\,300 \text{ WE/St.}$$

Die Zunahme des Wärmeinhaltes der Luft um rund

$$33\,300 - 32\,000 \approx 1300 \text{ WE/St.}$$

entspricht der fühlbaren Wärme des Wassers von $55{,}08 \cdot 22{,}6$ WE/St., die mit dem Dampfe in die Luft übergeht.

Der Querschnitt der Düsenkammer sei $1{,}4 \cdot 1{,}5$ m $= 2{,}1$ m². Nimmt man das mittlere spezifische Gewicht der Luft zu 1,17 kg/m³ an (vgl. Zahlentafel 2), so beträgt die Luftmenge

$$V_L = \frac{18\,000}{1{,}17} = 15\,400 \text{ m}^3/\text{St.} = 4{,}3 \text{ m}^3/\text{sec}.$$

Die Luftgeschwindigkeit ist

$$w = \frac{V_L}{F} = \frac{4{,}3}{2{,}1} = 2{,}05 \text{ m/sec},$$

das Luftgewicht je m² Querschnitt:

$$\frac{G_L}{F} = \frac{18\,000}{2{,}1} = 8570 \text{ kg/m}^2/\text{St.}$$

Nach Gl. 31 und Abb. 16 wird $\alpha_f = 600 + 0{,}12 \frac{G}{F} = 1630$ WE/m³/St./°C. Der nötige Rauminhalt der Düsenkammer wird nach Gl. 28 mit

$$t_L = \frac{30 + 22{,}6}{2} = 26{,}3°,$$

$$V = \frac{Q_f}{\alpha_f\,(t_L - t_w)} = \frac{32\,000}{1630\,(26{,}3 - 22{,}6)} = 5{,}3 \text{ m}^3.$$

Bei dem gewählten Querschnitte von 2,1 m² wird daher die Höhe bzw. Länge des vom Düsennebel erfüllten Raumes $\frac{5{,}3}{2{,}1} = 2{,}52$ m. Je nach der gewählten Zahl und Anordnung der Düsen und der Feinheit der Zerstäubung wird man einen Zuschlag zu der näherungsweise berechneten Größe des Luftwäschers machen. Läßt man bei senkrechter Richtung des Luftstromes das Düsenwasser über eine Füllschicht, z. B. von Raschigringen, ablaufen, so kann, je nach deren Höhe und Dichtigkeit, die Größe der Düsenkammer beschränkt werden, allerdings mit einer Erhöhung des Luftwiderstandes.

Schließlich sei für das Zahlenbeispiel noch der Wert α_d berechnet. Nach Gl. 30 ist für den vorliegenden Fall (Umlaufwasser, ohne Wärmezu- und -abfuhr, abgesehen vom Zusatzwasser)

$$\frac{\alpha_f}{\alpha_d} = \frac{h_w - h_d}{t_L - t_w}.$$

Der Teildruck des Wasserdampfes in der Luft ist beim Eintritt ($\varphi = 0{,}4$ $t_e = 30°$) $h_{de} = 0{,}4 \cdot 31{,}8 = 12{,}7$ mm QS., beim Austritt ($\varphi = 0{,}8$ $t_a = 22{,}6°$) $h_{da} = 0{,}8 \cdot 21 = 16{,}8$ mm QS., im Durchschnitt $h_d = 14{,}7$ mm QS. Bei der Kühlgrenze von 20,2°, auf die sich im Beharrungszustande das Wasser abkühlt, ist in der Grenzzone $h_w = 17{,}7$ mm QS. Mit $\alpha_f = 1630$ und $t_L - t_w = 26{,}3 - 22{,}6 = 3{,}7°$ wird:

$$\frac{\alpha_f}{\alpha_d} = \frac{17{,}7 - 14{,}7}{3{,}7} = 0{,}81,$$

$$\alpha_d = \frac{1630}{0{,}81} = 2010.$$

Dieser Wert entspricht der Beziehung (Gl. 29)

$$Q_D = \alpha_d \cdot V \cdot (h_d - h_w) = 2010 \cdot 5{,}3 \cdot 3 = 32\,000 \text{ WE/St.}$$

Bei ausgeführten Anlagen trifft man am häufigsten Luftgeschwindigkeiten von 1—3,5 m/sec an, die niedrigeren Werte besonders, wenn berieselte Füllschichten verwendet werden, die sonst den Luftwiderstand stark erhöhen.

IV. Messung der Luftfeuchtigkeit.

Die gebräuchlichen Instrumente zum Messen der relativen Luftfeuchtigkeit nennt man Hygrometer und Psychrometer. Die ersteren haben als Betriebsgeräte mit Zeigeranzeige an einer Skala den Vorzug direkter Ablesung der relativen Luftfeuchtigkeit, doch ist es nötig, sie sorgfältig und nach Bedarf öfters zu eichen, um geringe Fehlergrenzen zu erhalten. Für genauere Messungen werden nur die Psychrometer verwendet, bei denen der Feuchtigkeitsgrad der Luft aus 2 Thermometerablesungen durch Rechnung oder an der Hand von Tabellen ermittelt wird.

Hygrometer. Diese Geräte beruhen auf der Beobachtung, daß sich das entfettete menschliche Haar bei gleichbleibender Spannung verlängert, wenn die umgebende Luft feuchter wird, und verkürzt, wenn sie trockener wird. Die Längenänderung wird mittels einer Hebelübertragung derart zum Bewegen eines Zeigers benutzt, daß das Haar oder Haarbündel einerseits an einem einstellbaren Festpunkte, am anderen Ende mit einer gewissen Belastung nachgiebig eingespannt ist, siehe Abb. 18. Bei manchen Bauarten wird das Haar an beiden Enden fest eingespannt und durch eine seitlich wirkende Kraft entsprechend seiner Dehnung mehr oder weniger durchgebogen. Bei guter Ausführung, sorgfältiger Eichung und sachgemäßer Behandlung geben diese bekannten Feuchtigkeitsmesser recht brauchbare Anzeigen, die für viele Betriebszwecke genügen. Über die Behandlung derartiger Meßgeräte geben die gut ausgearbeiteten Druckschriften der Lieferfirmen in der Regel ausführliche Vorschriften. Haarhygrometer, die in nicht sehr feuchten Räumen benutzt werden, sollen in Abständen von 1—2 Wochen in nahezu gesättigter Luft aufgehängt werden, z. B. während einer Nacht bei feuchtem Wetter am geöffneten Fenster oder in einem feuchten Keller; sonst wird ihre Anzeige zu hoch. Die Richtigkeit der Anzeige bzw. die etwa nötige Neueinstellung prüft man durch Vergleich mit einem Psychrometer, dessen Wirkungsweise nachstehend beschrieben wird. Beim Eichen stellt man den Festpunkt so ein, daß die Anzeige in dem normal benutzten Meßbereiche mit der des Psychrometers übereinstimmt. Abb. 19 zeigt ein Haarhygrometer, zusammengebaut mit einem Thermometer; diese Kombination wird auch „Polymeter" (Vielfachmesser) genannt. Das Thermometer hat neben der Temperaturskala eine zweite, an der man für jede Temperatur den zugehörigen Sättigungsdruck des Wasserdampfes („Dunstdruck") in mm QS. ablesen kann, bezogen auf normalen Barometerstand. Ferner findet man über der runden Zeigerskala, welche die relative Luftfeuchtigkeit in % angibt, eine Skala, die in °C angibt, um wieviel der Taupunkt der Luft unter der vom Thermometer angezeigten Lufttemperatur liegt. Für einen bestimmten Feuchtigkeits-

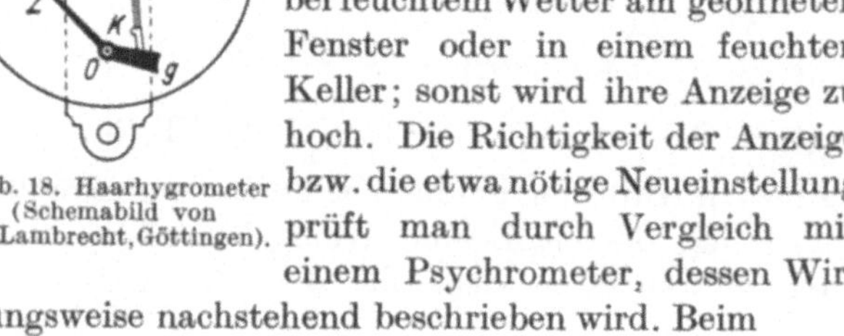

Abb. 18. Haarhygrometer (Schemabild von W. Lambrecht, Göttingen).

Abb. 19. Polymeter (W. Lambrecht, Göttingen).

grad ist nämlich, wie ein Blick in die Molliertafel leicht erkennen läßt, bei den meist vorkommenden Temperaturen der senkrecht gemessene Abstand zwischen wirklicher Lufttemperatur und Sättigungslinie nahezu konstant; z. B. liegt (bei 760 mm Barometerstand) für Luft von 20° C und 60% relativer Feuchtigkeit der Taupunkt bei etwa 12° C; für Luft von 25° C und ebenfalls 60 % relativer Feuchtigkeit bei etwa 17°, d. h. in beiden Fällen liegt, bei gleichem Feuchtigkeitsgrade der Luft, ihr Taupunkt rund 8° unter der Lufttemperatur. Gewöhnlich erhält man mit den Meßgeräten Hilfstabellen oder -skalen, aus denen man mittels der direkt abgelesenen Werte den wirklichen Dunstdruck, das wirkliche Gewicht an Wasserdampf, das „Sättigungsdefizit", d. h. die zur Sättigung fehlende Wassermenge und das spezifische Gewicht der Luft sowie ihren Wärmeinhalt entnehmen kann. Abb. 20 zeigt ein selbstschreibendes Haarhygrometer; das Uhrwerk, welches die Papiertrommel antreibt, kann so eingerichtet werden, daß eine Umdrehung der Trommel in 24 Stunden oder in 7 Tagen erfolgt.

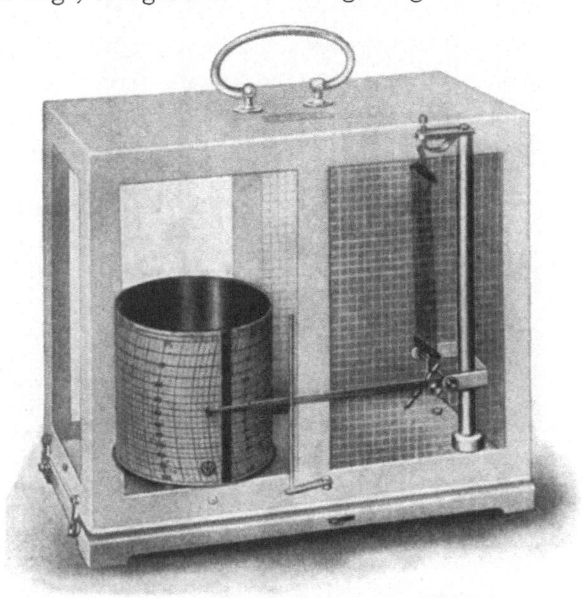

Abb. 20. Selbstschreibendes Haarhygrometer (W. Lambrecht, Göttingen).

Psychrometer (vgl. S. 21). Hängt man neben einem gewöhnlichen, zuverlässigen Thermometer ein ebensolches auf, dessen Quecksilberkugel durch eine Mullhülle feucht gehalten wird, so zeigt das feuchte Thermometer eine niedrigere Temperatur an als das trockene. Die Abkühlung wird verursacht durch Verdunsten des Wassers an der Quecksilberkugel und ist um so stärker, je trockener die Luft ist, d. h. je begieriger sie Wasserdampf aufzunehmen sucht. Der Unterschied der Anzeigen vom trockenen und nassen Thermometer — psychrometrische Differenz genannt — gibt einen zuverlässigen Maßstab für die relative Feuchtigkeit der Luft, sofern durch genügende Bewegung der Luft dafür gesorgt wird, daß die an der nassen Oberfläche gesättigte Luftschicht ständig durch andere ungesättigte Luft verdrängt wird. Dies erreicht man in unbewegter Luft, indem entweder die Thermometer einige Minuten lang durch kräftiges Schwingen oder Fächeln eine Luftbewegung erfahren oder dadurch, daß durch einen kleinen Ventilator mit Uhrwerk oder elektrischem Antriebe ein gleichmäßiger Luftstrom an den beiden Thermometern vorbeigesaugt bzw. geblasen wird. Abb. 21a zeigt die einfache Anordnung der zwei Thermometer an einem Täfelchen zum Aufhängen befestigt, Abb. 21b die Ausführung mit einem Uhrwerkventilator.

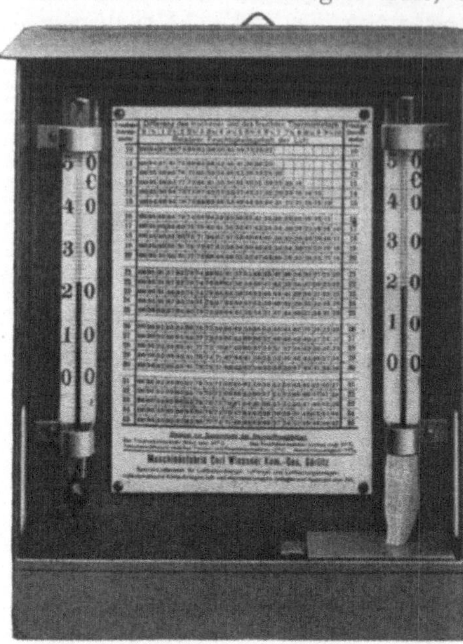

Abb 21a. Wandpsychrometer (C. Wießner, Görlitz).

Für gelegentliche Messung kann man in Ermangelung eines Psychrometers jedes einigermaßen zuverlässige Thermometer benutzen, indem man erst an ihm die Raumtemperatur abliest, dann die Quecksilberkugel mit einer dünnen Stoffhülse überzieht, diese gut befeuchtet und nach genügender Bewegung des Thermometers wiederum abliest.

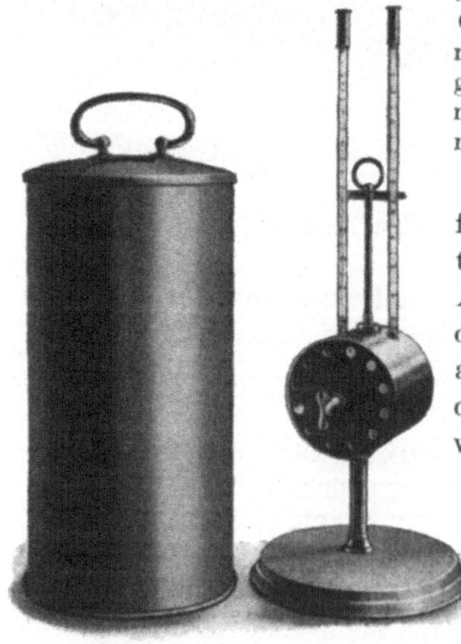

Abb. 21b. Psychrometer mit Uhrwerkventilator (W. Lambrecht, Göttingen).

Abb. 22 gibt eine Ausführungsform des Aspirationspsychrometers (nach Assmann) wieder, bei der der angesaugte Luftstrom an den Quecksilberkugeln der beiden Thermometer vorbeigeführt wird. Abb. 24 zeigt ein sogenanntes Schleuderpsychrometer, bei dem die Thermometer an einer um einen Handgriff leicht schwenkbaren Platte angebracht sind.

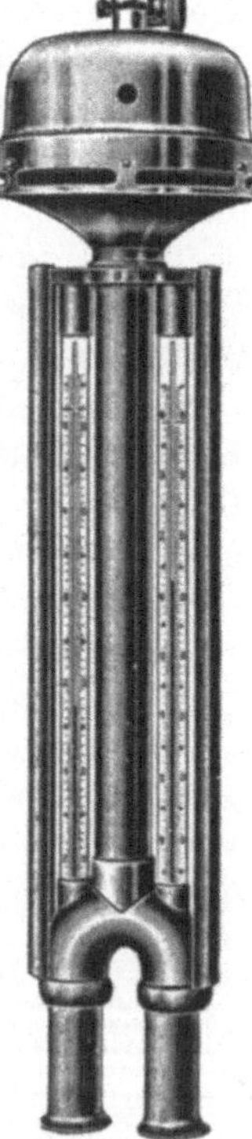

Abb. 22. Aspirationspsychrometer nach Assmann (R. Fuess, Berlin-Steglitz).

Das Einbaupsychrometer (Abb. 23 a u. b) ermöglicht es, den Feuchtigkeitsgrad in Luftleitungen, Kammern usw. durch eine Trennwand abzulesen. In ähnlicher Bauart werden auch Haarhygrometer (vereinigt mit Thermometer) angefertigt.

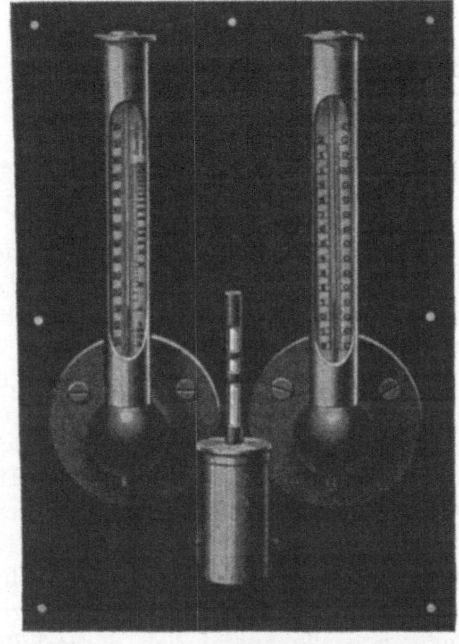

Abb. 23 a.

Die auf S. 42 folgende Tabelle läßt die Größe der Korrektur erkennen, die bei Ablesung am ruhenden Thermometer in unbewegter Luft nötig ist.

Für den hier in Frage kommenden Temperaturbereich wird aus den Ablesungen der beiden Thermometer bei genügender Luftbewegung (Luftgeschwindigkeit etwa 3 m/sec oder mehr) die relative Luftfeuchtigkeit gewöhnlich nach der Sprungschen Formel ermittelt:

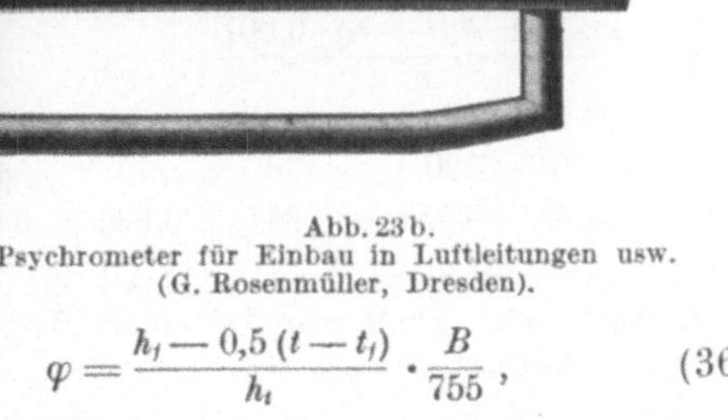

Abb. 23 b. Psychrometer für Einbau in Luftleitungen usw. (G. Rosenmüller, Dresden).

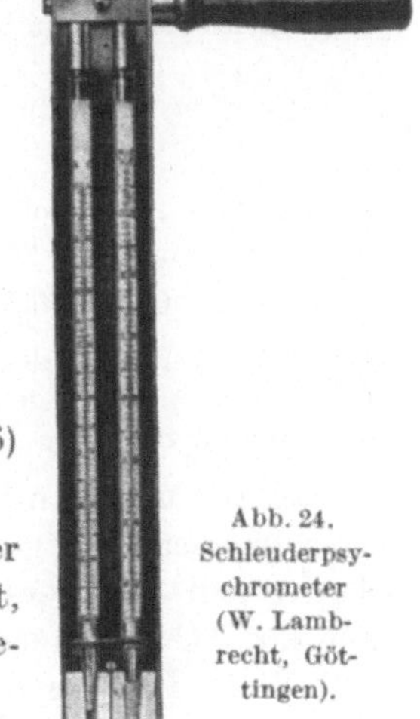

Abb. 24. Schleuderpsychrometer (W. Lambrecht, Göttingen).

$$\varphi = \frac{h_f - 0{,}5\,(t - t_f)}{h_t} \cdot \frac{B}{755}\,, \qquad (36)$$

worin bedeutet:

h_f mm QS. den Sättigungsdampfdruck, der der Temperatur des feuchten Thermometers entspricht,

h_t den Sättigungsdampfdruck, der der Temperatur des trockenen Thermometers entspricht,

t die Temperatur des trockenen Thermometers,

t_f die Temperatur des feuchten Thermometers,

B den Barometerstand in mm QS. Der Faktor $\frac{B}{755}$ wird gewöhnlich fortgelassen, da sein Einfluß sehr gering ist.

	ruhend °C	2 Minuten mäßig bewegt (67 Schwingungen)	2 Minuten mäßig schnell bewegt (218 Schwingungen)
Trocknes Thermometer	20,4	20,4	20,4
Nasses Thermom.	15,0	14,5	14,3
Unterschied	5,4	5,9	6,1
Korrektur %	13	3,5	—

Für das obige Beispiel ergibt die Formel mit

$t = 20{,}4 \; t_f = 14{,}3$, hieraus $h_t = 18{,}0 \; h_f = 12{,}24$, $\varphi = 0{,}51 = 51\%$.

Würde man in Gl. 36 die am ruhenden Thermometer abgelesene Temperatur $t_f = 15°$, entsprechend $h_f = 12{,}8$ einsetzen, so ergäbe sich $\varphi = 0{,}56$. Häufig wird für „mäßig bewegte Luft" statt Gl. 36 die abgeänderte Form angegeben:

$$\varphi = \frac{h_f - 0{,}6\,(t - t_f)}{h_t}.$$

Hiernach würde man mit der Ablesung am ruhenden Thermometer $\varphi = 0{,}53$ erhalten, während der Wert $t_f = 14{,}5$ (entsprechend 67 Hin- und Herbewegungen des Thermometers in 2 Minuten) $\varphi = 0{,}49$ ergäbe. Beim Aspirationspsychrometer mit kräftiger und stets gleicher Luftbewegung durch einen Ventilator fällt die Unsicherheit fort, die sonst in dem Grade der Luftbewegung liegt. Die Ableitung der Gl. 36 ist an anderer Stelle ausführlich dargestellt, so daß hier davon abgesehen werden kann.

Nach Mollier[1] gilt bei Benutzung der Formel

$$h_f - \varphi \cdot h_t = A \cdot h\,(t - t_f), \text{ d. h.}$$

$$\varphi = \frac{h_f - A \cdot h\,(t - t_f) \cdot 0{,}001}{h_t}$$

für den Wert A die folgende Tabelle:

t_f =	—10	0	+10	20	30	40	50
A =	0,58	0,578	0,652	0,651	0,647	0,636	0,615

also für Temperaturen des feuchten Thermometers von $+10$ bis $+30°$ durchschnittlich $A = 0{,}65$. Im obigen Zahlenbeispiel erhält man bei einem Barometerstande $h = 760$ mm, mit $A = 0{,}65$, $\varphi = 0{,}512$.

Carrier und Lindsay[2] haben die Zuschläge ermittelt, die man bei verschiedenen Luftgeschwindigkeiten am nassen Thermometer zum abgelesenen Temperaturunterschiede $t - t_f$ machen muß. Abb. 25[3] gibt, auf °C und m/sec umgerechnet und im logarithmischen Maßstabe diese Werte für verschiedene Temperaturen des feuchten Thermometers.

[1] Qu.-V. 2.

[2] Carrier u. Lindsay: The temperatures of evaporation of water into air. Refr. Engg. 1925.

[3] Entnommen aus Hirsch: Trocknungstechnik. Qu.-V. 4.

Die Zahlen beziehen sich auf einen Barometerstand von 760 mm, können aber allgemein unter gewöhnlichen Verhältnissen benutzt werden.

Sehr zuverlässig kann man die relative Luftfeuchtigkeit auch ermitteln, indem man aus der Temperatur des trockenen Thermometers den zugehörigen Sättigungsdruck des Wasserdampfes h_t bestimmt und

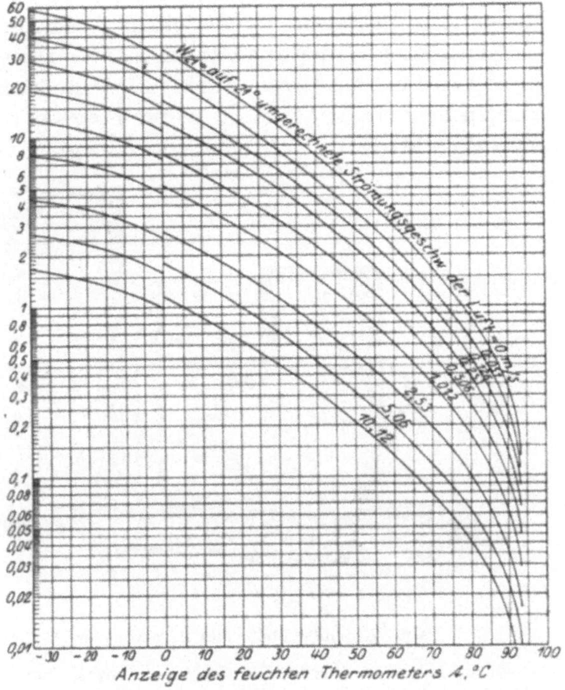

Abb. 25. Anzeigefehler des am Psychrometer abgelesenen Temperaturunterschiedes. (Carrier-Lindsay, nach M. Hirsch: Trocknungstechnik.)

durch direkte Messung der Taupunktstemperatur t_τ den zugehörigen Sättigungsdruck h_τ; man erhält dann

$$\varphi = \frac{h_\tau}{h_t}.$$

Zur Bestimmung des Taupunktes dient z. B. eine mit Schwefeläther gefüllte kleine Trommel, die vorn durch einen hochglanzpolierten Spiegel abgeschlossen ist (Abb. 26). Durch einen Gummiball wird über die Oberfläche des Äthers Luft geblasen, wodurch dieser verdunstet und sich rasch abkühlt. An einem, in den Äther eingesteckten genau zeigenden Thermometer liest man die Temperatur ab, bei der sich auf der polierten Außenfläche ein Hauch von

Abb. 26. Taupunktmesser (G. Rosenmüller, Dresden).

niedergeschlagenem Wasser bildet; dies ist die Taupunktstemperatur der Luft.

Zuverlässige Messung der Luftfeuchtigkeit erfordert, wie man aus diesen Ausführungen ersieht, einige Umsicht.

Sind die Temperaturen des trockenen und des feuchten Thermometers ermittelt, so kann man statt der Berechnung die relative Feuchtigkeit sehr einfach direkt aus der Molliertafel ablesen. Vgl. S. 22.

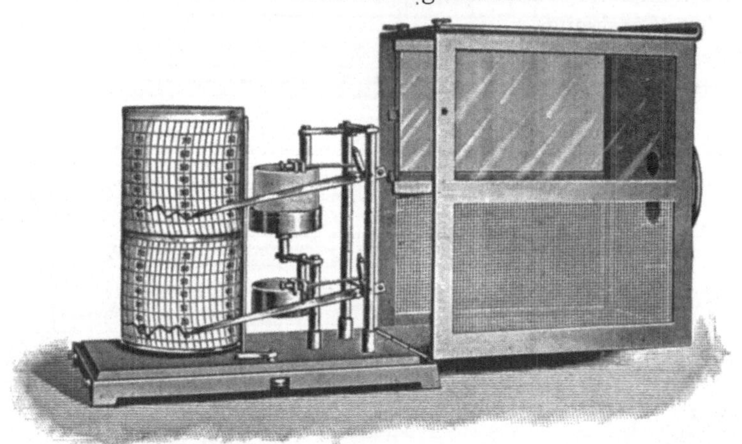

Abb. 27. Selbstschreibendes Psychrometer (W. Lambrecht, Göttingen).

Beispiel: $t = 20{,}4°$ $t_f = 14{,}3°$. Durch den Schnittpunkt der Linie $t_f = 14{,}3 =$ konst. (interpolieren zwischen $t = 14$ und $t = 15$) mit der Sättigungslinie zieht man eine Parallele zu den Linien $J =$ konst.[1] Der Schnittpunkt dieser Parallelen mit der Temperaturlinie $t = 20{,}4 =$ konst. entspricht dem zu bestimmenden Zustande der Luft mit guter Annäherung. Man findet $h_w = 9{,}2$ $h_t = 18$, hieraus

$$\varphi = \frac{h_w}{h_t} = \frac{9{,}2}{18} = 51{,}5\%.$$

Abb. 28a.

Abb. 27 zeigt einen selbstschreibenden Feuchtigkeitsmesser, der nach dem Grundsatze des Psychrometers wirkt. Die der Temperatur entsprechende Längenänderung eines trockenen und eines ständig feucht gehaltenen Ausdehnungskörpers werden einzeln auf einer Papiertrommel aufgezeichnet. Die Skalen sind in ° C eingeteilt und können dem Grade der Luftbewegung am Aufstellungsorte des Instrumentes durch entsprechende Korrektion angepaßt werden.

[1] Genauer zum Richtungsstrahle des Randmaßstabes vom Zahlenwerte $t_f = 14{,}3$.

Elektrische, staubdichte Psychrometer für Fernübertragung werden neuerdings durch die Siemens & Halske AG.[1], Hartmann & Braun u. a. auf den Markt gebracht.

Abb. 28 b. Elektrisches Psychrometer (Steinle & Hartung, G. m. b. H., Quedlinburg).

Bei den elektrischen Psychrometern werden gewöhnlich zwei Widerstandsthermometer verwendet, vgl. Abb. 28 a und b; über eines der Widerstandsrohre sind Dochte geschoben, die in einen Wasserkasten tauchen. Die Ablesung der beiden Temperaturen erfolgt in beliebiger Entfernung einzeln an einem einfachen, umschaltbaren Galvanometer oder gleichzeitig an einem Doppelgalvanometer mit 2 Zeigern. Ein Galvanometer kann mit einer Anzahl Meßstellen verbunden werden. Die elektrischen Meßgeräte werden auch selbstschreibend ausgeführt und, in Verbindung mit Relais, zur selbsttätigen Regelung verwendet.

B. Technische Luftbehandlung.
(Aufgaben der Luftbehandlung, Berechnungsbeispiele.)

1. Luftbefeuchtung.

In einem Raume mit geschlossenen Fenstern und Türen stellt sich eine natürliche Luftfeuchtigkeit ein, die um so mehr von derjenigen der Außenluft abweichen kann, je luftundurchlässiger die Bauart des Raumes ist. Von den Menschen, die in dem Raume tätig sind, wird Wärme und, durch Verdunstung und Atmung, Feuchtigkeit an die Luft abgegeben; einige Anhaltszahlen seien hier angeführt[2].

	Wärme WE/St.	Wasserdampf g/St.
Jüngling	90	40
Mann, ruhend	130	60
Mann, arbeitend	200	130

Im Einzelfalle hängen die wirklichen Zahlenwerte vom Körperbau, von der Stärke der Arbeitsleistung und von der Art der Kleidung ab,

[1] Qu.-V. 21. [2] Qu.-V. 9.

ferner von der Besetzung des Raumes usw. Die jeweilig in die Rechnung einzusetzenden Zahlen werden gewöhnlich nach persönlicher Schätzung angenommen. In den Zahlenwerten für die Wärmeabgabe sind die fühlbare und die Dunstwärme einbegriffen. Das folgende Zahlenbeispiel bezweckt lediglich die Größenordnung anzudeuten.

Beispiel: Halten sich in einem Raume von $30 \cdot 20 \cdot 5$ m $= 3000$ m³ Inhalt 60 Arbeiterinnen auf, deren stündliche Wärmeabgabe im Durchschnitt zu 90 WE angenommen wird, bei gleichzeitiger Abgabe von je 70 g Wasserdampf, so ergibt sich:

die gesamte Wärmeabgabe zu $60 \cdot 90 = 5400$ WE/St.
die gesamte Feuchtigkeitsabgabe zu $60 \cdot 70 = 4200$ g/St.

Der Raum enthält 3000 m³ oder, mit $\gamma = 1{,}2$ kg/m³, 3600 kg Luft; durch Durchlässigkeit der Wände, des Daches, der Fenster und Türen trete stündlich einmaliger natürlicher Luftwechsel ein, d. h. 3600 kg/St.; die eintretende Luft habe eine Temperatur von 20° und 50% relative Feuchtigkeit, also 7,3 g Wasser je kg Reinluft; der Wärmeinhalt ist dabei nach der Molliertafel 9,2 WE/kg. Je kg Luftzufuhr beträgt bei diesen Annahmen die gesamte Wärmeabgabe $\frac{5400}{3600} = 1{,}5$ WE, worin ein Anteil von $\frac{4200\,(595 + 0{,}46 \cdot 20)}{1000 \cdot 3600} = 0{,}69$ WE an Dunstwärme eingeschlossen ist. Das Feuchtigkeitsgewicht x steigt um $\frac{4200}{3600} = 1{,}16$ g/kg, also von 7,3 auf rund 8,5 g/kg. Sucht man in der Molliertafel einen Punkt senkrecht über $x = 8{,}5$ auf, welcher auf einer Linie $i = 9{,}2 + 1{,}5 \approx 10{,}7$ liegt, so findet man die entsprechende Temperatur der Luft zu 23,3° bei $\varphi = 0{,}47 = 47\%$.

In Wirklichkeit werden sich Temperatur und Feuchtigkeitsgrad etwas anders einstellen, je nachdem der Raum entsprechend seiner Bauart die fühlbare Wärme leichter oder schwerer nach außen abgeben kann. Würde bei niedrigerer Außentemperatur der Raum gerade so stark geheizt sein, daß die von Menschen (und Maschinen, Lampen usw.) abgegebene fühlbare Wärme seine Temperatur auf 20° erhält, so würde eine Zunahme der Feuchtigkeit von 7,3 auf 8,5 g/kg die relative Feuchtigkeit von 50 auf 57,7% erhöhen. Das Beispiel zeigt, daß die Anwesenheit vieler Menschen in einem Raume je nach der Temperatur, die sich in ihm einstellt, ganz verschiedenen Einfluß auf den Luftfeuchtigkeitsgrad haben kann. Je stärker der Luftwechsel in einem Raume ist, um so weniger macht sich der Einfluß der menschlichen Abgabe von Wärme und Feuchtigkeit bemerkbar. Das gleiche gilt für den Einfluß, den die in dem Raume lagernde oder verarbeitete Ware durch Eintrocknen (Wasserabgabe) oder Feuchtwerden (Wasseraufnahme) auf die Luftfeuchtigkeit ausübt.

Im Sommer unterscheidet sich der Feuchtigkeitsgrad der Raumluft bei offenen Fenstern oder künstlicher Lüftung gewöhnlich nicht allzustark von demjenigen der Außenluft; im Winter ist durch den Einfluß der Heizung die Raumluft wesentlich trockener als die Außenluft. Hat diese z. B. bei $t = 0°$ einen Feuchtigkeitsgrad $\varphi = 0{,}8$, d. h. ein Wassergewicht $x \approx 0{,}8 \cdot 3{,}78 = 3{,}0$ g/kg, so sinkt durch Erwärmung auf $t = 20°$ C — entsprechend $x_s = 14{,}7$ — der Feuchtigkeitsgrad nach Gl. 1 auf $\varphi \approx \frac{3{,}0}{14{,}7} = 0{,}205 = 20{,}5\%$. Die Winterheizung ergibt daher, besonders bei stärkerer Zufuhr von erwärmter Außenluft, meistens niedrigeren Feuchtigkeitsgrad der Raumluft als er im Sommer selbst bei trockenem Ostwinde vorkommt.

Die Neigung eines Stoffes, bei gegebenem Zustande der umgebenden Luft auszutrocknen oder Feuchtigkeit aufzunehmen, hängt davon ab, ob sich der Stoff in ausgesprochen feuchtem oder in hygroskopischem Zustande befindet.

Der Zweck künstlicher Luftbefeuchtung mit Bezug auf Warenbehandlung kann entweder darin bestehen, das Austrocknen von Waren zu verhindern. die in genügend feuchtem Zustande in den betreffenden Raum gelangen, oder hygroskopische Ware zur Aufnahme von Feuchtigkeit aus der Luft zu veranlassen. Im ersten Falle wird das stündlich der Luft zuzusetzende Wasser- oder Dampfgewicht bestimmt durch das Feuchtigkeitsdefizit der stündlich eintretenden, nicht genügend feuchten Luft, vermindert um die durch Menschen abgegebene Feuchtigkeit; im letzteren Falle außerdem vermehrt um die von der Ware stündlich aus der Luft aufgenommene Wassermenge.

Bedeutet G_L kg das stündliche Frischluftgewicht,
G_M kg die stündliche Abgabe von Feuchtigkeit durch Menschen,
G_W kg die stündliche Aufnahme von Feuchtigkeit durch Waren,
so müssen der Luft durch künstliche Befeuchtung stündlich zugesetzt werden:

$$G_L(x_2 - x_1) - G_M + G_W = W \text{ kg Wasser oder Dampf.} \qquad (37)$$

Hierin ist x_1 durch Temperatur und Feuchtigkeitsgrad der Außenluft, x_2 durch Temperatur und gewünschten Feuchtigkeitsgrad der Raumluft gegeben und aus Zahlentafel 2 oder aus der Molliertafel zu entnehmen. Die Gewichtszunahme G_w, welche die Ware von gegebenem Anfangszustande bei der Temperatur und Luftfeuchtigkeit im Raume stündlich erfährt, kann durch vergleichende Wägung leicht ermittelt werden. Ihr Anteil an der nötigen Gesamtbefeuchtung W ist nur dann verhältnismäßig groß, wenn die Warenbewegung stark, die Ware sehr hygroskopisch ist und die Luftfeuchtigkeit hoch gehalten, die Lufterneuerung dagegen stark beschränkt wird.

Zahlenbeispiel: Frischluftmenge $G_L = 15000$ kg/St.
$t_1 = -5°$ C d. h. $x_{s1} = 2{,}47$ g
$\varphi_1 = 0{,}8$ d. h. $x_1 \approx 0{,}8 \cdot 2{,}47 \approx 2$ g
$t_2 = +20$ d. h. $x_{s2} = 14{,}7$ g
$\varphi_2 = 0{,}7$ d. h. $x_2 \approx 0{,}7 \cdot 14{,}7 \approx 10{,}3$ g

Feuchtigkeitsabgabe durch Menschen: 5000 g/St., Feuchtigkeitsaufnahme durch Waren: 4000 g/St.

Die Luftbefeuchtung erfordert stündlich:

$$W = 15000\,(10{,}3 - 2) - 5000 + 4000 = 123500 \text{ g} = 123{,}5 \text{ kg Wasserdampf.}$$

Die in der Heizperiode stündlich nötige Wärmezufuhr ergibt sich, wenn die Luftbefeuchtung durch Zerstäuben von Wasser erfolgt, aus:

$$J = G_L\,(i_{L2} - i_{L1}) + J_v - (J_{Me} + J_{Ma}) \text{ WE/St.}, \qquad (38)$$

worin bedeutet:

i_{L2} = Wärmeinhalt von 1 kg Luft (mit dem zugehörigen Wasserdampf) bei $t_2\,\varphi_2$,

i_{L1} = Wärmeinhalt von 1 kg Luft (mit dem zugehörigen Wasserdampf) bei $t_1\,\varphi_1$,

J_v = Stündlicher Wärmeverlust des Raumes durch Dach und Boden, Wände, Fenster und Türen[1],

J_{Me} = Stündliche Wärmeabgabe durch Menschen,

J_{Ma} = Stündliche Wärmeabgabe durch Maschinen und Beleuchtung.

(Vom gesamten Kraftverbrauch, der in dem Raume arbeitenden Maschinen derjenige Anteil, der in Wärme umgesetzt wird (1 PS entspricht stündlich $\frac{75 \cdot 3600}{427} = 633$ WE), z. B. durch Reibung bewegter Maschinenteile, Eisen- und Kupferverluste von Elektromotoren, Beleuchtung.)

Im Zahlenbeispiel sei $J_v = 120000$ WE/St.

$J_{Ma} = 19000$ „

$J_{Me} = 7000$ „

Ferner findet man in der Molliertafel für

$$t_1 = -5^\circ \quad x_1 = 2 \text{ g} \quad i_{L1} = 0$$
$$t_2 = +20^\circ \quad x_2 = 10{,}3 \text{ g} \quad i_{L2} = 11$$

Hiermit wird

$$J = 15000 \cdot (11 - 0) + 120000 - (7000 + 19000) = 273000 \text{ WE/St.}$$

Dient zur Heizung z. B. Niederdruckdampf mit einer nutzbaren Wärmeabgabe von 550 WE/kg (nach Abzug der im Kondenswasser abgehenden Wärme), so beträgt der stündliche Dampfverbrauch 273000 : 550 = 496 kg Dampf. Wird der auf Erwärmen und Verdunsten des Befeuchtungswassers entfallende Wärmeanteil dem Wasser durch eine Heizschlange getrennt zugeführt, so ist hierfür bei einer Zulauftemperatur t_w des Wassers erforderlich:

$$J_w = W\,(595 + 0{,}46 \cdot t_2 - t_w) \qquad (39)$$

z. B. mit $t_w = 12^\circ$ C und den übrigen Zahlen des Beispieles:

$$J_w = 123{,}5\,(595 + 0{,}46 \cdot 20 - 12) = 123{,}5 \cdot 592{,}2 \approx 73000 \text{ WE/St.}$$

[1] Nach den Regeln der Heizungstechnik zu berechnen, siehe S. 64ff.

Der Heizungsbedarf ausschließlich der Luftbefeuchtung verringert sich dementsprechend und wird:

$$J - J_w = 273\,000 - 73\,000 = 200\,000 \text{ WE/St.}$$

Wird die Luft durch Zumischen von direktem entspanntem Dampf befeuchtet, so gilt das auf S. 17, 18 (siehe auch Abb. 6) Gesagte; die Lufttemperatur wird dabei nur unwesentlich erhöht, d. h. der Bedarf an Heizwärme ist nur wenig kleiner als 200000 WE/St. In der Mollier-tafel findet man die beim Befeuchten mit direktem Dampf nötige getrennte Heizung der Luft auf folgende Art. Durch den Punkt, der dem gewünschten Zustande entspricht, d. h. senkrecht über $x_2 = 10{,}3$ auf der Temperaturlinie $t_2 = 20^\circ$, zieht man nach links eine Linie parallel zum Richtungsstrahl, der dem Wärmeinhalt des Dampfes entspricht, z. B. 650. Eine Senkrechte über $x_1 = 2$ g schneidet diese Linie im Punkte $t = 18{,}2^\circ$ C; bis zu dieser Temperatur muß also die Luft mit ihrem anfänglichen Feuchtigkeitsgehalt getrennt erwärmt werden, während durch das Zumischen von Dampf ihre Temperatur auf 20°, d. h. um 1,8° steigt. Statt 200000 WE/St. erfordert also die getrennte Heizung in diesem Falle nur $200\,000 - 15\,000 \cdot 0{,}24 \cdot 1{,}8 = 193\,500$ WE/St.

Für die Befeuchtung von Sommerluft in einer Düsenkammer ist auf S. 35, 36 ein Zahlenbeispiel zu finden.

Im Sommer muß die relative Feuchtigkeit der Luft beim Austritte aus der Befeuchtungsanlage meist höher gehalten werden als sie im Betriebsraume gewünscht wird. Denn die aus dem Apparate oder der Verteilleitung austretende, durch die Wasserverdunstung abgekühlte Luft erwärmt sich infolge der dem Raume durch Dach und Fenster, Menschen und Maschinen zugeführten Wärme; ihr Feuchtigkeitsgrad geht dadurch zurück. Diese Erscheinung tritt besonders bei trockenem Sommerwetter stark auf, wenn die dem Raume zugeführte Menge befeuchteter Luft zu klein, die Wärmeeinstrahlung (z. B. durch Sheddächer mit einfacher Verglasung und schlechter Isolierung) und die Wärmeentwicklung im Raume jedoch reichlich hoch sind. Als Notbehelfe werden in solchen Fällen oft die folgenden Maßregeln angewendet.

1. Man beschränkt durch Umstellen einer Wechselklappe die Menge angesaugter Außenluft und führt dem Raume entsprechend mehr Umluft zu; dieser braucht nur der Verlust an Feuchtigkeit im Raume zugesetzt zu werden. Die Raumtemperatur steigt hierbei infolge der verringerten Wasserverdunstung; auch ist die verringerte Zufuhr von Außenluft an sich unerwünscht.

2. Man läßt, wenn die Bauart des Befeuchtungsapparates dies zuläßt, die befeuchtete Luft übersättigt, d. h. mit einem Wasser-

nebel beladen, in den Raum eintreten und erhält dadurch Nachverdampfung.

3. Wenn die Bauart des Befeuchtungsapparates das Mittel 2. nicht zuläßt, ordnet man zusätzliche Wasserzerstäuber, z. B. mit Druckluftbetrieb, oder sonstige Einzelbefeuchter im Raume an.

Nach einem von Hirsch angegebenen Verfahren[1] können hohe Feuchtigkeitsgrade im Raume dadurch erreicht werden, daß man einen wärmeren und einen kälteren Luftstrom beim Austritt aus ihren getrennten Verteilleitungen in geeignetem Verhältnis mischt (vgl. Abb. 6, 37, 74).

Die folgenden Überlegungen lassen für die Luftbefeuchtung im Sommer den Zusammenhang zwischen Feuchtigkeitsgrad und Raumtemperatur erkennen. Zunächst sei ein vollkommen luftdicht abgeschlossener Raum angenommen, in welchem im Beharrungszustande die Temperatur t und der Feuchtigkeitsgrad φ betragen. Die im Umluftbetriebe durch künstliche Befeuchtung stündlich der Luft zuzusetzende Gewichtsmenge an Wasserdampf W ist gleich dem stündlichen Gewichtsverlust G_w durch Feuchtigkeitsabgabe an Waren usw., vermindert um die Feuchtigkeitsabgabe durch Menschen G_M. In der Molliertafel stellt sich der Vorgang gemäß Abb. 29 dar. Punkt A entspricht dem Raumzustande t_A, φ_A, x_A. Durch Wasserverdunstung im Befeuchtungsapparat erreicht die Luft entlang der Linie A—B den Zustand B, entsprechend dem Wassergewicht x_B und der Temperatur t_B. Nach dem Austritt in den Raum verringert sich ihr Wassergehalt wieder auf den Wert x_A, und ihre Temperatur steigt von t_B auf die Raumtemperatur t_A. Der Wärmebindung beim Verdunsten des Wassers, i_{d1}—i_{d2}, steht eine „Niederschlagswärme" (Absorptionswärme) bei der Aufnahme der Feuchtigkeit durch die Ware gegenüber; bei einem luftdicht geschlossenen Raume kommt also die Verdunstungswärme nicht ohne weiteres der Kühlung des Raumes zugute.

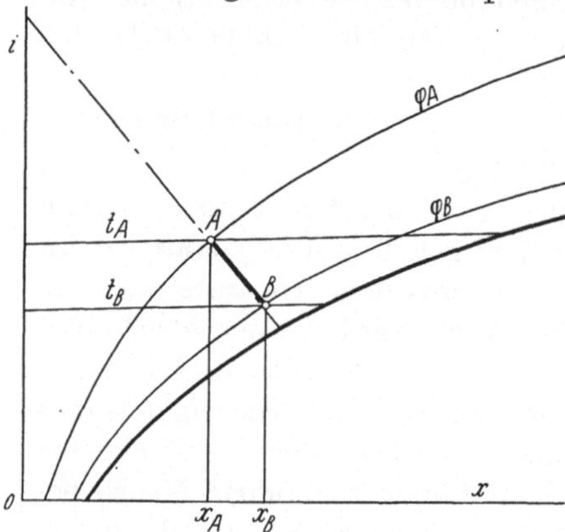

Abb. 29. Umluftbefeuchtung in luftdicht geschlossenem Raume.

Beispiel: Die zur Erhaltung des Feuchtigkeitsgrades nötige Wasserverdunstung sei $W = 12$ kg/St. $t = 22°$, $\varphi = 70\%$, d. h. $x \approx 0{,}7 \cdot 16{,}6 \approx 11{,}6$ g/kg. Für die bis zur Sättigung befeuchtete Luft findet man $t_B = 18{,}2°$, $x_B = 13{,}1$ g/kg.

[1] DRP. Dipl.-Ing. M. Hirsch, Frankfurt a. M.

Das Luftgewicht, das stündlich durch den Befeuchtungsapparat gesaugt werden muß; ergibt sich zu

$$G_L = \frac{12\,000}{13{,}1 - 11{,}6} = 8000\ \text{kg/St}\,.$$

Wird die Luft im Befeuchtungsapparate nicht bis 100, sondern nur bis 90% befeuchtet, entsprechend $x_B = 12{,}7$, d. h. $x_B - x_A = 12{,}7 - 11{,}6 = 1{,}1$ g/kg, so ist die nötige Luftmenge

$$G_L = \frac{12\,000}{1{,}1} = 10\,900\ \text{kg/St}\,.$$

In Wirklichkeit ist gewöhnlich mit einem mehr oder weniger starken, natürlichen oder künstlichen Luftwechsel in den zu befeuchtenden Räumen zu rechnen. Die zur Befeuchtung der Zuluft zu verdunstenden Wassermengen sind dabei meist so groß, daß sie die Raumtemperatur wesentlich beeinflussen können.

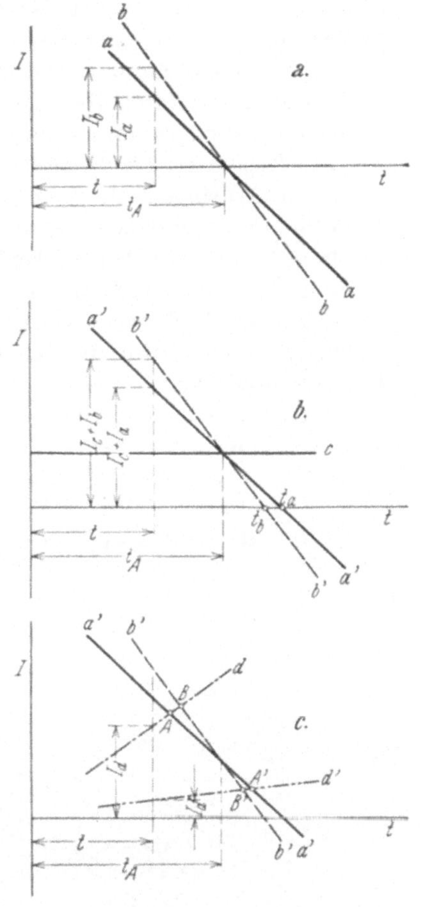

In Abb. 30a—d stellt die waagerechte Achse verschiedene Raumtemperaturen dar, die senkrechte Achse die bei gegebener Außentemperatur von außen in den Raum eindringenden oder von ihm nach außen abgeführten Wärmemengen J_A. t_A sei die dem jeweiligen Wetter entsprechende natürliche Ausgleichstemperatur, bei der durch die wärmeren, z. B. von der Sonne beschienenen Außenflächen ebensoviel Wärme in den Raum eindringt, wie durch die kälteren aus ihm abfließt. Ist die Raumtemperatur t niedriger als t_A, so dringt Wärme in ihn ein, ist t höher als t_A, so fließt Wärme aus ihm ab. Die Linien a und b (Abb. 30a) zeigen den Einfluß geringerer bzw. stärkerer Wärmedurchlässigkeit des Gebäudes.

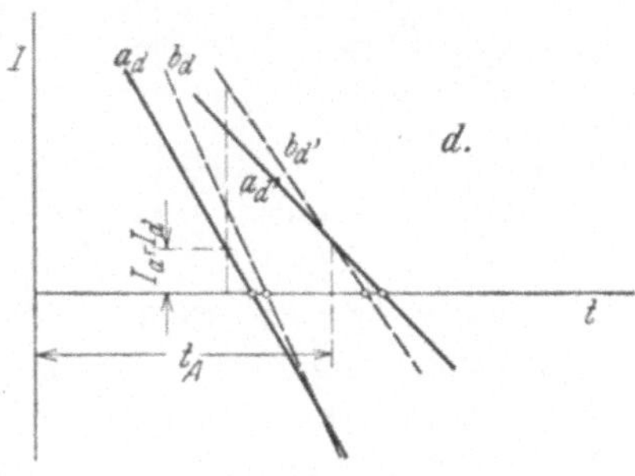

Abb. 30. Wärmeaufnahme oder -abgabe eines Raumes bei verschiedenen Raum- und Umgebungstemperaturen.

In Abb. 30b bezeichnet die Linie c die im Raume selbst entwickelte Wärme; diese ist bei Raumtemperaturen unter t_A der von außen kommenden Wärme hinzuzuzählen, entsprechend den Linien a' und b', und ergibt dann die gesamte zur Erhaltung der betreffenden Raumtemperatur abzuführende Wärme (z. B. durch Wasserverdunstung). Bei Raumtemperaturen über t_A ergibt die im Raume entwickelte Wärme (Linie c) vermindert um die nach außen abströmende Wärme (a bzw. b) den zur Erhaltung der betreffenden Raumtemperatur künstlich abzuführenden Wärmeanteil. In den Schnittpunkten von a' bzw. b' mit der Temperaturachse sind entwickelte und abgeführte Wärme einander gleich, d. h. die betreffenden Temperaturen stellen sich ohne künstliche Kühlung ein. Man erkennt, daß die weniger wärmedurchlässige, also besser isolierende Bauart a bei Raumtemperaturen unter t_A den Wärmezufluß verringert, also die Kühlhaltung des Raumes erleichtert, bei Temperaturen über t_A das Ableiten der Wärme behindert, also zu einer höheren Beharrungstemperatur t_a führt als die weniger isolierende Bauart b.

In Abb. 30c sind wiederum die Linien a' und b' eingetragen; ferner Linien d und d', welche die Wärmebindung durch Wasserverdunstung zur Befeuchtung der Luft andeuten; in Abb. 30d sind die Ordinaten der Linien d und d' von denen der Linien a' und b' abgezogen. Bei starker Luftbefeuchtung (viel Außenluft und trockenes Wetter) entsprechend Linie d ist in den Schnittpunkten A bzw. B bei einer Raumtemperatur, die unter t_A liegt, die Wärmebindung gleich der Wärmezufuhr; bei geringer Luftbefeuchtung entsprechend Linie d' (wenig Außenluft oder feuchtes, warmes Wetter) liegen die Schnittpunkte A' und B', bei denen Wärmebindung = Wärmezufuhr ist, bei Temperaturen, die höher sind als t_A. Die besser wärmeschützende Bauart ergibt im ersteren Falle (Punkt A) eine niedrigere Raumtemperatur, im zweiten Falle (Punkt A') eine höhere Raumtemperatur als die mehr wärmedurchlässige Bauart des Gebäudes (B bzw. B').

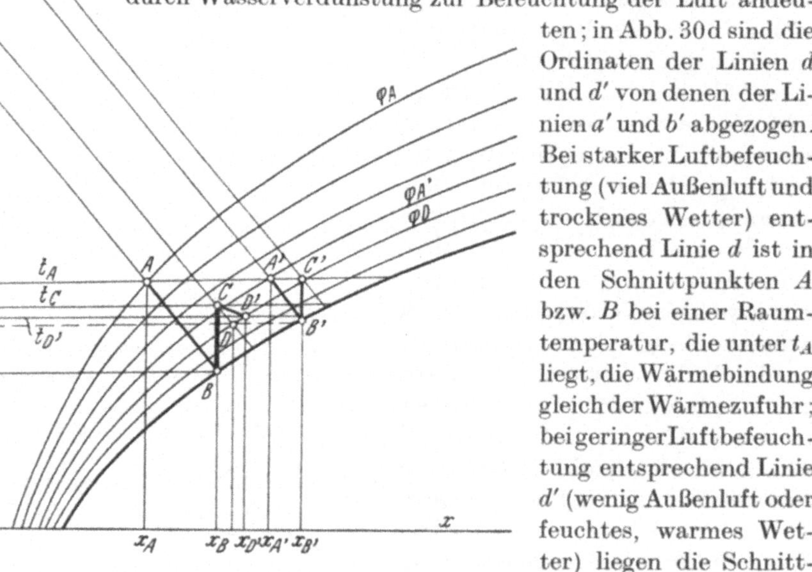

Abb. 31. Luftbefeuchtung mit Nachverdampfung.

Das auf S. 49 als Notbehelf angeführte Arbeiten der Luftbefeuchtung mit Nachverdampfung ist in Abb. 31 an Hand der Molliertafel dargestellt. Luft vom Anfangszustande A' erreiche durch Wasserverdunstung im Befeuchtungsapparate den Sättigungszustand B'; durch die anschließende Wiedererwärmung im Raume steige ihre Temperatur bis zum Punkte C', entsprechend dem für den Raum geeigneten Feuchtigkeitsgrade φ_D. Die verdunstete Wassermenge ist $x_{B'} - x_{A'}$ je kg Luft.

Wenn bei der gleichen Anfangstemperatur t_A die Luft viel trockener ist, entsprechend Punkt A, erreicht sie die Kühlgrenze bei B; durch Wiedererwärmung im Raume steige ihre Temperatur bis zum Punkte C, wobei die Temperatur t_C, entsprechend der stärkeren Kühlwirkung, niedriger liege als $t_{A'}$. Trotzdem ist der Feuchtigkeitsgrad, der sich bei C einstellt, niedriger als der bei C', die Raumluft bleibt zu trocken[1]. Durch Nachverdampfung von Wassernebel, entsprechend der Wassermenge $x_D - x_B$, wird die Luft in der Richtung $C - D'$ weiter befeuchtet, so daß bei D' die Linie des Feuchtigkeitsgrades φ_D erreicht wird, bei einer Raumtemperatur $t_{D'}$. Die je kg Luft verdunstete Wassermenge ist $x_{D'} - x_A$. In Wirklichkeit wird infolge der Nachverdampfung die Luft nicht erst die höhere Temperatur t_c annehmen, sondern im Maße ihrer Erwärmung, d. h. ihrer Entfernung vom Sättigungszustande B, Wasser aufnehmen, etwa in der Richtung B—D'. Die Wärmeaufnahme je kg Luft beträgt $J_{D'} - J_A$ und ist etwas größer als $J_C - J_A$, der Raum wird also stärker gekühlt. Die Nachverdampfung verläuft in der Richtung von C nach D' und nicht in der Richtung D; denn die durch die Nachverdampfung bewirkte Abkühlung der Raumluft hat eine erhöhte Wärmezufuhr von außen zur Folge, so daß die Verdunstung unter indirekter Wärmezufuhr und nicht nur auf Kosten von fühlbarer Wärme der Raumluft erfolgt. Ohne Nachverdampfung, mit ungenügender Raumfeuchtigkeit, würde je kg Luft lediglich durch Aufnahme fühlbarer Wärme eine Wärmemenge $J_C - J_A$ gebunden werden, entsprechend der Beharrungstemperatur t_c im Raume; mit Nachverdampfung wird die größere Wärmemenge $J_{D'} - J_A$ gebunden, entsprechend der stärkeren Raumkühlung auf die niedrigere Raumtemperatur t_D'.

Der Vorgang der Nachverdampfung ist hier etwas näher behandelt, weil er praktisch öfter als Notbehelf, bei einzelnen Bauarten von Luftbefeuchtungsapparaten auch grundsätzlich angewendet wird, d. h. bei diesen Bauarten tritt die Luft stets mit einem sichtbaren Nebel von unverdampften feinen Wassertröpfchen beladen in den Raum ein. Apparate, die normal ohne Nachverdampfung arbeiten, werden zuweilen so eingerichtet (z. B. mit feinen Nachverdampfungsdüsen vor oder hinter dem Tropfenabscheider), daß sie bei besonders trockenem

[1] Hierbei ist zur Vereinfachung angenommen, daß bei verschiedenen Raumtemperaturen der gleiche Feuchtigkeitsgrad φ_D genügt, was nicht immer zutrifft.

und warmem Wetter auf Nachverdampfung eingestellt werden können. Wenn jedoch aus örtlichen Erwägungen gegen das Einführen von Wassernebel in den Raum Bedenken bestehen, ist es nötig, die Anlage für die Zufuhr so großer Mengen befeuchteter, also abkühlender Luft einzurichten, daß auch beim trockensten und wärmsten Wetter der gewünschte Feuchtigkeitsgrad ohne Nachverdampfung zu erreichen ist. Erwähnt sei hier noch die Möglichkeit, der in Luftwäschern behandelten Luft vor ihrem Austritte Dampf bis zur Übersättigung zuzuführen; geschieht dies nur in solchem Maße, daß der dabei entstehende Nebel kurz nach dem Austritt wieder verschwindet, alle durch Kondensation entstandenen Wassertröpfchen also wieder verdunsten, so wird durch die Dampfzufuhr die im Luftwäscher erreichte Temperatur der Luft nur unmerklich erhöht; genaue Regelung ist jedoch schwierig.

Der Grad der mit reiner Luftbefeuchtung im Sommer zu erreichenden Abkühlung wird im Abschnitte „Luftkühlung" noch näher behandelt.

Befeuchtet man im Sommer Luft durch Zumischen von direktem Wasserdampf, so tritt statt der beim Verdunsten von Wasser entstehenden Abkühlung eine leichte Erwärmung ein, siehe Abb. 6; diese Erwärmung liegt, da im Sommer meist wesentlich weniger Feuchtigkeitszusatz nötig ist als im Winter, bei guter Regelung etwa zwischen 1 und $1^1/_2$° C.

Über den Verlauf der atmosphärischen Luftfeuchtigkeit in den verschiedenen Jahreszeiten und über ihre Schwankungen während des Tages geben die regelmäßigen Veröffentlichungen der meteorologischen Landesämter guten Aufschluß.

Der Einfluß der Luftfeuchtigkeit auf den menschlichen Körper sei hier nur kurz gestreift, da in gewerblichen Anlagen die Höhe des nötigen Feuchtigkeitsgrades durch die Erfordernisse des Betriebes bestimmt wird. Der menschliche Körper gibt Wärme teils in der Form fühlbarer Wärme, teils in der Form von Wasserdunst aus der Atmung und aus Verdunstung der Haut ab. Das Wohlbefinden hängt davon ab, daß die gesamte Wärmeabgabe nicht zu groß und nicht zu klein wird; das erstere kann in zu kalter, das letztere in zu warmer Umgebung eintreten. Bei hoher Raumtemperatur gibt der Körper wenig fühlbare Wärme ab, doch entsteht bei mäßiger Feuchtigkeit der Luft ein Ausgleich durch Abgabe von Verdunstungswärme. Umgekehrt bildet bei sehr feuchter aber mäßig warmer Luft die Abgabe an fühlbarer Wärme einen Ausgleich für die verringerte Verdunstung. Daher gilt allgemein die Auffassung, daß hohe Luftfeuchtigkeit um so weniger das Wohlbefinden und die Arbeitsleistung des Menschen beeinflußt, je mäßiger gleichzeitig die Temperatur und je kräftiger die Luftbewegung ist[1]. In Betriebsräumen,

[1] Für Räume, in denen der Wahl von Lufttemperatur, Feuchtigkeitsgrad und Lüftungsstärke ein dadurch zu erreichendes Gefühl der „Behaglichkeit"

die auch im Sommer einen hohen Feuchtigkeitsgrad der Luft nötig haben, ist es also erwünscht, durch starke Zufuhr mit Wasser befeuchteter Frischluft soviel möglich Abkühlung und Luftbewegung herbeizuführen. Näheres hierüber ist in den Abschnitten „Luftkühlung“ und „Vereinigte Luftbehandlungsanlagen“ zu finden.

2. Luftkühlung.

Die künstliche Kühlung von Luft wird in der Form der Tiefkühlung durch mechanisch betriebene Kälteanlagen — Kompressions- und Absorptionsmaschinen — in Räumen angewendet, in denen leicht verderbliche Waren lagern. Diese Form der mechanischen Kühlung kommt wegen der zu hohen Betriebskosten nur in Ausnahmefällen in Frage, wenn es sich darum handelt, in gewerblichen Räumen, besonders in solchen mit starker Wärmeentwicklung, unerwünscht hohe Sommertemperaturen herunterzusetzen. Luftkühlung wird daher im folgenden vorwiegend insoweit behandelt, als sie im Zusammenhange mit Lüftung und mit künstlicher Regelung der Luftfeuchtigkeit mit verhältnismäßig geringen Kosten erreichbar ist.

In Räumen mit starker Wärmeentwicklung durch Menschen und Maschinen bedeutet es bereits eine Verbesserung, wenn durch die Luftbehandlungsanlage verhindert wird, daß die Raumtemperatur im Betriebe über diejenige beim Stillstande steigt. Je geringer die Wärmeentwicklung und je weniger wärmedurchlässig die Bauweise ist, um so leichter gelingt es, eine fühlbare Erniedrigung der Raumtemperatur zu erreichen. Die öfters anzutreffende Behauptung, daß mit einfachen Luftbefeuchtungsanlagen die Raumtemperatur erheblich gesenkt werde, ist in dieser allgemeinen Form irreführend. Jeder Einzelfall erfordert sorgfältige Berechnung, wenn man eines bestimmten Erfolges sicher sein will.

Bedeutet: (siehe S. 48)

J_A WE/St. die stündlich von außen in einen Raum eindringende Wärme,

J_{Me} WE/St. die stündlich durch Menschen in dem Raume abgegebene Wärme,

J_{Ma} WE/St. die stündlich durch Maschinen und gegebenenfalls durch künstliche Beleuchtung abgegebene Wärme,

---

zugrunde gelegt werden soll, sei nach den folgenden Veröffentlichungen verwiesen:

Hirsch, M.: Gesundh.-Ing. **1926**, 188ff. (mit Schaubildern auf Grund einer Darstellung im Jahrbuch 1924/25 der American Society of Heating and Ventilating Engineers). — Bürgers in Rietschel, Heiz- und Lüftungstechnik **1930**, Qu.-V. 9.

G_L kg/St. das stündlich dem Raume zugeführte Gewicht an künstlich behandelter Luft,

i_{L1} WE/kg den Wärmeinhalt der Luft direkt nach der Behandlung (vor dem Eintritt in den Raum),

i_{L2} WE/kg den Wärmeinhalt der Luft bei der mittleren Raumtemperatur, so gilt, entsprechend der für den Winter aufgestellten Gl. 38 (S. 48), für den Sommer:

$$G_L (i_{L2} - i_{L1}) = J_A + J_{Me} + J_{Ma}. \tag{40}$$

Die Wärmemenge, welche die abgekühlt in den Raum eintretende Luft durch ihre Erwärmung auf die Raumtemperatur bindet und beim Entweichen durch den Luftwechsel mitnimmt, ist gleich der von außen eindringenden und der im Raume erzeugten Wärme.

Der Einfluß von Wärmespeicherung in Gebäudeteilen, Maschinen und Waren ist hierbei zwecks vereinfachter Darstellung vernachlässigt. Über Nachverdampfung im Raume s. S. 53.

Für den praktischen Einzelfall kann in Gl. 40 J_{Ma} als von der Temperatur unabhängig oder, wenn der Kraftverbrauch bei höherer Temperatur durch größere Dünnflüssigkeit des Schmieröles kleiner ist, jedenfalls als bekannt angenommen werden (siehe S. 48). Die Wärmeabgabe durch Menschen, J_{Me}, geht, bei gleichbleibendem Feuchtigkeitsgrade der Luft, mit steigender Temperatur zurück und wird schätzungsweise angenommen (siehe S. 48).

Die Wärmemenge J_A, die durch Dach, Wände und Boden dringt, kann annähernd proportional dem Unterschiede zwischen Außen- und Innentemperatur angenommen werden; ist die bei 1° Temperaturunterschied stündlich durchgehende Wärmemenge K für den Raum auf Grund seiner Abmessungen, Bauweise und Lage ermittelt (ähnlich der Wärmebedarfsberechnung für Heizungsanlagen; Näheres siehe S. 62 ff.), so gilt, bei einer Außentemperatur t_a und Raumtemperatur t_2 näherungsweise

$$J_A = K (t_a - t_2) \tag{41}$$

Hierin ist t_a als „Außentemperatur" so aufzufassen, daß für die der Sonne bzw. dem Schatten ausgesetzten Teile die entsprechenden Temperaturen bei der Einzelrechnung eingesetzt werden. Ebenso wird bei der Raumtemperatur t_2 berücksichtigt, daß unter den Dachflächen meist eine höhere Temperatur herrscht als im unteren Teile des Raumes; wie groß der Unterschied ist, hängt u. a. von der Anordnung der Lüftungsanlage ab.

Das Glied $G_L (i_{L2} - i_{L1})$ in Gl. 40 bestimmt die Kühlwirkung der künstlich behandelten Luft als Produkt der Luftmenge und der Wärmeaufnahme je kg Luft zwischen Eintritt in den Raum und Austritt aus demselben. Der Wert i_{L2} ist durch die gewünschte Temperatur und Feuchtigkeit der Raumluft gegeben, der Wert i_{L1} durch die Beschaffenheit der dem Luftbehandlungsapparate zugeführten Frisch- oder Mengluft und die Änderung ihrer Temperatur und Feuchtigkeit in dem Apparat (bzw. mit anschließender Nachverdampfung, vgl. S. 53). Damit ergibt sich die erforderliche Luftmenge G_L.

In einem Schaubilde nach Abb. 32 kann man übersichtlich darstellen, wie sich bei gegebener Außentemperatur und bei verschiedener Menge

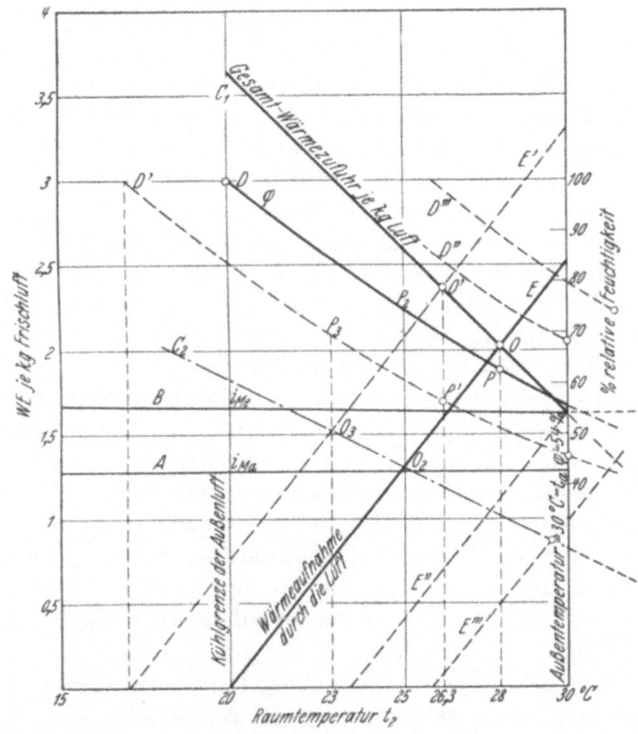

Abb. 32. Ermittelung von Raumtemperatur und -feuchtigkeitsgrad bei verschiedenen Lüftungsstärken und verschiedenen Temperaturen gesättigter Zuluft.

und Beschaffenheit der aus der Luftbehandlungsanlage austretenden Luft Kühlwirkung und Feuchtigkeit einstellen. Angenommen ist:

Wärmeeinstrahlung von außen $K = 3000$ WE/St. für 1° Temperaturunterschied $t_a - t_2$.

Außentemperatur $t_a = 30°$ C, relative Feuchtigkeit $\varphi = 54\%$.

Wärmeabgabe durch Menschen = 6000 WE/St.

Wärmeabgabe durch Maschinen = 19000 WE/St. (entsprechend etwa 30 PS in fühlbare Wärme verwandelt).

Die waagerechte Achse zeigt verschiedene Raumtemperaturen an, die senkrechte Achse Wärmemengen auf 1 kg Luftzufuhr bezogen (Maßstab links) bzw. % relativer Feuchtigkeit (Maßstab rechts).

Wird bei reinem Frischluftbetriebe die Menge stündlich einzublasender Luft zunächst zu 15000 kg/St. gewählt, so beträgt, auf 1 kg Luft umgerechnet

$$i_{Me} = \frac{6000}{15000} = 0{,}4 \text{ WE/kg},$$

$$i_{Ma} = \frac{19000}{15000} = 1{,}26 \quad ,,$$

$$i_A = \frac{3000}{15000} = 0{,}2\,(t_A - t_2) \text{ WE/kg}.$$

Für verschiedene Raumtemperaturen sind die Werte i_{Ma} (Linie A), i_{Me} (Linie B) und i_A übereinander eingetragen (Linie C_1), so daß die senkrecht gemessenen Abstände der Linie C_1 von der Temperaturachse die gesamte Wärmezufuhr je kg Luft darstellen; bei einer Raumtemperatur $t_2 = t_a = 30°$ ist $i_A = 0$, also $J = J_{Ma} + J_{Me}$.

Wird nun eine Befeuchtungsanlage gewählt, bei der die Luft lediglich im Maße der Verdunstung gekühlt wird (Betrieb mit Druckluftzerstäubern oder mit reinem Umlaufwasser, siehe Schema Abb. 13), so kühlt sich die Luft im Apparate höchstens auf 20° C ab, entsprechend voller Sättigung (Kühlgrenze vgl. S. 22).

Die Anlage sei auf das Maximum der Leistung eingestellt, so daß die Luft mit $t_1 = 20°$ annähernd gesättigt in den Raum eintritt.

Die Wärmemengen, welche 1 kg dieser Luft binden kann, wenn sie sich auf verschiedene Raumtemperaturen erwärmt, sind durch die Linie E dargestellt; in der Molliertafel findet man für die gesättigte Luft von 20° $i_{L1} = 13{,}65$ WE/kg, senkrecht darüber für verschiedene höhere Temperaturen bei $x =$ konst. die entsprechenden Werte, z. B. bei 25° C $i_{L2} = 14{,}9$, also eine Wärmeaufnahme $i_{L1} - i_{L2} = 14{,}9 - 13{,}65 = 1{,}25$ WE/kg.

Die Linie E schneidet die Linie C_1 im Punkte 0 senkrecht über einer Raumtemperatur von 28° C; bei dieser Temperatur ist also die dem Raume zugeführte Wärmemenge gleich der von der Luft aufgenommenen, d. h. die Raumtemperatur stellt sich auf 28° ein. Die relative Luftfeuchtigkeit beträgt hierbei, da bei 20° das Sättigungsgewicht $x_s = 14{,}7$ und bei 28° $x_s = 24{,}0$ beträgt, $\varphi \approx \frac{14{,}7}{24{,}0} \approx 0{,}61 \approx 61\%$. Dieser Wert ist noch zu berichtigen entsprechend der Feuchtigkeitsabgabe durch Menschen und der Feuchtigkeitsaufnahme durch die Ware. Angenommen, die hierdurch stündlich hinzukommende Dunstmenge betrage 4000 g, also je kg Luft $\frac{4000}{15000} = 0{,}27$ g, so ist bei 28° der korrigierte Feuchtigkeitsgrad $\varphi \approx \frac{14{,}7 + 0{,}27}{24{,}0} \approx 0{,}625 \approx 62{,}5\%$. In Linie D sind für verschiedene Raumtemperaturen die entsprechend errechneten Feuchtigkeitsgrade φ ausgehend von $\varphi = 1$ bei 20°, eingetragen.

Unter den im vorliegenden Beispiele angenommenen Verhältnissen ist das Ergebnis eine Raumtemperatur von 28° und ein Feuchtigkeitsgrad von 62,5%. Wenn bei der gleichen Temperatur von 30° die Außenluft weniger trocken ist, sich also auch bei voller Sättigung nicht bis 20°, sondern z. B. bis 23,5° abkühlt, liegt die Linie E (in diesem Falle E'') entsprechend mehr rechts; bei einer Kühlgrenze von 23,5° schneidet sie die Linie C_1 in einem Punkte senkrecht über $t = 30°$ C, d. h. in diesem Falle bewirkt die mit der Befeuchtung verbundene Abkühlung der Luft nur, daß trotz der Wärmeentwicklung in dem Betriebsraume die Temperatur nicht über die Außentemperatur steigt. Liegt die Kühlgrenze noch höher als bei 23,5°, z. B. bei warmem, sehr schwülem Wetter, so schneidet die entsprechende Linie E''' die Linie C_1 rechts jenseits der bei 30° errichteten Senkrechten; die Raumtemperatur steigt über die Außentemperatur, J_A wird negativ, d. h. es tritt der auf S. 51, Abb. 30, $a - b - c - d$, beschriebene Fall ein:

$$G_L\,(i_{L_2} - i_{L_1}) + J_A = J_{Me} + J_{Ma}.$$

Zum Beispiele zurückkehrend sei angenommen, daß entweder der Feuchtigkeitsgrad von 62,5% oder die Abkühlung um nur 2° (von 30 auf 28°) oder beides als ungenügend angesehen wird, und die folgenden drei Mittel zur Verbesserung in Betracht gezogen werden:

1. Nachverdampfung durch Zusatzdüsen oder durch einige im Raume anzubringende Einzelbefeuchter.

2. Einbau eines zweiten Lüftungs- und Befeuchtungsapparates von 15000 kg stündlicher Luftleistung.

3. Künstliches Kühlen der Luft, z. B. durch „Auswaschen“ mit reichlichen Mengen von Brunnenwasser bis auf 17° C.

Das unter 1. genannte Mittel wird man nur als Notbehelf anwenden, da es die Anlage und den Betrieb kompliziert; man kann jedoch damit die Feuchtigkeit im Raume erhöhen und die Temperatur etwas weiter senken, siehe S. 53.

Die Wirkung des zweiten Mittels ist in Abb. 32 dargestellt. Bei doppelter Luftmenge ist die dem Raume zugeführte Wärmemenge auf 1 kg Luft bezogen, halb so groß, entsprechend der Linie C_2, deren Ordinaten halb so groß sind wie diejenigen der Linie C_1. Die Linie E schneidet die Linie C_2 im Punkte O_2, entsprechend einer Raumtemperatur von 25,2°. Der Feuchtigkeitsgrad ist dabei $\varphi \approx \frac{14,7}{20,3} \approx 72,5\%$ (berichtigt rund 74%), entsprechend dem senkrecht über O_2 liegenden Schnittpunkte P_2 mit Linie D.

Wird das dritte Mittel angewendet, die ursprüngliche Luftmenge also beibehalten (demnach auch die Linie C_1), die Luft aber im Apparat auf 17°, d. h. unter die Kühlgrenze von 20° abgekühlt und dabei ebenfalls mit Feuchtigkeit gesättigt, so stellt Linie E' die Wärmebindung durch diese Luft bei verschieden starker Erwärmung dar und Linie D' den entsprechenden Verlauf des Feuchtigkeitsgrades. Der Schnittpunkt O' der Linien E' und C_1 ergibt eine Raumtemperatur von 26,3°, der senkrecht darunter liegende Schnittpunkt mit der Linie D' einen Feuchtigkeitsgrad von nur 55,5% (berichtigt rund 57%).

Wendet man die Mittel 2 und 3 an, d. h. doppelte Luftmenge (Linie C_2) und Kühlung der Luft auf 17°, so erhält man eine Raumtemperatur von 23°, entsprechend dem Schnittpunkte O_3 der Linien E' und C_2 und einen Feuchtigkeitsgrad von rund 68,5% (berichtigt rund 70%), entsprechend dem Schnittpunkte P_3 der Linie D' mit der durch O_3 gezogenen Senkrechten.

Das Beispiel zeigt deutlich, daß man eine kräftige Kühlwirkung bei ziemlich hohem Feuchtigkeitsgrade im Betriebsraume erreicht, wenn die Luftmenge groß genug gewählt, und die Luft unter die durch reine Verdunstung erreichbare Kühlgrenze abgekühlt wird. Die Kühlwirkung ist geringer, der Feuchtigkeitsgrad jedoch höher, wenn man bei gleicher Luftmenge die Luft nur bis zur Sättigung befeuchtet und damit ausschließlich durch Verdunstung bis zur Kühlgrenze, d. h. zur Temperatur des nassen Thermometers, abkühlt. Abkühlung unter die Kühlgrenze ermöglicht auch bei sehr feuchter Außenluft — „schwülem Wetter" — eine merkliche Senkung der Raumtemperatur, während die reine Verdunstungskühlung in diesem Falle wenig wirksam ist.

Für das obige Beispiel soll noch die Menge Brunnenwasser bestimmt werden, die nötig ist, um die, durch reine Verdunstung höchstens auf 20° abzukühlende Luft ferner auf 17° herunterzukühlen.

Für gesättigte Luft von 20° entnimmt man der Molliertafel den Wärmeinhalt zu $i = 13{,}65$ WE/kg, für gesättigte Luft von 17° zu $i = 11{,}5$ WE/kg; je kg Luft sind also 2,15 WE abzuführen, insgesamt $15000 \cdot 2{,}15 = 31650$ WE/St. Hiervon entfallen rund $^3/_4$ (genauer 72%) auf Niederschlagen von Wasser aus der Luft, entsprechend $x_s = 14{,}7$ g/kg bei 20° und $x_s = 12{,}1$ g/kg bei 17°; nur der Rest dient zum Entziehen von fühlbarer Luftwärme. Wenn das verfügbare Brunnenwasser mit 11,5° zu- und mit 13° abläuft, also 1,5 WE je kg aufnimmt, ist die stündlich nötige Wassermenge

$$G_w = \frac{31650}{1{,}5} = 21100 \text{ kg/St.} = 21{,}1 \text{ m}^3\text{/St}.$$

Gelingt es dagegen, bei gleicher Zulauftemperatur von 11,5°, durch innigere Berührung zwischen Wasser und Luft die Lufttemperatur von 17° bei einer Ablauftemperatur des Wassers von 14° zu erreichen, so ist die nötige Wassermenge nur

$$G_w = \frac{31650}{14 - 11{,}5} = 12700 \text{ kg/St.} = 12{,}7 \text{ m}^3\text{/St.}$$

Bei 15° Ablauftemperatur wäre $G_w = 9$ m³/St. Man ersieht aus diesen Zahlen, daß Kühlung von Luft unter die durch Wasserverdunstung erreichbare Grenze recht große Mengen Brunnenwasser erfordert; die nötige Menge ist um so kleiner, je kälter das Wasser zu- und je wärmer es abläuft. Um die Kühlwirkung des kalten Wassers gut auszunutzen, muß man also den Berührungsraum von Luft und Wasser so gestalten, daß die Wärmeübergangszahl α_v hoch ist, daß also ein möglichst kleiner mittlerer Temperaturunterschied zwischen Luft und Wasser genügt, um die gewünschte Wärmemenge aus der Luft in das Wasser überzuführen, siehe S. 30 ff.

Wegen der Einfachheit der Luftkühlung durch direkte Berührung mit der kühlenden Flüssigkeit hat sich dieselbe so eingeführt, daß die indirekte Kühlung durch metallische Oberflächen (Kühlrohre) sehr an Bedeutung verloren hat. Für die Ermittlung der Abmessungen von Oberflächenkühlern kann nach den bestehenden Veröffentlichungen verwiesen werden[1].

Bei entsprechender Ausbildung von Lufterhitzern einer Heizanlage (vgl. Abb. 94a—b) können dieselben, mit Brunnenwasser betrieben, bei nicht zu feuchtem Sommerwetter eine gewisse Abkühlung der Luft ergeben. Die Größenordnung der so erreichbaren Abkühlung zeigen die folgenden, von der Gea Lufterhitzer-Gesellschaft m. b. H., Bochum, mit einer Toleranz von 3% aufgegebenen Zahlenwerte: Lufterhitzer, mit Dampf von 1,2 atü betrieben, ausreichend, um stündlich 10000 m³ Mischluft von 10° auf 50° zu erwärmen, entsprechend rund 120000 WE/St. Im Sommer von stündlich 2,8 m³ Brunnenwasser ($t_e = 12{,}5$ $t_a = 18{,}5°$) durchströmt, kühlt dieser Lufterhitzer stündlich 10000 m³ Luft von 28°, 60% relative Feuchtigkeit um 5°, also auf 23°; mit stündlich 6,5 m³ Brunnenwasser wird die Luft um 7° auf 21° gekühlt. Der Strömungswiderstand des Wassers beträgt im ersten Falle 1,5, im zweiten Falle 7 m WS. (bei verschiedener Schaltung der Röhren).

Die Senkung der mittleren Raumtemperatur ist natürlich wesentlich geringer als diejenige der Ausblasetemperatur hinter dem Lufterhitzer bzw. -kühler. Ferner ist die erreichbare Abkühlung geringer, wenn — bei größerem Feuchtigkeitsgrade der Zuluft — durch die Abkühlung der Taupunkt erreicht wird, also der Luft Wärme zum Niederschlagen von Wasser entzogen werden muß; dies ist bei obigen Zahlenwerten nicht der Fall.

Wenn Zulauftemperatur und Menge des verfügbaren Brunnenwassers nicht genügen, um die gewünschte Kühlwirkung zu erreichen, und wenn der beabsichtigte Zweck die Anwendung künstlich erzeugter Kälte rechtfertigt, ist es wirtschaftlich, mit dem Brunnenwasser die Luft soweit möglich vorzukühlen und nur für die weitere Abkühlung künstliche Kälte zu verwenden. Man unterteilt in diesem Falle den Luftwäscher in einen Vorwäscher für natürliches Kaltwasser und einen Nachkühler für künstlich gekühltes Wasser, s. Abb. 35.

Ermittlung der bei der Kühlung eines Raumes von außen eindringenden Wärmemenge.

Die Berechnung erfolgt, wie auf S. 56 angedeutet wurde, ähnlich der für Heizungsanlagen üblichen Wärmebedarfsrechnung. In den Lehr- und Handbüchern über Kältetechnik[1] ist der Rechnungsgang ausführ-

[1] Qu.-V. 7, 22 u. a.

lich beschrieben, so daß hier nur kurz das Wesentlichste in vereinfachter Form angedeutet werden soll.

Herrscht an der einen Seite einer Trennwand von $F\,m^2$ die höhere Temperatur t_1, an der anderen Seite die niedrigere Temperatur t_2, so geht stündlich in der Richtung von der höheren zur niedrigeren Temperatur eine Wärmemenge über

$$Q = F \cdot k \cdot (t_1 - t_2) \tag{42}$$

Hierin stellt die „Wärmedurchgangszahl" k die Wärmemenge dar, die stündlich je m^2 bei einem Temperaturunterschiede $t_1 - t_2 = 1^\circ$ C übergeht. Man kann sich diesen Wert k aus 3 Teilbeträgen zusammengesetzt denken, s. Abb. 33:

1. der Wärmeübergangszahl zwischen der wärmeren Luft und der dieser zugekehrten Oberfläche der Wand;

2. der Wärmeleitung entsprechend dem Wärmedurchgang zwischen den beiden Oberflächen der Wand;

3. der Wärmeübergangszahl von der kühleren Oberfläche der Wand nach der Luft von niedrigerer Temperatur.

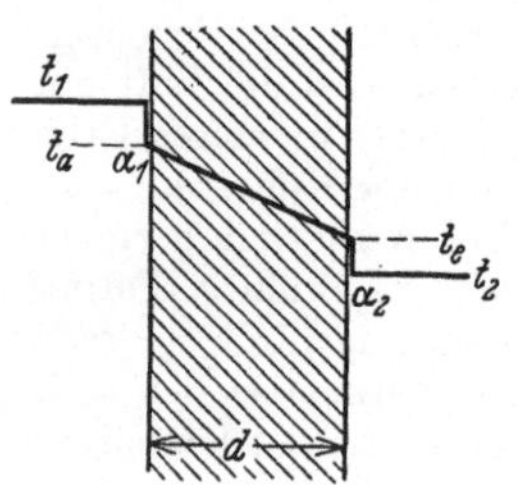

Abb. 33. Wärmedurchgang durch eine beiderseits von Luft berührte Wand.

In Abb. 33 bezeichnet

t_a die Oberflächentemperatur der Wand an der wärmeren Seite,

t_e die Oberflächentemperatur der Wand an der kühleren Seite,

α_1 und α_2 die entsprechenden Wärmeübergangszahlen in WE/m^2 für 1° Temperaturunterschied zwischen t_1 und t_a bzw. zwischen t_e und t_2,

d die Dicke der Wand in m.

Mit λ bezeichnet man ferner als „Wärmeleitzahl" diejenige, vom Baustoffe abhängige Wärmemenge, die je m^2 bei $d = 1$ m und $t_a - t_e = 1^\circ$ C durch die Wand geht. Bei einer wirklichen Dicke von d m ist die Wärmeleitung der Wand $\frac{\lambda}{d}$, z. B. bei $d = 0{,}25$ m und $\lambda = 0{,}3$

$$\frac{\lambda}{d} = 1{,}2\ \text{WE}/^\circ/\text{m}^2.$$

Für die 3-Teil-Wärmeübergänge gelten die Gleichungen:

$$Q = \alpha_1\,(t_1 - t_a)\,F \quad \text{d. h.} \quad t_1 - t_a = \frac{Q}{\alpha_1 F}.$$

$$Q = \frac{\lambda}{d}\,(t_a - t_e)\,F \quad \text{d. h.} \quad t_a - t_e = \frac{Q}{\frac{\lambda}{d}\,F},$$

$$Q = \alpha_2\,(t_e - t_2)\,F \quad \text{d. h.} \quad t_e - t_2 = \frac{Q}{\alpha_2\,F}.$$

Addition der 3 rechtsstehenden Gleichungen ergibt:

$$t_1 - t_2 = \frac{Q}{F}\left(\frac{1}{\alpha_1} + \frac{d}{\lambda} + \frac{1}{\alpha_2}\right)$$

oder

$$F(t_1 - t_2) = Q\left(\frac{1}{\alpha_1} + \frac{d}{\lambda} + \frac{1}{\alpha_2}\right).$$

Nun kann man Gl. 42 auch in der Form schreiben

$$F(t_1 - t_2) = Q \cdot \frac{1}{k}.$$

Hieraus ersieht man, daß zwischen der Gesamt-Wärmedurchgangs zahl k und den Werten α_1, $\frac{\lambda}{d}$ und α_2 die Beziehung besteht:

$$\frac{1}{k} = \frac{1}{\alpha_1} + \frac{d}{\lambda} + \frac{1}{\alpha_2}, \tag{43}$$

also

$$Q = F(t_1 - t_2)\left(\frac{1}{\alpha_1} + \frac{d}{\lambda} + \frac{1}{\alpha_2}\right). \tag{44}$$

Besteht die Wand aus mehreren, einander gut, d. h. ohne Temperaturabfall berührenden Schichten von den Dicken d_1, d_2 usw. und den Wärmeleitzahlen λ_1, λ_2 usw., so ist

$$\frac{1}{k} = \frac{1}{\alpha_1} + \frac{d_1}{\lambda_1} + \frac{d_2}{\lambda_2} + \frac{1}{\alpha_2}.$$

Die Größe der im Einzelfalle in die Rechnung einzusetzenden Werte α_1 und α_2, welche den Wärmeübergang durch Strahlung und Leitung einschließen, hängt von der Art der Oberfläche (z. B. rohe oder verputzte oder gestrichene Ziegelmauer, Farbe des Anstriches) und von der Stärke der Luftbewegung ab. Für Außenflächen pflegt man $\alpha_1 = 20$ bis 25, also $\frac{1}{\alpha_1} = 0{,}05$ bis 0,04 anzunehmen, für Innenflächen bei geringer Luftbewegung $\alpha_2 = 5$ bis 7, entsprechend $\frac{1}{\alpha_2} = 0{,}2$ bis 0,14.

Zur Kennzeichnung der Größenordnung von λ sind hierunter für einige Baustoffe Durchschnittswerte wiedergegeben:

Werte λ WE/m²/St. für $d = 1$ m und $t_a - t_e = 1°$ C

Eisenblech	35—45
Ziegelmauerwerk	0,4 —0,75
Hohlziegelmauerwerk	0,28—0,31
Kalksandsteinmauerwerk	0,6 —0,8
Verputz	0,55—0,7
Glas	0,4 —0,7
Holz	0,12—0,18
Senkrechte Luftschichten	0,4 —0,53[1]
Beton, normalfeucht	0,7 —0,9

Für eine doppelte Verglasung mit je 3 mm Glasdicke ($\lambda = 0{,}6$) und 7 cm Luftschicht ($\lambda = 0{,}43$) erhält man z. B. mit $\alpha_1 = 25$ und $\alpha_2 = 6$

$$\frac{1}{k} = \frac{1}{25} + \frac{0{,}003 \cdot 2}{0{,}6} + \frac{0{,}07}{0{,}43} + \frac{1}{6} = 0{,}38, \qquad k = 2{,}63.$$

[1] Diese Zahlen berücksichtigen die innerhalb der Luftschicht entstehenden Strömungen (Henky).

Nachstehend sind zum Vergleiche verschiedener Bauweisen einige für Wärmebedarfsrechnungen der Heizungstechnik übliche Werte von k wiedergegeben[1].

Wärmedurchgangszahlen k WE/m² für $t_1 - t_2 = 1°$ C.

	Wandstärke des Mauerwerkes in m ohne Putz				
Ziegelstein:	0,12	0,25	0,38	0,51	0,64
einseitig verputzt, Außenwand	2,6	1,8	1,38	1,11	0,93
beiderseits verputzt, Außenwand	2,5	1,7	1,34	1,09	0,91
beiderseits verputzt, Innenwand	1,9	1,33	1,04	0,85	0,71
Kalksandsteinwand:					
einseitig verputzt, Außenwand	2,9	2,0	1,6	1,27	1,08
beiderseits verputzt, Außenwand	2,7	1,9	1,5	1,23	1,05
beiderseits verputzt, Innenwand	2,1	1,6	1,24	1,03	0,89

Einfache, unverschalte Dächer:	
Ziegel- oder Blechdach auf Latten ohne Schalung und Fugendichtung	10
Ziegeldach auf Latten mit Fugendichtung	5
Einfache, gefugte Schalung 2,5 cm auf Sparrenunterseite:	
mit Dachbelag von Ziegeln oder Wellblech	2,6
Einfache, dichte Schalung 2,5 cm auf Sparrenoberseite:	
mit einfachem Belag von Dachpappe, Schiefer, Zink- oder Kupferblech	2,1
mit Ziegeln oder Wellblech ohne Fugendichtung	2,4
desgl. aber mit Isolierschicht von Kork oder kernimprägnierten Torfleichtplatten 2 cm dick	1,0
4 cm dick	0,67

Fenster, Oberlichter, je nach Fugendichtung:	von	bis
Einfachfenster, Eisenrahmen	6	8
Einfachfenster, Holzrahmen	5	7
Doppelverglasung, Eisenrahmen	3,5	5,5
Doppelverglasung, Holzrahmen	2,5	4,5
Oberlicht, einfach	5	8
Oberlicht, doppelt	2,5	4,5

Decken und Fußböden:	
Holzbalkendecken mit dichten Fugen	1,5—2
Einfache Holzbalkendecken mit Einschub, Schüttung 10 cm	0,5—0,7
Eisenbetondecken ohne Belag: 10 cm stark	2,1
15 cm stark	1,9

Die nach diesen Anhaltswerten von k errechneten Zahlen werden im Einzelfalle berichtigt je nach der Höhe des Raumes und der Wärmespeicherung durch Mauern, Dach, Waren usw., nach der Lage der betreffenden Flächen (Himmelsrichtung, Windanfall) und der Art des Anstriches; heller Anstrich verringert, dunkler erhöht den Wärmedurchgang.

Zuverlässige Berechnung im praktischen Einzelfalle, z. B. als Grundlage von Garantien, erfordert viel Erfahrung bei der Einschätzung der

[1] Qu.-V. 9.

örtlichen Verhältnisse, wobei die Wärmebewegung durch Öffnen von Fenstern und Türen, die Wärmespeicherung in Umfassungswänden und in den im Raume befindlichen Maschinen und Warenmengen usw. zu berücksichtigen sind. Von diesen Faktoren abgesehen soll das folgende Zahlenbeispiel lediglich die Größenordnung der der Berechnung zugänglichen Einflüsse von Bauart und Lage des Raumes andeuten.

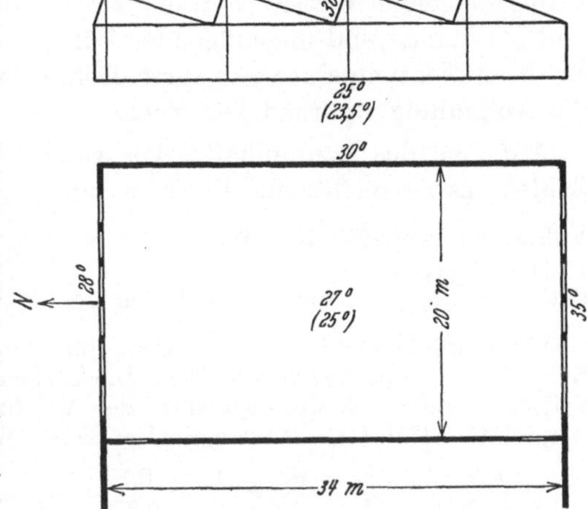

Abb. 34. Hauptabmessungen eines Schedbaues (zum Zahlenbeispiele).

Zahlenbeispiel: Für einen Schedbau nach Abb. 34 soll der Wärmedurchgang durch Dach, Wände und Fußboden (entsprechend der Wärmemenge J_A S.55) errechnet werden, und zwar bei Sonnenschein mit den in der Abbildung eingeschriebenen mittleren Tagestemperaturen. Die Neigung der nach Norden liegenden Glasflächen des Daches sei so gewählt, daß dieselben auch beim höchsten Sonnenstande im Schatten liegen; wegen der Wärmestrahlung des anschließenden Dachteiles ist jedoch die Schattentemperatur hier höher angenommen als an der Nordwand des Gebäudes.

Bauart und Wärmedurchgangszahlen sind wie folgt angenommen:

Schieferdach, verschalt . . . . $K = 2,1$
Einfache Verglasung in Eisenrahmen . . . . $K = 7$
Außenmauern 38 cm, beiderseits verputzt . . . . $K = 1,34$
Betonfußboden ($\alpha_1 = 6$, $d = 0,1$ m, $\alpha_2 = \infty$) . . . . $K = 3,3$
Innenwand 12,5 cm . . . . $K = 1,7$

Bauteil	Fläche F m²	$F \cdot K$ WE/St. für 1° $\varDelta t$	bei Innentemperatur 27° $\varDelta t°$	J WE/St.	bei Innentemperatur 25° $\varDelta t$	J WE/St.
Dach, gedeckter Teil . . .	600	1260	13	16400	15	18900
„ Glasfläche	200	1400	3	4200	5	7000
Ostmauer	175	235	3	700	5	1200
Südmauer, auschl. Fenster	60	85	8	700	10	850
„ Fensterfläche .	25	175	8	1400	10	1750
Nordmauer, ausschl. Fenst.	60	85	1	100	3	250
„ Fensterfläche .	25	175	1	200	3	550
Innenmauer	175	300	3	900	5	1500
				+ 24600		+ 32000
Fußboden	675	1480	− 2	− 2950	− 1,5	− 2200
				$J_A = 21650$		$J_A = 29800$

(Die Einzelwerte J sind abgerundet auf 50 bzw. 100 WE.)

Das Beispiel zeigt den bei großen Räumen, besonders bei Scheddächern, bezeichnenden hohen Anteil des Daches an der von außen eindringenden Wärmemenge. Ein besser isolierendes Dach, welches den Bedarf an Heizungswärme im Winter verringert, kann im Sommer verschiedene Wirkung haben (vgl. Abb. 30 a — b — c). Ist z. B. bei mäßig warmem Wetter, starker Wärmeentwicklung durch Menschen und Maschinen und ungenügender Lüftung die Raumtemperatur höher als die Außentemperatur, so verschlechtert es die Wärmeabfuhr, ebenso die Abkühlung während der Nacht.

Auf 1 m³ des Rauminhaltes von rund 3500 m³ bezogen, ergeben die Zahlen des Beispieles eine Wärmezufuhr J_A, nach Abzug der durch den Fußboden abgeführten Wärme, von $\frac{21\,650}{3500}$ = rund 6,2 WE bei 27° und von $\frac{29\,800}{3500}$ = rund 8,5 WE bei 25° Raumtemperatur.

Wärmeabfuhr durch den Fußboden: Für trockenen Sand kann $\lambda = 0{,}5$, für Erdreich $\lambda = 2$ angenommen werden. Die Temperatur des Erdreiches unter dem Fußboden ergibt sich wie folgt unter der Annahme, daß in 3 m Tiefe die Erdtemperatur 13° betrage, und daß über diese 3 m durchschnittlich $\lambda = 1{,}5$ ist.

$$\frac{1}{k} = \frac{1}{\alpha_1} + \frac{d_2}{\lambda_1} + \frac{d_1}{\lambda_2} = \frac{1}{6} + \frac{0{,}1}{0{,}72} + \frac{3}{1{,}5} = 2{,}3, \text{ d. h. } k = 0{,}435.$$

Mit $t_1 = 27°$ und $t_2 = 13°$ wird die je m² übergehende Wärmemenge

$$J = 0{,}435 \cdot (27 - 13) = 6{,}1 \text{ WE}$$

für den Betonfußboden allein ist

$$\frac{1}{k} = \frac{1}{\alpha_1} + \frac{d_1}{\lambda_1} = \frac{1}{6} + \frac{0{,}1}{0{,}72} = 0{,}3, \text{ d. h. } k = 3{,}3,$$

die Temperatur unter dem Fußboden folgt hieraus:

$$6{,}1 = (27 - t) \cdot 3{,}3$$

$$t = \text{rd. } 25° \text{ für } t_1 = 27° \text{ und entsprechend } t = 23{,}5 \text{ für } t_1 = 25°.$$

Würde der gleiche Raum nicht zu ebener Erde (auf dem gewachsenen Boden), sondern im Obergeschoß liegen, und die Temperatur im Erdgeschoß 29 bzw. 28° C betragen, so erhält man folgende Zahlen:

Fußboden, $K = 2$, angenommen

$$+ 2 \quad 2950 + 24600 \quad J_A = 27550$$
$$+ 3 \quad 4400 + 32000 \quad J_A = 36400,$$

also je m³ Rauminhalt 7,9 WE bei 27° und 10,4 WE bei 25° Raumtemperatur; oder auf 1 kg Luft bezogen bei einer stündlichen Luftbewegung von z. B. 15000 kg,

$$\frac{27\,550}{15\,000} = 1{,}84 \quad \text{bzw.} \quad \frac{36\,400}{15\,000} = 2{,}42 \text{ WE/kg}.$$

Die Kühlung warmer Räume wird erleichtert, wenn die Zuluft an möglichst kühler Stelle entnommen wird.

3. Entfeuchten der Luft.

Der Fall, daß der natürliche Feuchtigkeitsgrad der Luft in einem Raume unerwünscht hoch ist, tritt vorwiegend im Sommer bei feuchter Witterung auf; im Winter ist durch den Einfluß der Heizung der Feuchtigkeitsgrad gewöhnlich eher zu niedrig als zu hoch. Nur in wenig oder gar nicht beheizten Kellerräumen kann, eben als Folge ungenügender Heizung, auch im Winter die Luft unerwünscht feucht sein; hier schafft einfache Heizung, nötigenfalls mit einiger Lüftung, Abhilfe.

Entfeuchten durch Heizung.

Das einfachste, daher meist angewendete Mittel, um den Feuchtigkeitsgrad von Luft zu verringern, ist Erwärmung derselben.

Im Frühjahr, Herbst und auch bei mäßig warmem Sommerwetter ist einfache Heizung bis zu der als zulässig angesehenen höchsten Raumtemperatur das geeignete Mittel zur Verringerung des Feuchtigkeitsgrades. Für gewünschte Raum-Feuchtigkeitsgrade von 50 und von 60% bei zulässigen Höchsttemperaturen von 24 bzw. 26° C im Raume enthält die folgende Zahlentafel diejenigen Feuchtigkeitsgrade der Zuluft, bis zu denen „Entfeuchtung" durch einfaches Heizen möglich ist.

Zuluft °C	Gewünschter Feuchtigkeitsgrad 50% — Zulässige Raumtemperatur 24°	50% — 26°	60% — Zulässige Raumtemperatur 24°	60% — 26°	Zuluft °C
	% Feuchtigkeit		% Feuchtigkeit		
16	82,5 (73)	94 (85)	99 (91)	100 (100)	16
17	78 (69)	88 (79)	93 (85)	100 (97)	17
18	73 (65)	83 (75)	87,5 (80)	100 (91)	18
19	68 (61)	77 (70)	81 (75)	92,5 (86)	19
20	64 (57)	73 (66)	76,5 (70)	87 (80)	20
21	60 (54)	68 (62)	72 (66)	82 (76)	21
22	56,5 (51)	64,5 (58)	68 (62)	77 (71)	22
23		60 (55)		72 (67)	23

Hierbei ist angenommen, daß die in den Raum austretende Luft in ihm keine Feuchtigkeit aufnimmt oder abgibt. Sind dagegen in dem Raume z. B. 90 Mädchen beschäftigt, und nimmt man deren Feuchtigkeitsabgabe durch Ausatmung und Verdunstung zu rund 10 kg Wasserdampf stündlich an, die Lüftung zu 10000 kg stündlich, so entfällt auf 1 kg Luft eine Feuchtigkeitszunahme von 1 g. Bei 24° Raumtemperatur und 60% relativer Feuchtigkeit ist $x = 11{,}3$ g; da hiervon 1 g im Raume selbst der Luft zugeführt wird, darf die Zuluft nur $x = 10{,}3$ g/kg enthalten. Zuluft von 19° enthält gesättigt $x_s = 13{,}8$ g/kg; dagegen nur

10,3 g bei $\varphi \approx \frac{10,3}{13,8} \cdot 100 \sim 75\%$. Die für den vorliegenden Fall berichtigten Zahlen sind in der Zahlentafel in Klammern hinzugefügt.

Unter „Zuluft" ist in der Zahlentafel die vom Lüfter wirklich angesaugte Luft verstanden, auf deren Temperatur und Feuchtigkeitsgrad es ankommt.

Entfeuchten durch Wasserentziehung.

Hat die Zuluft z. B. $t_1 = 24°$ C und $\varphi_1 = 78\%$, entsprechend $x_1 = 14,7$ g/kg, so müßte man (ohne Berücksichtigung von Feuchtigkeitsaufnahme im Raume) mit der Heizung bis zu 28,4° gehen (entsprechend $x_s = 24,5°$), um $\varphi_2 \approx \frac{14,7}{24,5} \cdot 100 \approx 60\%$ zu erreichen. Wünscht man bei dem gegebenen Zustande der Zuluft eine relative Feuchtigkeit im Raume von 60% bei höchstens 26° C, so entspricht dem ein Wassergewicht von $x \approx 0,6 \cdot 21,4 \approx 12,8$ g/kg, d. h. je kg Zuluft müssen rund 14,7 — 12,8 = 1,9 g Wasser niedergeschlagen werden. Hierzu muß die Zuluft unter ihren eigenen Taupunkt von 20° — im Mollierbilde (vgl. S. 14, Abb. 4) senkrecht unter dem Punkt $t = 24°$ $x = 14,7$ g auf der Sättigungslinie — heruntergekühlt werden bis auf 18°; dies ist der Taupunkt der Luft von $t = 26°$ $x = 12,8$. Allgemein gilt für Entfeuchtung von Luft der Grundsatz:

Entspricht die zulässige Höchsttemperatur und der dabei gewünschte Feuchtigkeitsgrad einer Abnahme des Wassergewichtes je kg Luft gegenüber ihrem Anfangszustande, so muß sie auf denjenigen Taupunkt heruntergekühlt werden, der dem gewünschten Wassergewichte entspricht. Danach wird die Luft teils durch Heizung, teils durch natürliche Erwärmung im Raume auf die zulässige Temperatur gebracht.

Die zu feuchte, warme Luft wird also soweit — durch Berührung mit gekühlten Flächen oder, in der Regel, durch „Auswaschen" mit kaltem Wasser — gekühlt, daß sie im gesättigten Zustande weniger Wasserdampf als ursprünglich enthält. Durch diese Wasserentziehung wird der gewünschte Feuchtigkeitsgrad schon bei geringerer Wiedererwärmung erreicht, als bei direkter Erwärmung ohne Wasserentziehung.

Bei warmem, feuchtem Wetter ist Nachheizen der zur Wasserentziehung abgekühlten Luft nicht nötig, wenn die kühl in den Raum eintretende Luft durch die in ihm entwickelte und die von außen eindringende Wärme von selbst die Temperatur annimmt, die dem gewünschten Feuchtigkeitsgrade entspricht.

Da Entfeuchten von Luft durch Entziehen von Wasser stets eine künstliche Abkühlung erfordert, und der Grad der nötigen Abkühlung von der Stärke der anschließenden Wiedererwärmung abhängt, so gilt für die Berechnung im Einzelfalle das gleiche wie bei künstlicher Kühlung von Räumen, siehe Abschnitt „Kühlung" und Abb. 32. Diese Abbildung läßt u. a. folgendes erkennen: Mit Kühlung der Luft auf 17° (Linie E') erreicht man im Falle des Zahlenbeispieles bei einer Lüftungsstärke von 15000 kg/St. (Linie C_1) eine Raumfeuchtigkeit von rund 57%, entsprechend dem Punkte P'; die Raumtemperatur ist dabei 26,3°. Bei einer Lüftungsstärke von 30000 kg/St., entsprechend Linie C_2 und Kühlung der Luft auf 17° würde, wegen der geringeren Wiedererwärmung dieser großen gekühlten Luftmenge, die Raumtemperatur nur 23° betragen, entsprechend dem Schnittpunkte O_3 der Linien E' und C_2; die Raumfeuchtigkeit ist dabei 70%, entsprechend dem senkrecht über O_3 gelegenen Punkte P_3 der φ-Linie D'.

Man kann hieraus, wenn 15000 kg Luft/St. als Lüftungsstärke 1 und 30000 kg/St. als Lüftungsstärke 2 bezeichnet werden, diese Folgerungen ziehen: Bei der Lüftungsstärke 1 sind mit tiefer gekühlter — und dabei gesättigter — Luft, nämlich $t_1 = 17°$, niedrigere Raumtemperatur ($t_2 = 26{,}3$) und niedrigerer Feuchtigkeitsgrad ($\varphi = 57\%$) zu erreichen als mit weniger tief gekühlter Luft von $t_1 = 20°$ (Raumtemperatur 28°, $\varphi \doteq 63\%$). Bei der doppelten Lüftungsstärke 2 sind sowohl mit der auf 17, als auch mit der auf 20° gekühlten, gesättigten Luft die Raumtemperaturen niedriger, nämlich 23 bzw. 25,2°, die Raumfeuchtigkeitsgrade jedoch höher, nämlich 70 bzw. 74%.

Wenn in einem Raume auf niedrigen Feuchtigkeitsgrad viel Wert gelegt wird, muß man sich also in dem Grade der Raumkühlung beschränken und mäßige Lüftungsstärke bei kräftiger Abkühlung der Luft anwenden. Kleinere Mengen kräftig gekühlter Luft erwärmen sich mehr und ergeben dadurch trockenere Raumluft. Je größer die Wärmezufuhr in dem Raume (bzw. die Nachheizung) ist, um so stärker kann man die Zufuhr gekühlter Luft und damit den erfrischenden Luftwechsel wählen, ohne den zulässigen Feuchtigkeitsgrad zu überschreiten. Dieser kann ferner leichter aufrechterhalten werden, wenn unerwünschter Eintritt feuchter Außenluft durch zu viele oder zu weit geöffnete Fenster vermieden wird. Die Gesamtöffnung von Fenstern und Türen sollte nur so groß sein, daß ein deutliches Abströmen von Luft nach außen (entsprechend der Zufuhr von künstlich gekühlter Frischluft) wahrnehmbar ist.

Wird bei einem Feuchtigkeitsgrade der Raumluft, der bei warmem, feuchtem Wetter eine beträchtliche Entfeuchtung erfordert, zugleich eine nennenswerte Raumkühlung verlangt, so muß die Luft entsprechend tief gekühlt werden, d. h. in Abb. 32 rücken die Linien E' und D' weiter nach links. Lufttemperaturen von 15—16° zu erreichen, erfordert bei den in Mitteleuropa üblichen Temperaturen des Brunnenwassers bereits sehr sorgfältige Bemessung des Luftwäschers und bei größerer Länge der Kaltwasserleitungen, Isolierung derselben; doch kommt man kaum unter 14—15°. Weitergehende Luftkühlung erfordert die Anwendung künstlich erzeugter Kälte; ebenso muß man zu dieser greifen, wenn kaltes Brunnenwasser nicht in genügender Menge verfügbar ist, oder wenn seine Verwendung zum Kühlen der Luft teurer wird als künstlich gekühltes Wasser. Wirtschaftlich ist in derartigen Fällen, wie bereits erwähnt, Teilung des Luftwäschers in 2 Abteilungen, derart, daß die Luft erst durch Leitungs- bzw. Brunnenwasser vorgekühlt und danach durch künstlich gekühltes Wasser weiter heruntergekühlt wird. Zu diesem Zwecke wird das Wasser der zweiten Abteilung mittels Umlaufpumpe durch einen Röhrenkühler gedrückt, durch welchen künstlich gekühlte Sole fließt. Die Stärke des Solestromes regelt man so, daß das Kühlwasser nicht kälter als nötig wird oder gar einfriert. Zuweilen wird zum Kühlen der Luft auch direkte Berieselung mit gekühlter Sole angewendet, doch wird diese hierbei durch das aus der Luft niedergeschlagene Wasser allmählich verdünnt; sie muß daher in bestimmten Zeitabständen wieder auf die nötige Konzentration gebracht werden.

Das folgende Zahlenbeispiel veranschaulicht den für künstliche Wasserentziehung unter verschiedenen Umständen auftretenden Bedarf an Brunnenwasser bzw. künstlicher Kälte.

Zahlenbeispiel: Lüftungsstärke 15000 kg/St., Außenluft $t_1 = 28°$, $\varphi = 80\%$. Verfügbar sind stündlich bis 10 m³ Brunnenwasser von 12°.

1. Will man, um nach dem früher Ausgeführten die niedrigere Raumfeuchtigkeit bei gleichzeitig niedriger Raumtemperatur zu erreichen, die Luft auf 17° herunterkühlen, so erhält man:

$$\begin{array}{ll} \text{bei } 28° \ \varphi = 80\% & i_1 = 18{,}4 \text{ WE/kg} \\ \text{bei } 17° \ \varphi = 100\% & \underline{i_2 = 11{,}4 \text{ WE/kg}} \\ \text{je kg Luft abzuführen:} & i_1 - i_2 = 7 \text{ WE} \end{array}$$

also auf 15000 kg Frischluft abzuführen: $15000 \cdot 7 = 105000$ WE/St. Wird der Luftwäscher so bemessen, daß mit einer Ablauftemperatur des Brunnenwassers von 14° die Lufttemperatur von 17° erreicht wird, so führen 10 m³ Wasser ab: $10000\,(14 - 12) = 20000$ WE. Durch künstliche Kühlung wären weiterhin abzuführen $105000 - 20000 = 85000$ WE/St., was einer recht kostspieligen Kühlanlage entspricht, also nur in sehr besonderen Fällen in Frage kommt. Die Abkühlung durch das Brunnenwasser allein, entsprechend $\frac{20000}{15000} = 1{,}33$ WE je kg Frischluft, verringert deren Wärmeinhalt von 18,4 auf rund 17 WE/kg; dies entspricht gesättigter Luft von 23,9° mit $x_s = 18{,}6$ g/kg (während man durch reine Verdunstungskühlung auf 25,2° mit $x_s = 20{,}3$ g/kg käme).

2. Verzichtet man bei dem feuchtwarmen Wetter auf ausschließlichen Frischluftbetrieb, und läßt man durch entsprechenden Stand einer Wechselklappe eine Mischung von $^1/_3$ Außenluft und $^2/_3$ Raumluft den Luftwäscher durchströmen, so ergibt sich bei der gleichen Luftbewegung von 15000 kg/St. und bei Raumluft von 26°, $\varphi = 60\%$ entsprechend $i = 13{,}8$ WE/kg ein Gemisch von

$$i_m = \frac{1 \cdot 18{,}4 + 2 \cdot 13{,}8}{3} = 15{,}3 \text{ WE/kg.}$$

Die stündlich abzuführende Wärme beträgt in diesem Falle bei Kühlung des Gemisches auf 17° $i_m - i_2 = 15{,}3 - 11{,}4 = 3{,}9$ WE/kg, also insgesamt

15000 · 3,9 = 58500 WE/St. Führt hiervon das Brunnenwasser 20000 WE/St. ab, so sind an künstlicher Kühlung nötig 38500 WE/St.

3. Begnügt man sich bei Luftmischung wie im Falle 2 mit Kühlung der Luft auf 20 statt 17°, so wird $i_2 = 13{,}6$, demnach $i_m - i_2 = 15{,}3 - 13{,}6 = 1{,}7$ WE/kg, der gesamte Kühlbedarf 15000 · 1,7 = 25500 WE/St. Um diese Wärmemenge abzuführen, brauchen 10000 Liter Wasser nur von 12 auf 14,5° erwärmt zu werden, d. h. bei 12° Zulauf- und 14,5° Ablauftemperatur würde, bei entsprechender Ausbildung des Luftwäschers, die Luft auf 20° gekühlt werden.

Wie das Beispiel zeigt, ist bei beschränkter Kühlwassermenge Verringerung des Frischluftanteiles und entsprechende Erhöhung des Umluftanteiles ein wirksames Mittel, um Luftentfeuchtung bei möglichst niedriger Raumtemperatur zu erreichen.

Luftentfeuchtung durch hygroskopische Stoffe.

Um kleineren Luftmengen Feuchtigkeit zu entziehen, z. B. in geschlossenen Schränken oder Kammern für Laboratorien, Textiluntersuchungen und dergleichen, verwendet man zuweilen hygroskopische Stoffe in flüssiger oder fester Form. Bei den unter dem Namen „Exsickatoren" bekannten Laboratoriumsschränken werden offene Gefäße mit ungesättigten Lösungen von Schwefelsäure oder mit gesättigten Salzlösungen verwendet. Die folgenden Zahlenwerte zeigen den Sättigungsdruck h_w' von Wasserdampf, der sich an der Oberfläche derartiger hygroskopischer Flüssigkeiten bei verschiedenen Temperaturen einstellt; solange der Dampfteildruck der Luft in dem betreffenden Raume $h_w = \varphi \cdot h_s$ größer ist als h_w', geht Wasserdampf aus der Luft in die Flüssigkeit über. Künstliche Luftbewegung durch einen zweckmäßig angeordneten Ventilator beschleunigt diesen Vorgang.

Sättigungsdruck des Wasserdampfes (mm QS.) über Schwefelsäure-Wassergemischen
(nach Landolt-Börnstein, Physikalisch-chemische Tabellen. Berlin: Julius Springer 1923).

Gew.-Proz. H_2SO_4	73,13	57,65	43,75	37,69	33,1
t °C = 18	0,765	3,270	7,495	9,586	10,885
20	0,853	3,728	8,494	10,831	12,317
22	0,952	4,243	9,615	12,220	13,904
24	1,064	4,820	10,872	13,771	15,661
26	1,190	5,469	12,282	15,503	17,608
28	1,331	6,197	13,862	17,436	19,765
30	1,490	7,014	15,635	19,594	22,154

Für eine bestimmte Lufttemperatur kann man hieraus leicht ermitteln, welches Schwefelsäure-Wassergemisch einem gewünschten Feuchtigkeitsgrade der Luft entspricht. Bei einer Lufttemperatur von 20° C, Barometerstand 760 mm $h_s = 17{,}53$ mm QS., entspricht z. B. einem Feuchtigkeitsgrade von 33%, ein Dampfteildruck $h_w = 0{,}33$ 17,53 = 5,78 mm. Trägt man für $t = 20°$ die Gewichtsprozente H_2SO_4

nach obiger Zahlentafel in einem Schaubilde als Abszissen, die zugehörigen Dampfdrücke als Ordinaten auf, so kann man für $h_w = h_w' = 5,78$ einen Prozentsatz H_2SO_4 von 52,1% ablesen. Eine im Verhältnis zur Luftmenge und zur aufzunehmenden Feuchtigkeitsmenge große Oberfläche der Flüssigkeit und künstliche Bewegung der Luft beschleunigen die Absorption. Durch die Wasseraufnahme ändert sich die Stärke der Lösung; je größer der Inhalt des Lösungsgefäßes, um so seltener ist Kontrolle der Lösungsstärke und Berichtigung derselben nötig.

Gewichtsprozente H_2SO_4 bei $t = 20°$ C und verschiedenen Feuchtigkeitsgraden der Luft.

$\varphi =$	12,7	21,2	33,0	50,2	61,6	70,0	82,4%
$H_2SO_4 =$	64,5	57,5	52,1	43,7	37,7	33,1	24,3%

Die Verwendung von gesättigten Salzlösungen bietet gegenüber Schwefelsäure-Wassergemischen den Vorteil, daß der Dampfdruck an der Oberfläche unabhängig von der Aufnahme von Wasser konstant bleibt; man muß nur dafür sorgen, daß in der Flüssigkeit ein Überschuß an dem betreffenden Salze vorhanden bleibt und, nötigenfalls durch gelegentliches Rühren, zur Auflösung kommt, sobald die Sättigung unterschritten wird.

Luftfeuchtigkeitsgrad über gesättigten Salzlösungen bei 20° C, Barometerstand 760 mm.
(nach International Critical Tables, National Research Council of U.S.A., Vol. 1. New York, Mc.Graw Hill Book Co).

$Na_2SO_3 \cdot 5\,H_2O$	$NaClO_3$	$NaNO_2$	NaBr	$Mg(NO_3) \cdot 6\,H_2O$	KN_3	$CaCl_2 \cdot 6\,H_2O$	
78	75	66	58	55	45	32	%

Zuweilen finden auch feste hygroskopische Stoffe, meist in feinkörnigem Zustande, zum Entfeuchten von Luft Verwendung. Erwähnt sei z. B. das Silika-Gel, welches ein Mehrfaches seines eigenen Gewichtes an Feuchtigkeit absorbieren kann; nach Austreiben der Feuchtigkeit durch Erhitzen erhält das Material wieder seine hygroskopische Eigenschaft zurück.

4. Vereinigte Luftbehandlungsanlagen.

Den Aufbau vereinigter Luftbehandlungsanlagen veranschaulicht die nebenstehende Zusammenstellung der wesentlichsten Einzelteile und ihrer Verbindung.

Die Zusammenstellung zeigt, daß sich die Aufgaben der Lüftung, Heizung, Be- oder Entfeuchtung und Kühlung günstig durch zusammengesetzte Luftbehandlungsapparate — neuerdings vielfach „Wetterfertiger“ genannt — erfüllen lassen, die je nach den Witterungsverhältnissen verschieden betrieben werden. Einzelheiten über Ausführungsformen derartiger Apparate und über die oft mögliche zweckmäßige Aus- oder Umgestaltung vorhandener Anlagen auf Grund der neueren

	Lüftung	Luftheizung	Lüftung Heizung	Befeuchtung	Lüftung Heizung Befeuchtung	Lüftung Heizung Befeuchtung Kühlung	Lüftung Heizung Befeuchtung Kühlung Entfeuchtung	Entnebelung Heizung
Wechselsaugklappe für Frisch- und Umluft	+	(+)	+	(+)	+	+	+	+
Luftsieb	+	+	+	(+)	+	+	+	+
Ventilator	+	+	+	(+)	+	+	+	+
Heizkörper		+	+		+	+	+	+
Wasserzerstäuber für kleinen Wasserdurchsatz . .				+	+			
Luftwäscher für größeren Wasserdurchsatz						+	+	
Tropfenabscheider				+	+	+	+	
Einrichtung für Nachverdampfung				(+)	(+)	(+)	(+)	
Umgehungs-Saugklappe hinter dem Luftwäscher				+		+	+	
Nachheizfläche.							+	
Regelung der Frisch- und Umlaufwassermenge . .						+	+	
Luftverteilorgane	(+)	(+)	(+)	(+)	(+)	(+)	(+)	(+)
(Kalt)wasserzufuhr				+	+	(+)	(+)	

Erkenntnisse enthalten die folgenden Abschnitte. Grundsätzlich ist bei dem der Luftbefeuchtung dienenden Teile der Anlage zu unterscheiden zwischen Bauarten, die eine Abkühlung der Luft nur nach Maßgabe der Wasserverdunstung ermöglichen, und solchen, bei denen die Luft außerdem auch mit wählbarer Änderung ihres Wassergehaltes mittels größerer Mengen von durchfließendem kaltem Wasser oder mittels künstlich gekühlten Wassers abgekühlt werden kann.

Über die Zusammenhänge zwischen Temperatur, Lüftungsstärke und Feuchtigkeitsgrad der Luft ist in den vorangegangenen Abschnitten das für die richtige Bemessung vereinigter Luftbehandlungsanlagen Wesentliche bereits ausgeführt. Zu erwähnen bleibt noch als erwünschte Nebenwirkung aller „Luftwäscher“, d. h. aller nicht mit restloser Wasserzerstäubung arbeitenden Be- und Entfeuchtungsapparate und nasser Luftkühler, daß in ihnen die Luft gleichzeitig von Staubteilen gereinigt wird. Bei jeder künstlichen Luftbewegung durch Ventilatoren besteht ferner die Möglichkeit, größere Staubteile, Fasern u. dgl. durch an der Saugseite angebrachte, gut zugängliche, also leicht zu reinigende Filter — am häufigsten findet man bei kleineren und mittelgroßen Apparaten Gazefilter — aufzufangen; große Fläche derselben und günstige Form der Übergangsstücke zum Ventilator verringern den Luftwiderstand der Filter. Feiner Staub, der nur durch teurere Filterbauarten zurückgehalten werden kann, wird leichter in den Luftwäschern niedergeschlagen, die für die bequeme Entfernung des ausgewaschenen Staubes eingerichtet sein sollen.

Die Wärmeleistung der Heizanlage ist im Zusammenhange mit Lüftung und Luftbefeuchtung:

$$J = J_L + J_w + J_v - (J_{Me} + J_{Ma}). \tag{45}$$

Hierin bedeutet:

J_L die zur Erwärmung kälterer (Außen-) Luft auf die mittlere Raumtemperatur nötige Wärmemenge in WE/St.

J_w den Wärmeaufwand für Erwärmung und Verdunstung von Befeuchtungswasser in WE/St.

Gl. 45 stimmt überein mit Gl. 38, S. 48, da $G_L\ (i_{L_2} - i_{L_1}) = J_L + J_w$.

J_w fällt als Anteil des Bedarfes an Heizwärme fort, wenn zur Befeuchtung der Luft direkter Dampf beigemischt wird; in diesem Falle wird J_w sogar negativ, denn die stündliche Menge Befeuchtungsdampf von G_D kg und $t_D{}^\circ$ Dampftemperatur verringert durch die Abkühlung des Dampfes auf die mittlere Raumtemperatur t den nötigen Wärmebedarf der Heizanlage um rund $G_D \cdot 0{,}46\ (t_D - t)$ WE/St. Zahlenmäßig ist dieser Beitrag von Befeuchtungsdampf zur gesamten Heizwärme jedoch gering, vgl. S. 17 und Abb. 6; die Lufttemperatur wird durch das Zumischen von Dampf unterhalb der Sättigung nur wenig erhöht.

Wird die Luft durch Verdunsten von stündlich W kg Wasser mit der Zulauftemperatur t_w befeuchtet, so ist bei restloser Zerstäubung (z. B. durch Druckluftzerstäuber) der entsprechende Bedarf an Heizwärme:

$$J_W = W\,[(595 + 0{,}46 \cdot t) - t_w]$$

Wird die Luft zur Befeuchtung mit e r w ä r m t e m Wasser „gewaschen“, so kann der der Luft zum Verdunsten von Wasser anderweitig zuzuführende Anteil an Heizwärme je nach der Temperatur des Wassers und der Stärke der Berührung zwischen Wasser und Luft bis auf 0 zurückgehen, ja sogar negativ werden, wie beim Zumischen von Dampf, siehe S. 28 und 29. Der Wärmeanteil J_w oder ein Teil davon wird in diesem Falle dem Wasser (z. B. durch eine Heizschlange oder durch Einblasen von Dampf) statt der Luft- bzw. Raumheizanlage zugeführt.

Der auf die Erwärmung von G_L kg/St. kälterer Zuluft entfallende

Anteil der Heizungswärme ist, bei einer Temperatur t_a der Zuluft und einer mittleren Raumtemperatur t

$$J_L = G_L \cdot 0{,}24 \cdot (t - t_a).$$

Genauer: $J_L = G_L [0{,}24 (t - t_a) + x \cdot 0{,}46 (t - t_a)]$, wobei das zweite Glied den Wärmebedarf zur Erwärmung des der Zuluft beigemengten Wasserdampfes darstellt; praktisch kann dieser kleine Betrag vernachlässigt werden.

Der Anteil J_v umfaßt denjenigen Teil des Wärmebedarfes, der die natürlichen Wärmeverluste des Raumes durch Mauern, Fenster und Türen, Decke und Fußboden darstellt. Dieser Anteil — häufig als Transmissionswärme bezeichnet — wird bei einer anzunehmenden niedrigsten Außentemperatur t_a und der dabei gewünschten Raumtemperatur t nach der Grundgleichung

$$J_v = k \cdot F \cdot (t - t_a)$$

für die einzelnen Begrenzungsflächen des Raumes getrennt ermittelt; der grundsätzliche Rechnungsgang ist der gleiche wie im Abschnitte „Kühlung" näher beschrieben, siehe S. 62. Zu dem so errechneten „zuschlagfreien Wärmeverluste" ist es üblich, bei der Bemessung der Heizkörper für die verschiedenen ungünstigen, den Wärmebedarf erhöhenden Umstände die folgenden Zuschläge zu fügen, entsprechend den „Regeln für die Berechnung des Wärmebedarfes usw."[1]; die Zuschläge werden für jeden Teil der Begrenzungsfläche getrennt berechnet:

	Wand %	Fenster u. Türen %
1. Zuschläge für die Himmelsrichtung:		
Norden, Nordwesten, Nordosten, Osten	10	10
Westen, Südosten, Südwesten	5	5
2. Räume mit mehreren Außenflächen:		
mit Fenstern oder Türen in einer Außenfläche	5	10
„ „ „ „ „ mehreren Außenflächen	5	25
3. Zuschläge für Windanfall (je nach Lage):		
bei Nord-, Nordost-, Ostlage	5	25
desgleichen bei besonders ungeschützter Lage	bis 10	bis 50
4. Zuschläge für besonders hohe Räume:		
auf je 1 m über 4 m Höhe	2,5	2,5
5. Zuschläge für Betriebsunterbrechung (Anheizzuschläge):		

Die Zahlen beziehen sich auf:
1. ununterbrochene Heizung, doch nachts schwächer als am Tage,
2. täglich 13—15stündigen Betrieb,
3. täglich 9—12stündigen Betrieb,
4. Betrieb mit längerer Unterbrechung.

[1] Qu.-V. 23.

Zuschläge in %	1.	2.	3.	4.
Beton, Natursteine, Fliesen	20	40	60	100
Ziegel, Kalksandstein	15	30	45	70
Hohlziegel, Schlackenbeton	10	20	30	50
Bimsbeton, massiver Holzbau	5	10	15	25
Bauarten mit Isolierplatten innen	2	4	6	10
Fenster, Türen, Wände, Decken unter 5 cm Dicke	0	0	0	0

Die Zahlenwerte sind ursprünglich für örtliche Heizung durch Einzelheizkörper und für getrennt gefeuerte Heizkessel als Wärmequelle aufgestellt; die Anheizzeit nach Betriebsunterbrechung ist mit etwa 3 Stunden angenommen. Sie ist in Wirklichkeit kleiner, d. h. die gewünschte Raumtemperatur wird schneller erreicht, wenn Betriebsdampf gleich bei Beginn des Anheizens zur Verfügung steht, und wenn die Heizung durch künstlich bewegte Luft — Ventilatoren mit Lufterhitzern — erfolgt. In diesen Fällen kann der Zuschlag für das Anheizen wesentlich kleiner gewählt werden.

Zahlenbeispiel: Für den im Zahlenbeispiel S. 65, Abb. 34, behandelten Schedbau mit einfacher Verglasung und leichtem Dach soll der Bedarf an Heizung bei einer tiefsten Außentemperatur von —20° C ermittelt werden. Mittlere Innentemperatur +18°, Feuchtigkeitsgrad 70%; Außenluft ebenfalls $\varphi = 70\%$. Der angrenzende Raum habe ebenfalls 18°, das Erdreich unter dem Betonfußboden 16,5° C. Durch Maschinen und Beleuchtung werden 19000 WE/St. abgegeben, durch Menschen 6000 WE/St. und 5000 g/St. Wasserdampf. Durch den Lufterhitzer gehen stündlich 15000 kg Luft; hiervon bei —20° nur 3000 kg Außenluft, der Rest von 12000 kg als Umluft.

1. Wärmeverlust J_v des Raumes:

Bauteil	Fläche F m²	$F \cdot K$ WE/St./°C	$t_a - t_i$ °C	$F \cdot k\,(t_a - t_i)$ WE/St.	Himmelsrichtung	Zuschläge % Mehrere Außenfläch.	Windanfall	Betriebsunterbrech.	Gesamter Zuschlagsfaktor	Wärmebedarf einschließlich Zuschläge WE/St.
Dach, gedeckt	600	1260	38	48000	10	5	5	5	1,28	60500
„ Glas	200	1400	38	53000	10	25	25	—	1,72	91500
Ostmauer	175	235	38	8900	10	5	5	10	1,34	11900
Südmauer	60	85	38	3200	5	5	—	10	1,21	3900
Südfenster	25	175	38	6600	5	25	—	—	1,31	8600
Nordmauer	60	85	38	3200	10	5	5	10	1,33	4300
Nordfenster	25	175	38	6600	10	25	25	—	1,71	11300
Innenmauer	175	300	—	—	—	—	—	—	—	—
Fußboden	675	1480	1,5	2200	—	—	—	5	1,05	2300
									Zusammen WE/St.:	194300

Bei einem Rauminhalte von rund 3500 m³ ergibt dies den sehr hohen Wert von $\frac{194300}{3500} = 55{,}5$ WE/m³/St. Hierin kommen die stark wärmedurchlässige Bauweise, die großen Glasflächen, die der Berechnung zugrunde gelegte niedrige Außentemperatur und die sehr reichlichen Sicherheitszuschläge zum Ausdrucke; die früher gebräuchlichen Zuschläge waren niedriger[1]. Bei —10° Außentemperatur würde der entsprechende Wert 142000 WE/St. sein oder 40,5 WE/m³/St.

Auf das Scheddach allein entfallen fast 80% der gesamten Wärmeverluste, so daß diese bei einer besser isolierenden Bauart ganz wesentlich niedriger werden und sich auf 35—30 WE/St./m³ beschränken lassen; auch gibt ein besser isolierendes Dach im Winter weniger Gelegenheit zur Bildung von Schwitzwasser.

2. Wärmebedarf für die Luftbefeuchtung. Für die Umluft von 18°, $\varphi = 70\%$ ist $x \approx 0{,}7 \cdot 12{,}9 \approx 9{,}03$ g/kg, für die Außenluft von —20°, $\varphi = 70\%$ ist $x \approx 0{,}7 \cdot 0{,}63 \approx 0{,}44$ g/kg. 3000 kg/St. Außenluft erfordern daher zur Befeuchtung einen Zusatz von rund $\frac{3000 \cdot (9{,}03 - 0{,}44)}{1000} \approx 25{,}8$ kg/St. an Wasserdampf oder zerstäubtem Wasser. Hiervon sind die durch Verdunstung und Atmung freiwerdenden 5,0 kg/St. abzuziehen, so daß 20,8 kg/St. der Luft künstlich zuzuführen sind; für Bildung von Schwitzwasser, Abgabe von Feuchtigkeit an Waren und für sonstige Verluste an Feuchtigkeit sei dieser Betrag auf 30 kg/St. erhöht.

30 kg Wasserdunst in Luft von 18° haben einen Wärmeinhalt von $30 \cdot (595 + 0{,}46 \cdot 18) = 30 \cdot 603 \approx 18100$ WE, bezogen auf Wasser von 0°.

Erfolgt die Befeuchtung durch Zumischen von 30 kg Wasserdampf von je 650 WE/kg zur warmen Luft, so werden damit $30 \cdot 650 = 19500$ WE/St. zugeführt, d. h. die Befeuchtung durch Dampf liefert einen kleinen Anteil von rund 1400 WE/St. zum Wärmebedarf des Raumes.

Werden 30 kg Wasser von 12° Zulauftemperatur, also von $30 \cdot 12 = 360$ WE Wärmeinhalt ohne Vorwärmung verdunstet, so entsteht dadurch ein Wärmebedarf von $18100 - 360 \approx 17700$ WE/St. für die Luftbefeuchtung.

Wird vorgewärmtes Wasser verdunstet, so bleibt der gesamte Wärmebedarf unverändert, doch kann derselbe je nach der Vorwärmtemperatur und der Anordnung der Befeuchtung so verteilt werden, daß die Luftheizung 0—100% der zur Befeuchtung nötigen 17700 WE/St. liefert.

3. Wärmebedarf der Außenluft.

3000 kg Außenluft erfordern zur Erwärmung von — 20 auf + 18° C eine Wärmezufuhr von $3000 \cdot 0{,}24 \cdot (18 + 20) \approx 27400$ WE.

Darin, daß dieser Betrag in voller Höhe den getrennt errechneten Wärmeverlusten des Raumes zugezählt wird, liegt wiederum ein Sicherheitszuschlag; denn die Wärmeverlustberechnung nach 1. gilt auch ohne künstliche Lüftung

[1] Qu.-V. 27.

und schließt bereits einen gewissen natürlichen Luftwechsel, der bei jedem Raume vorhanden ist, d. h. die damit verbundene Lufterwärmung ein.

Die Miterwärmung der geringen, in der Außenluft enthaltenen Menge Wasserdunst kann vernachlässigt werden.

4. Der Gesamtbedarf an Heizwärme ergibt sich nunmehr wie folgt:

a) Bei Befeuchtung durch restloses Zerstäuben von Leitungswasser (z. B. durch Druckluftzerstäuber):

$$J_v + J_w + J_L - (J_{Ma} + J_{Me}) = 194300 + 17700 + 27400 - (19000 + 5000) = 215400 \text{ WE/St.}$$

b) Bei Befeuchtung durch Zumischen von Dampf zur erwärmten Luft: $194300 - 1400 + 27400 - (19000 + 5000) = 196300$ WE/St.

Die nötige Ausblasetemperatur t der Luft folgt bei Luftheizung aus der Überlegung, daß die stündlich hoch erwärmt in den Raum eintretende Luft durch ihre Abkühlung auf die Raumtemperatur von 18° die im Raume entstehenden Wärmeverluste decken soll, d. h.

$$15000 \cdot 0{,}24\,(t - 18) = J_v - (J_{Me} + J_{Ma}) = 194300 - 25000 = 169300 \text{ WE/St.}$$

d. h.
$$t = \frac{169300}{15000 \cdot 0{,}24} + 18 = 65\ {}^\circ\text{C}.$$

(Hierbei ist angenommen, daß die Befeuchtung bereits im Luftbehandlungsapparate erfolgt ist; sonst, z. B. bei im Raum verteilten Befeuchtungsapparaten, ist auf der rechten Seite der Gleichung noch J_w hinzuzufügen.)

Das Beispiel zeigt, daß in Räumen von leichter Bauweise, also großem Wärmebedarf bei strenger Kälte die Luftheizung mit hoher Ausblasetemperatur arbeiten muß; damit diese durch Wärmeabgabe an die kalten Flächen — im vorliegenden Falle hauptsächlich das Dach, in zweiter Reihe die Fenster — abgekühlt im von Menschen besetzten unteren Teile des Raumes gleichmäßig die mittlere Raumtemperatur ergibt, ist eine sorgfältige Ausbildung der Luftverteilorgane nötig. Bei niedrigen Räumen ist dies zuweilen schwierig auszuführen; man deckt dann bei strenger Kälte, z. B. unter 0 oder — 5°, nur einen Teil des Wärmebedarfes durch die Luftheizung, den Rest durch örtliche Heizkörper[1].

5. Regelung der Luftfeuchtigkeit.

Wenn eine Luftbehandlungsanlage so bemessen ist, daß die gestellten Anforderungen mit ihr überhaupt zu erfüllen sind, kann die, hauptsächlich durch die Witterung nötige Regelung auf verschiedene Art erfolgen. Einige Arten der Regelung sollen kurz beschrieben werden. Ausführungsarten selbsttätiger Regelung siehe Teil IV, Abschnitt 5.

Ein naheliegendes Mittel zum Beeinflussen der Raumfeuchtigkeit ist Änderung des Mischungsverhältnisses von Umluft und Zuluft. Dieses

[1] Qu.-V. 24.

Mittel erscheint aber weniger günstig, wenn man davon ausgeht, daß die Menge der Frischluft eigentlich durch andere Erwägungen bestimmt werden sollte, nämlich durch Rücksicht auf Wohlbefinden und Leistungsfähigkeit der in dem Raume beschäftigten Personen. Im Winter wird das Mindestmaß an Frischluft durch die Kosten der Heizung mitbestimmt, im Sommer, wenn Entfeuchtung bei besonders warmer und zugleich feuchter Außenluft nötig ist, durch die verfügbare Leistung der Entfeuchtungsanlage. Günstig ist es dagegen für die Regelung, wenn der Ventilator die Luft durch den Luftwäscher saugt und zwischen Luftwäscher und Ventilator eine einstellbare Klappe es ermöglicht, eine Teilmenge Raum- oder Frischluft direkt, d. h. nicht durch den Luftwäscher, anzusaugen (s. Abb. 35).

a) Regelung im Winterbetriebe:

Während der Heizzeit kann die gewünschte Temperatur bei ausreichender Regelbarkeit der Heizanlage leicht eingestellt werden. Bei größeren Luftheizanlagen unterteilt man die Heizelemente gern im Verhältnis 1:2, so daß je nach der Witterung $^1/_3$ oder $^2/_3$ oder $^1/_1$ der gesamten Heizfläche eingeschaltet werden kann; die feinere Regelung der eingeschalteten Heizfläche erfolgt durch Drosseln der Heizleitung. Oft ordnet man auch über, unter oder neben der Heizfläche der Lufterhitzer einen, auf verschiedene Öffnung einstellbaren Nebendurchgang an, so daß man einen geheizten und einen nichtgeheizten Luftstrom erhält. Die beiden Teilströme werden dann wieder vereinigt und ergeben eine Mischtemperatur. Das gleiche Mittel wird auch bei Luftwäschern angewendet.

Wird die Raumtemperatur durch Regeln der Heizung auf gleicher Höhe gehalten, so muß das zur Befeuchtung der Luft zuzusetzende Wasser- bzw. Dampfgewicht im wesentlichen der Menge, Temperatur und Feuchtigkeit der Außenluft angepaßt werden.

Bei im Raume verteilten Einzelluftbefeuchtern regelt man die Stärke der Verdunstung durch die in der Bauart begründeten Mittel, z. B. Abschalten von Düsen, Änderung der Saughöhe, Änderung des Wasserdruckes usw.; hierüber ist Näheres bei der Beschreibung der betreffenden Bauarten ausgeführt.

Bei Apparaten, in denen die vorher erwärmte Luft mit Umlaufwasser in Berührung kommt, regelt man die Verdunstungsstärke durch verschieden starkes Erwärmen des Wassers, ferner durch Zu- und Abschalten von Düsen, Änderung des Wasserdruckes und damit der Feinheit der Zerstäubung usw.; allgemein durch Veränderung der Wassertemperatur und der von der Luft berührten Wasseroberfläche, ferner durch Mischen eines befeuchteten und eines nicht befeuchteten Luftteilstromes.

Beim Befeuchten der Luft durch Zumischen von Dampf zum vorher genügend erwärmten Luftstrome regelt man die Dampfmenge einfach durch Drosseln der Dampfzufuhr. Nach einem von Hirsch angegebenen Verfahren[1] erfolgt die Regelung von Raumtemperatur und -feuchtigkeit dadurch, daß dem Raume in zwei Verteilleitungen Luftströme von verschiedener Temperatur und verschiedenem Feuchtigkeitsgrade zugeführt werden und das Mischungsverhältnis nach Bedarf verändert wird.

Abweichend von den bisher genannten Arten der Regelung ist diejenige, bei der die Luft zunächst nur auf die der Raumtemperatur und -feuchtigkeit entsprechende Taupunktstemperatur erwärmt und dabei mit Feuchtigkeit gesättigt, danach erst weiter erwärmt wird. Dieses Verfahren ermöglicht z. B., die kalte Luft durch Einblasen von Dampf oder „Waschen" mit warmem Wasser mit Wasserdampf zu sättigen und zugleich bis zur Taupunktstemperatur zu erwärmen; nur die weitere Erwärmung, die keine Zunahme des Wassergewichtes in der Luft mehr herbeiführen darf, muß durch trockene Heizflächen erfolgen.

Zahlenbeispiel: 4000 kg Umluft von 18°, $\varphi = 70\%$, gemischt mit 3000 kg Zuluft von —5°, $\varphi = 80\%$, sollen durch Dampf von 650 WE/kg so befeuchtet werden, daß das Gemisch bei der Raumtemperatur von 18° wiederum 70% relative Feuchtigkeit hat.

Für Luft von 18°, $\varphi = 70\%$, entsprechend $x \approx 0{,}7 \cdot 12{,}9 \approx 9$ g/kg liegt der Taupunkt bei 12,4°; hierbei ist nach der J-x-Tafel $i = 8{,}3$. Die Mischluft hat im Anfang einen Wärmeinhalt von $i_m = \frac{4000 \cdot 9{,}76 + 3000 \cdot 0}{7000} = 5{,}54$ WE/kg, ein Wassergewicht von $x_m = \frac{4000 \cdot 9 + 3000 \cdot 2{,}3}{7000} = 6{,}1$ g/kg, eine Temperatur (siehe Molliertafel) von $t_m = 7{,}5°$.

Beim Einblasen des Dampfes in dieses Gemisch — zur Erwärmung und Sättigung bei 12,4° — nimmt die Luft zur Befeuchtung auf: $7000 \cdot (9 - 6{,}1) = 20\,300$ g $= 20{,}3$ kg Dampf. Der Wärmeinhalt dieser 20,3 kg Dampf ist nach der Mischung $20{,}3\,(595 + 0{,}46 \cdot 12{,}4) = 12\,200$ WE, vorher $20{,}3 \cdot 650 = 13\,200$ WE, demnach Wärmeabgabe 1000 WE. Die Erwärmung von 7000 kg Luft von 7,5 auf 12,4° erfordert $7000 \cdot 0{,}24 \cdot (12{,}4 - 7{,}5) = 8200$ WE. Hiervon werden 1000 WE durch die Wärmeabgabe des Befeuchtungsdampfes geliefert, der Rest von $8200 - 1000 = 7200$ WE durch Niederschlagen von Dampf. Ist die Temperatur des Niederschlagwassers 12,4°, so gibt 1 kg Dampf $650 - 12{,}4 =$ rd. 638 WE ab; zum Erwärmen der Luft werden daher niedergeschlagen $\frac{7200}{638} = 11{,}3$ kg Dampf. Für Befeuchten und Erwärmen der Luft bis zum Taupunkt von 12,4° werden demnach verbraucht $20{,}3 + 11{,}3 \approx 32$ kg Dampf.

Wenn die beim Niederschlagen von Dampf gebildeten Wassertropfen nicht vor der anschließenden Weitererwärmung der Luft restlos abgeschieden werden, muß man praktisch die Luft weniger hoch — als bis 12,4° — mit direktem Dampf erwärmen, weil sie sonst zuviel Feuchtigkeit mitführt.

[1] DRP. Dipl.-Ing. M. Hirsch, Frankfurt a. M.

b) Regelung im Sommer:

Bei genügender Leistung der Luftbe- bzw. entfeuchtungsanlage wird im Sommer die Lüftung als Regel auf ein Höchstmaß an Frischluft eingestellt.

Ist die natürliche Feuchtigkeit ungenügend, also Befeuchtung nötig, so wird die Verdunstungsstärke nach Maßgabe der Raumfeuchtigkeit geregelt, die sich bei der gleichzeitig auftretenden Abkühlung der Luft ergibt. Die Mittel zum Regeln der Verdunstungsstärke sind die gleichen wie unter „Regelung im Winter" angegeben, mit Ausnahme der Taupunktsregelung, die im Sommer durch Kühlung der Luft im Luftwäscher und Sättigung bei der gewünschten Taupunktstemperatur erfolgt. Diese Art der Regelung auf konstanten Taupunkt kann aber im Sommer nur dann angewendet werden, wenn die Kühlwirkung der Anlage bei jedem Wetter ausreichend ist, um die gleiche Raumtemperatur — bei gleicher Raumfeuchtigkeit — zu erhalten; ist dagegen ein Steigen der Raumtemperatur bei warmem Wetter nicht zu umgehen, bzw. wegen zu hoher Kosten starker Kühlung absichtlich zugelassen, die relative Feuchtigkeit aber stets gleich hoch einzustellen, so entspricht jeder Raumtemperatur ein anderer Taupunkt.

Luftbefeuchtungsanlagen, deren Luftwäscher so bemessen sind, daß sie größere Mengen Kaltwasser durchsetzen können, werden in der folgenden Art geregelt. Wenn bei mäßig warmem Wetter die bei der Befeuchtung entstehende Verdunstungskühlung genügt, wird der Luftwäscher mit Umlaufwasser betrieben. Je höher die Temperatur steigt, und je weniger wirksam bei feuchtwarmem Wetter die Verdunstungskühlung ist, um so mehr Wasser läßt man aus dem Luftwäscher zu anderweitiger Verwendung weglaufen, während eine entsprechende Menge Kaltwasser, z. B. durch einen Schwimmerhahn, dem Luftwäscher zugeführt wird.

Sollen in einem Raume bei jeder Sommerwitterung Feuchtigkeitsgrad und Temperatur konstant sein, so ergibt die Regelung auf konstanten Taupunkt eine übersichtliche Lösung. Die Luft wird in einem Vorwäscher mit dem verfügbaren Brunnenwasser vorgekühlt und in einem Nachwäscher nötigenfalls mit künstlich gekühltem Wasser auf den gewünschten Taupunkt gekühlt, dabei zugleich gesättigt. Der Grad künstlicher Nachheizung der so abgekühlten „Einheitsluft" wird je nach der Witterung so geregelt, daß durch künstliches Nachheizen und durch die natürliche Wärmeaufnahme im Raume zusammen die vorgeschriebene Raumtemperatur erreicht wird. Voraussetzung ist hierbei, daß nach den im Abschnitte „Kühlung" behandelten Grundsätzen die Menge gekühlter Luft ausreichend ist, um bei jedem Wetter die gewünschte Temperatur im Raume aufrechterhalten zu können.

Abb. 35a zeigt im Schema eine Anordnung mit verschiedenen Möglichkeiten der Regelung.

Nach Bedarf kann hierbei wie folgt gearbeitet werden:

1. Beide Kammern mit Brunnenwasser, freier Ablauf.
2. Beide Kammern mit Brunnenwasser, Umlaufbetrieb mittels Pumpe, teil-

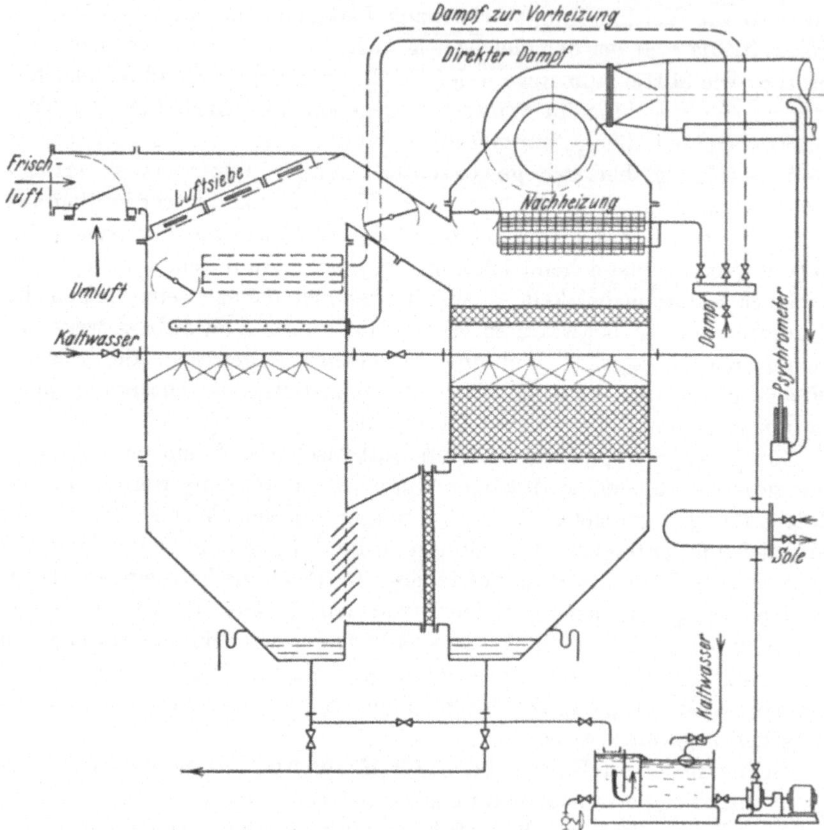

Abb. 35a. Schema eines kombinierten Luftbehandlungsapparates für verschiedene Betriebsarten und Regelungsmöglichkeiten.

weise Ablauf aus dem linken Teil des Pumpenbehälters, Zusatz durch den Schwimmerhahn.

3. Linke Kammer Brunnenwasser mit freiem Ablauf (Vorkühlung), rechte Kammer Umlauf, künstlich gekühltes Wasser (Nachkühlung).
4. Beide Kammern Umlaufbetrieb mittels Pumpe, künstlich gekühltes Wasser.

In der rechten Kammer ist neben dem Lufterhitzer eine Saugklappe für Umgehungsluft sichtbar, die den Luftwäscher nicht passiert hat. Am Lufterhitzer selbst ist ebenfalls eine Umgehungsklappe zur leichteren Temperaturregelung angebracht.

Die Klappe für Umgehungsluft am Luftwäscher erleichtert unter Umständen schnelles Regeln, da Luftwäscher mit berieselten Füllkörpern durch die an diesen haftende Wassermenge gegenüber Düsenwäschern eine gewisse Nacheilung zeigen; soll z. B. die Luft weniger befeuchtet werden, so muß erst das Haftwasser verdunsten.

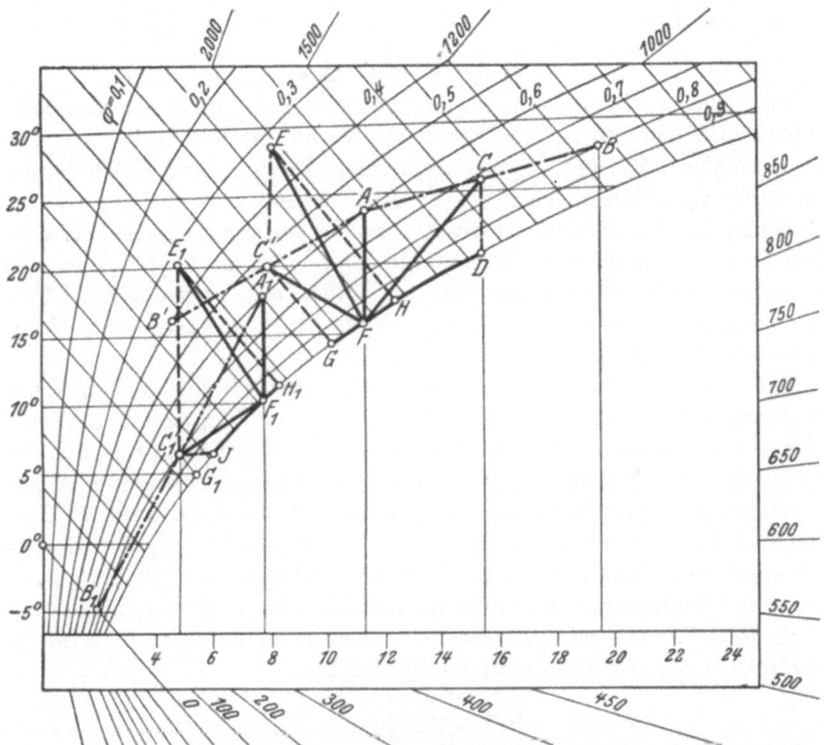

Abb. 35 b. Beispiele zur Regelung auf konstante Temperatur und konstanten Feuchtigkeitsgrad.

Fall 1. Raumluft konstant 24°, $\varphi = 0{,}6$, Punkt A, Taupunkt 16°. Außenluft 28°, $\varphi = 0{,}8$, Punkt B. Mischluft 26°, $\varphi = 0{,}72$, Punkt C. Entfeuchtung durch Kaltwasser entsprechend C—F (bzw. C—D—F), Erwärmung FA.

Fall 2. Raumluft wie unter 1. Außenluft 16°, $\varphi = 0{,}4$, Punkt B'. Mischluft 20°, $\varphi = 0{,}53$, Punkt C'. Entweder Befeuchtung durch angewärmtes Umlaufwasser entsprechend C'—F (bzw. C'—G—F), Erwärmung FA, oder: Vorwärmen der Mischluft so weit (s. $C'E$), daß die Kühlgrenze H der vorgewärmten Mischluft (d. h. die Temperatur des feuchten Thermometers) höher als der Taupunkt F der Raumluft liegt. Befeuchtung mit mäßiger Durchlaufmenge von Kaltwasser, entsprechend EF, Erwärmung FA.

Fall 3. Raumluft konstant 18°, $\varphi = 0{,}6$, Taupunkt 10,5°, Punkt A_1. Außenluft —4,5°, $\varphi = 0{,}7$, Punkt B_1. Mischluft 6,5°, $\varphi = 0{,}8$ Punkt C_1, Kühlgrenze der Mischluft + 5°, Punkt G_1. Entweder: Befeuchtung und gleichzeitige Erwärmung durch Dampf oder angewärmtes Umlaufwasser entsprechend C_1F_1 (bzw. C_1—J—F_1), Erwärmung F_1A_1, oder: Vorwärmen der Mischluft so weit (C_1E_1), daß ihre Kühlgrenze H_1 höher als der Taupunkt F_1 der Raumluft liegt. Befeuchtung mit mäßiger Abkühlung durch Kaltwasser entsprechend E_1—F_1. Erwärmung F_1A_1.

Parallelen, durch den Nullpunkt zu CF, $C'F$, EF und zu C_1F_1, E_1F_1 gezogen, veranschaulichen im Randmaßstab die Arten der Zustandsänderung der Luft.

Um leicht kontrollieren zu können, ob die in den Raum eingeblasene Luft die richtige Temperatur und Feuchtigkeit hat, kann man die folgende einfache Einrichtung anbringen: man führt von der Luftverteilleitung oder — bei frei ausblasenden Apparaten — von der Blasöffnung des Apparates ein 2—3 Zoll weites Rohr in schlankem Bogen nach unten und läßt den so entnommenen Luftteilstrom mittels eines trichterförmigen Mundstückes gegen ein Meßgerät, z. B. gegen das nasse und trockene Thermometer eines in Bedienungshöhe aufgehängten Psychrometers blasen.

6. Entnebelung[1].

Im Gegensatz zur Nebelbildung bei der Abkühlung feuchter Luft unter den Taupunkt, z. B. während der Nacht, entsteht Nebel während des normalen Betriebes, wenn sich in einem Raume durch Verdunstung an warmen, nassen Flächen soviel Wasserdampf bildet, daß er Übersättigung der Raumluft herbeiführt. Zur Beseitigung des Nebels wird dem Raume, möglichst in der Nähe der Stellen, an denen die Schwaden entstehen, soviel ungesättigte Luft zugeführt, daß sie nach Aufnahme der verdunsteten Wassermenge noch ungesättigt auf kürzestem Wege abgesaugt werden kann.

Das stündlich verdunstende Wassergewicht, W kg, ist entweder erfahrungsgemäß aus dem Gewichtsverluste an Flüssigkeit bekannt, oder es kann, z. B. bei offenen Behältern mit heißer Flüssigkeit, aus der Größe und Temperatur der verdunstenden Flächen mit guter Annäherung nach der auf S. 23 angegebenen Formel berechnet werden. Entsprechen Temperatur und Feuchtigkeit der Zusatzluft vor der Dunstaufnahme dem Punkte A in Abb. 7, S. 18, und will man die Luft z. B. mit $\varphi = 0{,}9$ absaugen, so stellt der Strahl AE die Zustandsänderung der Luft[2] und $x_E - x_A$ die Wasseraufnahme je kg Luft dar. Die nötige Mindestmenge L an Zusatzluft ergibt sich aus

$$L = \frac{W}{x_E - x_A}.$$

Demnach wird L kleiner, wenn bei gleicher Temperatur der Zusatzluft diese trockener ist, vgl. Punkt C in Abb. 7, bzw. bei gleichem Wassergehalt x die Zusatzluft erwärmt wird, vgl. Punkt B.

Beispiel: $W = 100$ kg/St. $= 100000$ g/St.

1. Zusatzluft im Sommer 28°, Sättigungsgrad 0,7, d. h. $x_A = 0{,}7 \cdot 24 = 16{,}8$. In der J-x-Tafel findet man auf dem Richtungsstrahle 640 bei $\varphi = 0{,}9$ $x_E = 21{,}6$

$$L = \frac{100000}{21{,}6 - 16{,}8} = 20800 \text{ kg/St.}$$

2. Die Zusatzluft von 28°, $x_A = 16{,}8$, wird auf 33° erwärmt den Schwaden zugeführt. $x_E = 30$

$$L = \frac{100000}{30 - 16{,}8} = 7600 \text{ kg/St.}$$

3. Die Zusatzluft von 28°, $x = 16{,}8$, wird nach Entfeuchtung mit 28°, $x_C = 12$, den Schwaden zugeführt. $x_E = 22{,}3$

$$L = \frac{100000}{22{,}3 - 12} = 9700 \text{ kg/St.}$$

[1] S. Qu.-V. 2 und 4. [2] Vgl. S. 17: Zumischen von Dampf zur Luft.

4. Winterluft von 0°, $\frac{x}{x_s} = 0{,}8$, d. h. $x = 3$, wird auf 25° erwärmt eingeführt. $x_E = 20$

$$L = \frac{100\,000}{20 - 3} = 5900 \text{ kg/St.}$$

Kommt die Zusatzluft mit verdunstender, heißer Flüssigkeit derart, z. B. bei Berieselung, in Berührung, daß ihre Temperatur hierdurch nennenswert steigt, so verläuft in der J-x-Tafel der Richtungsstrahl steiler, d. h. die Luftmenge kann kleiner gewählt werden.

Wenn die Aufgabe darin besteht, in einem übersättigten Luftstrome, der in einen Raum eindringt, den Nebel durch Zusatzluft zum Verschwinden zu bringen, so gelten die Ausführungen über das Mischen einer ungesättigten und einer übersättigten Luftmenge, S. 18 ff.

C. Ausführung.

I. Eingliederung der Luftbehandlung in die Heiz- und Lüftungstechnik.

Der enge Zusammenhang, der zwischen Temperatur und Feuchtigkeit der Luft und der Stärke des Luftwechsels in einem Raume besteht, ist bei vielen bestehenden Anlagen, die irgendwelche Einrichtungen zum Beeinflussen der Luftfeuchtigkeit haben, ungenügend berücksichtigt. Der Zweig der Technik, der diese Zusammenhänge und ihre praktische Anwendung systematisch behandelt, ist verhältnismäßig jungen Datums und anscheinend in Amerika schneller als in den europäischen Ländern zu praktischer Bedeutung gekommen[1]. Erst langsam setzt sich die Erkenntnis durch, daß Einrichtungen zur künstlichen Erhöhung oder Verringerung der Luftfeuchtigkeit mit der Heiz- und Lüftungsanlage möglichst ein einheitliches Ganzes bilden sollen, daß dem Einbau von Apparaten ein sorgfältig aufgestellter Entwurf und rechnerische Ermittlungen vorausgehen müssen, um des gewünschten Ergebnisses sicher zu sein. Der folgenden Beschreibung verschiedener Ausführungsformen von Luftbe- und -entfeuchtungseinrichtungen sei daher der ausdrückliche Hinweis vorausgeschickt, daß die zweckmäßige Wahl des Types und der Abmessungen im Einzelfalle nur im Zusammenhange mit den allgemeinen Grundsätzen der Heiz- und Lüftungstechnik getroffen werden kann. Andeutungsweise mögen dies die folgenden Bemerkungen erläutern.

---

[1] Bezeichnend sind in dieser Beziehung die zum Teil über das rein Reklamemäßige hinausgehenden Druckschriften großer amerikanischer Spezialfirmen (wie Parks-Cramer-Company, Fitchburg, Carrier Engineering Corporation, New York u. a.), die viel sachlichen Aufschluß enthalten, vgl. Qu.-V. 16.

Sucht man mit kleinen Luftmengen einen Raum zu heizen oder zu kühlen, so muß die Temperatur der eintretenden Luft wesentlich über

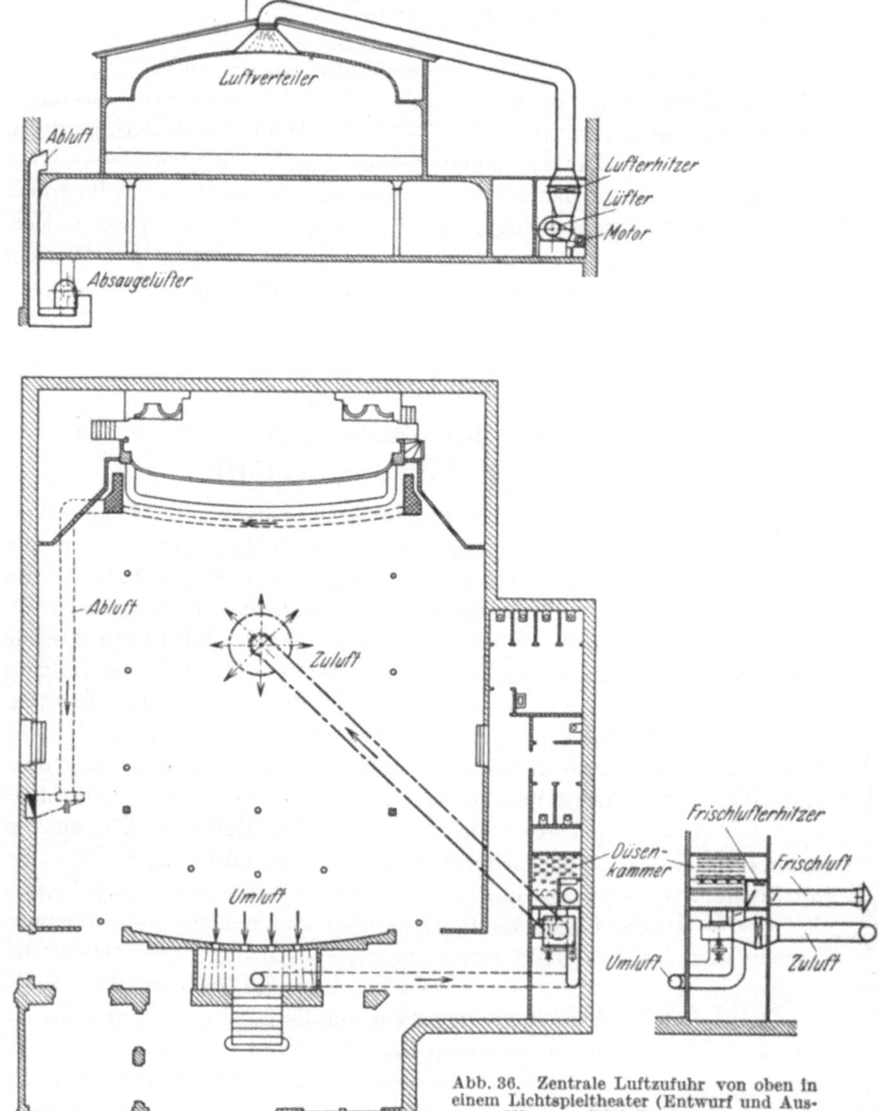

Abb. 36. Zentrale Luftzufuhr von oben in einem Lichtspieltheater (Entwurf und Ausführung: Dipl.-Ing. M. Hirsch, Frankfurt a. M.).

bzw. unter der mittleren Raumtemperatur liegen; um eine gleichmäßige Verteilung der Temperatur und damit zugleich der Feuchtigkeit im

Raume zu erreichen, muß eine sorgfältige Luftführung vorgesehen werden. Wählt man umgekehrt große Luftmengen, also kleinere Unterschiede zwischen Eintritts- und Raumtemperatur, so muß besonders bei niedrigen Räumen die Größe und Form der Luftaustrittsöffnungen so gewählt werden, daß die großen Luftmengen ohne Zugerscheinungen in den Raum eintreten. Die Frage, ob in einem Fabriksaale freiausblasende Apparate oder Luftverteilleitungen zu wählen sind, kann daher auch nicht allgemein beantwortet werden.

Je höher ein Raum im Verhältnis zu seiner Grundfläche ist, um so

Abb. 37. Arbeitsraum einer Zigarrenfabrik mit zwei Zuluftströmen verschiedener Temperatur (Entwurf und Ausführung: Dipl.-Ing. M. Hirsch, Frankfurt a. M.).

leichter gelingt gleichmäßige Luftverteilung mit einer Mindestzahl von Luftaustrittsstellen. Nach Abb. 36 konnte z. B. in einem Lichtbildtheater mit annähernd quadratischer Grundfläche die Luftzufuhr von einem einzigen Verteilpunkte aus erfolgen, wobei der Luftstrom in der Austrittskappe durch eine Anzahl kegelförmiger Prallkörper fächerförmig verteilt wird.

Bemerkenswert ist die Luftführung bei der Bewetterungsanlage im Arbeitsraume einer Zigarrenfabrik nach Abb. 37. Unter Anwendung des auf S. 50 angedeuteten Verfahrens werden dem Raume durch zwei Leitungen ein kälterer und ein wärmerer Luftstrom zugeführt. Der kältere Luftstrom tritt durch die Leitung an der Fensterseite (links) aus, sinkt teilweise nach unten, wird nach rechts abgelenkt und mischt sich dort mit dem aus der rechts gelegenen Leitung austretenden Luftstrome. Die Wärmeentwicklung erfolgt überwiegend im rechts gelegenen Teile des Raumes an den Arbeitstischen. Die Temperatur der Mischluft liegt zwischen derjenigen der Teilluftströme, ihr Feuchtigkeitsgrad ist höher, wenn derjenige des wärmeren Luftstromes ebenso hoch oder höher ist als derjenige des kälteren.

Werden zwecks kräftiger Kühlung einem Raume größere Frischluftmengen zugeführt, so müssen die Abzugsöffnungen für die Abluft gut verteilt werden und passende Abmessungen haben; sind sie zu klein, so entstehen beim Öffnen von Türen sehr lästige Zugerscheinungen, liegen die Abzugsöffnungen zu nahe bei der Luftzufuhr, so entweicht ein Teil der Zuluft unausgenutzt.

Wenn in Räumen, die durch oft geöffnete Türen miteinander in Verbindung stehen, verschiedene Feuchtigkeitsgrade erhalten werden sollen, ist es vorteilhafter, den Raum mit der niedrigeren Feuchtigkeit unter höherem Druck zu halten; denn es ist leichter, trockenere Luft zu befeuchten als feuchtere Luft zu trocknen.

Eine gut wärmeschützende Bauart des Raumes, welche die Heizung im Winter erleichtert, kann im Sommer das Einhalten einer mäßigen Raumtemperatur erleichtern, wenn die Luftbehandlungsanlage es gestattet, trotz der im Raume entwickelten Wärme die Temperatur unter der Außentemperatur zu halten; sie bewirkt dagegen eine Temperatursteigerung, wenn die Luftbehandlungsanlage nicht imstande ist, die Raumtemperatur unter der Außentemperatur zu halten, vgl. S. 52. Das Anbringen von Heizrohren unter Oberlichtern und doppelte Verglasung derselben (besonders bei Scheds) verringern die Bildung von Schwitzwasser, was bei empfindlichen Waren eine Rolle spielen kann.

Die Luftzufuhr geschieht im Winter bei künstlich befeuchteten Räumen meist vorteilhaft von oben nach unten, besonders wenn Abkühlung hauptsächlich durch das Dach erfolgt. Die oben warm eintretende Luft sinkt, auf die mittlere Raumtemperatur abgekühlt, in ziemlich gleichmäßigen Lagen nach unten. Im Sommer wäre es grundsätzlich wünschenswert, gekühlte Luft von unten zuzuführen, wo man die volle Kühlwirkung hätte, bevor die Luft Wärme aufnimmt; die hohen Anlagekosten, die eine gleichmäßig verteilte untere Zufuhr der Luft ergibt, führen aber in gewerblichen Anlagen meist dazu, daß auch im Sommer die Luft von oben eingeführt wird.

Wird die Luft von oben zugeführt, was der allgemein verbreiteten Ausführung entspricht, so ist es im Sommer, besonders in großen Arbeitssälen, in denen viel Wärme durch Maschinen und Menschen entwickelt wird, nicht leicht, eine gleichmäßige Verteilung von Temperatur und Feuchtigkeit über den Raum zu erreichen. Denn die in der Mitte des Raumes eingeführte Luft muß, während sie Wärme aufnimmt, gewöhnlich einen langen Weg zurücklegen, bis sie zu den Austrittsöffnungen gelangt. Abzugsöffnungen nach im Flur angeordneten Kanälen ergeben hohe Anlagekosten und Staubablagerung. Mit mäßigen Kosten kann man zuweilen eine über große Räume gut verteilte Abfuhr der Luft durch senkrechte Rohre oder Schächte erreichen, die wenig über Flurhöhe Eintrittsöffnungen haben und durch Windmotoren oder durch zugänglich eingebaute kleine Schraubenlüfter mit senkrechter Achse abgesaugt werden. Zugfreie Ansaugung erfordert jedoch viel Umsicht beim Entwurf. Über die recht verwickelten Luftströmungen die z. B. in großen Textilsälen die Verteilung von Temperatur und Feuchtigkeit beeinflussen, sind sehr aufschlußreiche Messungen durch Kastner veröffentlicht worden[1].

Erfolgt in großen Arbeitssälen mit starker Wärmeentwicklung durch Menschen und Maschinen der Luftabzug vorwiegend in der Richtung nach den Umfassungswänden, jedenfalls über große Abstände, so ist es schwierig, mit zentral vorbehandelter, durch Kanäle oder Rohrleitungen verteilter Zuluft einigermaßen gleichmäßige Verteilung von Temperatur und Feuchtigkeit im Raume zu erreichen. In solchen Fällen ist es oft nützlich, örtliche Zusatzbefeuchtung durch Einzelbefeuchter anzuwenden, gegebenenfalls mit selbsttätiger Regelung der Zusatzbefeuchter.

Die hier andeutungsweise behandelten Punkte zeigen, wie nötig es ist, Anlagen zur künstlichen Beeinflussung der Luftfeuchtigkeit sinngemäß und organisch mit der Heiz- und Lüftungsanlage in Verbindung zu bringen[2].

II. Kennzeichen der Bauarten von Luftbe- und -entfeuchtern[3].

Die zahlreichen Ausführungsarten kann man nach der räumlichen Anordnung etwa in folgende Gruppen verteilen:

1. Einzelapparate, über den Betriebsraum verteilt.
2. Gruppenapparate, gewöhnlich als Wandapparate ausgebildet, frei ausblasend oder mit Verteilleitungen.
3. Hauptanlagen, meist in Nebenräumen aufgestellt, mit Luftkanälen oder -verteilleitungen.

Die Apparate der Gruppe 1 sind in der Regel nur zur Befeuchtung der Luft geeignet, diejenigen der Gruppen 2 und 3 findet man sowohl in Ausführungen, die nur zum Befeuchten der Luft geeignet sind, als auch in Bauarten, die wahlweise zum Be- oder Entfeuchten der Luft ver-

[1] Qu.-V. 12. [2] Qu.-V. 5, 6, 24.

[3] Eine geschichtlich sehr interessante Übersicht aus dem Jahre 1909 enthält die Veröffentlichung Qu.-V. 15.

wendet werden können; meist dienen sie gleichzeitig zur Lüftung und Heizung, zuweilen auch zur künstlichen Kühlung der Luft (vgl. S. 73).

III. Wirkungsweise.

Nach ihrer Wirkungsweise kann man die folgenden Gruppen unterscheiden.

1. Luftbefeuchtung durch direkten Dampf.

Die einfachste Art der Luftbefeuchtung ist das direkte Einblasen von Dampf in die Luft. Dieses, an sich im Winter ganz natürliche Verfahren ist dadurch — unberechtigterweise — stark verdrängt worden, daß man es meist unrichtig anwendete. Wenn man nämlich Wasserdampf, und zwar Kesseldampf oder ölfreien Abdampf, aus zu großen Einzelöffnungen direkt in einen Betriebsraum blasen läßt, entsteht in der nächsten Umgebung der Austrittsstelle leicht Übersättigung der Luft, daher Nebel und unter Umständen störende Tropfenbildung. Diese Erscheinungen fallen fort, wenn man den Dampf in richtiger Menge einem warmen Luftstrome zuführt, z. B. nach den Heizkörpern eines Lufterhitzers.

Eine heizende Wirkung hat Dampf, der zum Befeuchten der Luft zugesetzt wird, nur in ganz geringem Maße, wie man leicht durch Messen der Lufttemperatur vor und hinter der Stelle der Dampfzufuhr feststellen kann (siehe S. 17 und 74.)

Der Dampf gibt nur dann seine „latente“ oder Verdampfungswärme ab, wenn er kondensiert, also in Wasserform übergeht. Wenn er dagegen, durch richtige Anordnung und Regelung, direkt als Dampf von der Luft aufgesaugt wird, gibt er nur den geringen Wärmeunterschied ab, der zwischen dem gesättigten, warmen Dampf aus der Heizleitung und dem kühleren Dampf von geringerem Druck in dem Dampfluftgemische besteht. Dieser Unterschied beträgt, wenn man niedrig gespannten Dampf von 1—2 atü benutzt, etwa 40—50 WE je kg Dampf gegenüber einem gesamten Wärmeinhalt des ursprünglichen Dampfes von 645—650 WE. Entsprechend dieser geringen Wärmeabgabe wird die mit direktem Dampf befeuchtete Luft dadurch auch nur um etwa 0,5—1,5°, je nach dem Grade der Befeuchtung, erwärmt.

Maschinenabdampf ist nur dann zur direkten Befeuchtung von Luft geeignet, wenn er öl- und geruchfrei ist, z. B. Abdampf von Turbinen. Sonst verwendet man ihn besser, nach ausreichender Entölung, indirekt, also in Heizkörpern oder in Heizschlangen zum Vorwärmen des Betriebswassers von Luftwäschern.

Bei allen Luftbefeuchtungsanlagen, die mit Ablauf und Tropfenabscheidern ausgerüstet sind, kann man für den Winterbetrieb Dampf direkt den Luftwäschern zuführen.

Bei kleineren Anlagen entnimmt man den Befeuchtungsdampf einfach einem Abzweige der Heizdampfleitung. Bei größeren Anlagen, besonders bei solchen, die aus einer Anzahl von Gruppenapparaten bestehen, legt man vorteilhaft je eine getrennte Leitung für Heizdampf und für Befeuchtungsdampf an. Hierdurch kann man, wenn die angeschlossenen Apparate mittels ihrer Einzelventile gut eingeregelt sind, von je einem Hauptregelventil aus sowohl die Temperatur als die Feuchtigkeit der Luft getrennt regeln (vgl. Abb. 77).

Die Betriebskosten sind bei Winterbefeuchtung mit direktem Dampfe niedriger als bei Zerstäubung von Wasser, und zwar wegen des Fortfalls von irgendwelchem Kraftverbrauch und von Bedienungskosten für Pumpen, Reinigen von Zerstäuberdüsen usw. Der reine Dampfverbrauch ist bei beiden Verfahren praktisch gleich groß; denn bei der Befeuchtung mit verdunstendem Wasser muß man die zum Verdunsten desselben nötige Wärmemenge durch Heizkörper zuführen. Für jedes kg Wasser, das durch Verdunstung in die Luft übergeht, wird rund 1 kg Heizdampf im Heizkörper verbraucht (in Wirklichkeit etwas mehr, weil das Kondenswasser heiß abläuft). Allerdings ist das Heizkondensat wieder zur Kesselspeisung zu verwenden, während beim Befeuchten mit direktem Dampf eine entsprechende Menge frischen Speisewassers, nötigenfalls enthärtet, dem Kessel zugeführt werden muß.

Aushilfsweise, z. B. bei Instandsetzungsarbeiten an Luftwäschern, kann man auch im Sommer zur Luftbefeuchtung direkten Dampf verwenden, wobei die Temperatur der Luft etwas höher wird als ohne Luftbefeuchtung.

Bei vorhandenen Niederdruckheizungen von 0,1—0,3 at Betriebsdruck, die meist mit gußeisernen Gliederkesseln betrieben werden, steht direkter Dampf für Luftbefeuchtung nicht zur Verfügung. Denn diesen Kesseln muß, da etwaiger Kesselsteinansatz kaum zu beseitigen ist, der gesamte Heizdampf in der Form von Kondenswasser wieder zugeführt werden. Bei nachträglichem Einbau einer Luftbefeuchtungsanlage in solchen Räumen greift man auch im Winter zur Verdunstung von Wasser, welches vorteilhaft durch eine Dampfheizschlange reichlich vorgewärmt wird. Das gleiche gilt für Warmwasserheizung.

2. Druckluft-Wasserzerstäuber.

Das Zerstäuben von Wasser durch einen Druckluft- oder Dampfstrahl ist seit langer Zeit bekannt; beim Inhalierapparat wird durch einen Dampfstrahl, beim Blumenbefeuchter durch einen Luftstrahl Wasser in einem Röhrchen hochgesaugt und zerstäubt. Bei richtiger Ausführung und gutem Zustande der Düsen wird die Zerstäubung so fein, daß der Wassernebel restlos in der Luft verdunstet und keine Wassertröpfchen niederfallen. Die durch eine Düse zerstäubte Wassermenge kann man durch Änderung des Dampf- bzw. Luftdruckes regeln oder, bei gleichbleibendem Druck, durch Veränderung der Saughöhe;

man hebt oder senkt hierzu den Wasserspiegel des Gefäßes, aus dem das Wasser hochgesaugt wird.

Gewerbliche Luftbefeuchtungsanlagen sind auf dieser Grundlage in großer Zahl ausgeführt worden, und erst in neuerer Zeit ist diese Art der Luftbefeuchtung mehr durch Luftwäscher verschiedener Bauart verdrängt oder mit solchen — zwecks Nachverdampfung — kombiniert worden. In bestimmten Fällen wird auch heute noch die Druckluftzerstäubung bevorzugt, z. B. in besonders staubigen Betrieben (Jutefabriken u. dgl.), wo alle anderen Apparate, die teils Frischluft, teils Umluft durchsaugen, schnell verschmutzen, dadurch weniger Luft fördern und deshalb oft eine Reinigung der Luftsiebe und der Abwasserfilter erfordern.

Die Hauptbestandteile einer Druckluft-Zerstäuberanlage (vgl. S. 102) sind:

Die Druckluft-Rohrleitung, anschließend an ein ohne Gehäuseschmierung arbeitendes Umlaufgebläse oder an einen Niederdruckkompressor mit angebautem Windkessel, Öl- und Wasserabscheider und Luftfilter;

Die Saugwasserleitung, welche ständig von einem Gefäße mit Schwimmkugelhahn und mit regelbar einzustellender Wasserstandshöhe nachgefüllt wird.

Die Düsen mit ihren Anschlußstutzen an die beiden Leitungen; die Luftleitung durch Hahn und Kette absperrbar, um jede Düse während des Betriebes reinigen zu können.

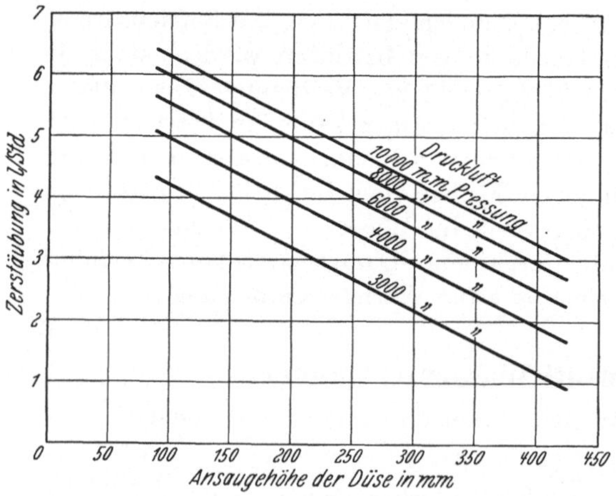

Abb. 38. Stündlich zerstäubte Wassermenge bei konzentrischen Druckluftzerstäubern (Danneberg & Quandt AG. Berlin).

Die Feinheit der Zerstäubung hängt u. a. davon ab, daß die Luft- und die Wasserdüse genau auf den richtigen Abstand gegeneinander eingestellt und tadellos rein gehalten werden; ferner davon, daß die Saughöhe nicht zu klein ist, durch eine bestimmte Luftmenge also nicht zu viel Wasser hochgesaugt wird. Abb. 38 zeigt für konzentrische Düsen einer gebräuchlichen Bauart (vgl. Abb. 47) den Zusammenhang zwischen dem Drucke der Zerstäuberluft, der Saughöhe des Wassers gegenüber Düsenmitte und der stündlich zerstäubten Wassermenge. Bei einem Luftdrucke von 4000 mm WS. = 0,4 kg/cm², an der Düse gemessen, kann man z. B. rund 4 kg Wasser stündlich nebelfein zerstäuben. Für Schrägdüsen ihrer besonderen Bauart (s. Abb. 46, DRP.) gibt die Firma H. Krantz, Aachen, eine höhere Zerstäuberleistung, nämlich 5,5 l/St. bei 0,4 at Luftdruck und 150 mm Saughöhe an.

Die vom Gebläse oder Kompressor anzusaugende Luftmenge beträgt etwa 1,8 m^3 auf 1 Liter zerstäubten Wassers, also beispielsweise 90 m^3/St. bei einer stündlichen Zerstäubung von 50 Liter Wasser. Der Kraftverbrauch je 100 Liter stündlicher Wasserzerstäubung kann — Luftverteilleitungen von ausreichendem Durchmesser vorausgesetzt — zu 5—6 PS bei umlaufenden Gebläsen und zu 4—5 PS bei Kolbenkompressoren angenommen werden. Umlaufende Gebläse werden im allgemeinen bevorzugt, weil sie bei guter Bauart keine innere Schmierung erfordern und dadurch ölfreie Luft liefern; bei Kolbenkompressoren führt dagegen infolge der nötigen Zylinderschmierung die Preßluft stets etwas Öl mit, welches durch Ölabscheider bester Bauart ausgeschieden werden muß. Sonst erhält man leicht Verstopfung und Tropfenbildung an den Düsen.

Die Luftbefeuchtung durch Druckluftzerstäuber wird meist so ausgeführt, daß die Luft- und Wasserleitungen in geeigneter Verzweigung durch die Betriebsräume geführt und nach Bedarf Düsen daran angeschlossen werden. Will man mit geringem Gebläsedruck auskommen, so muß der Durchmesser der Luftleitungen groß genug genommen werden, wodurch größere Anlagen ziemlich teuere Leitungen ergeben.

Störend wird in manchen Betrieben das zischende Geräusch der Luftzerstäuberdüsen empfunden.

Dem Vorteile, daß bei der Druckluftbefeuchtung keine Wasserablaufleitungen erforderlich sind, steht der Nachteil gegenüber, daß sie keine Reinigung der Luft vom Staube bewirkt, und daß mit ihr im Sommer Abkühlung der Luft nur in dem Maße der Wasserverdunstung erreicht wird.

Im Winter kann man ferner Druckluftbefeuchtungsanlagen nicht ohne weiteres unter Ausschaltung des Kraftbedarfes mit Niederdruckdampf betreiben; wohl kann man die Druckluftleitung an die Dampfleitung statt an das Gebläse anschließen, doch erhält man dabei Kondenswasser und Rostbildung in der Leitung und Tropfenbildung an den Düsen.

Im Winter muß bei der Luftbefeuchtung durch Druckluftzerstäuber die zur Verdunstung des Wassers erforderliche Wärme zum überwiegenden Teile durch die Raumheizung zugeführt werden, deren Leistung entsprechend reichlich zu bemessen ist. Vorwärmung des Wassers verringert diesen Bedarf an Raum-Heizwärme nur unwesentlich (siehe S. 17).

Öfters trifft man die Ansicht, daß bei der Luftbefeuchtung mit Druckluft-Zerstäubern weiter keine Lüftung nötig sei, weil die Zerstäubungsluft eine genügende Zufuhr von Frischluft darstelle. Diese Ansicht ist vollkommen irrig, denn die Befeuchtung von einem m³ Luft erfordert im Sommer etwa 2—4 g, im Winter etwa 6—10 g Wasserdampf. Zur Zerstäubung von 1000 g = 1 Liter Wasser sind aber erst 1,8 m³ angesaugte Luft nötig. Im Verhältnis zu der Luftmenge, die man durch Verdunsten von 1 Liter Wasser befeuchten kann, ist also die zugehörige Menge Zerstäuberluft verschwindend gering.

3. Be- und Entfeuchtung durch Luftwäscher.

Alle Bauarten von Apparaten, bei denen strömende Luft mit bewegtem Wasser in innige Berührung gebracht wird, können grundsätzlich zum Be- und Entfeuchten, ebenso zum Kühlen von Luft geeignet ausgebildet werden. Von der Einzelausführung der Apparate und vom Vorhandensein von kaltem (Brunnen-) Wasser oder von künstlich gekühltem Wasser hängt es ab, ob die betreffenden Apparate praktisch nur zum Befeuchten und dem davon direkt abhängigen, mit der Witterung schwankenden Grade der Abkühlung brauchbar sind oder auch zu weitergehender Kühlung und zur Entfeuchtung von Luft.

a) Wasserzerstäubung durch Druckwasserdüsen.

Die bisher wohl am meisten verbreitete Art von Luftwäschern ist diejenige mit Zerstäuberdüsen, die nur an eine Druckwasserleitung angeschlossen werden, also keines Hilfsmittels wie Druckluft bedürfen.

Bekanntlich wird Wasser, das man aus einer Druckleitung durch eine scharfe Öffnung austreten läßt, in kleine Tröpfchen zerstäubt. Die Zerstäubung ist um so feiner, je kleiner die Austrittsöffnung und je höher der Leitungsdruck ist. Entsprechend dem Verwendungszwecke begnügt man sich z. B. bei Feldberegnungsanlagen mit grober Zerstäubung, man verwendet also dabei ziemlich große Düsenöffnungen, um ausreichende Wassermengen zu verteilen. Andererseits werden zum Einspritzen des Treiböles in Dieselmotoren Düsen mit äußerst feiner Öffnung, von Bruchteilen eines Millimeters benutzt, denen das Öl unter hohem Drucke zugepumpt wird.

Das Reinhalten derartig feiner Düsen, durch die die Flüssigkeit in der Form eines äußerst feinen Nebels ausgespritzt wird, erfordert sehr große Aufmerksamkeit. Für Luftbefeuchtungsanlagen wäre die Verwendung so feiner Düsen in einer Beziehung ideal; denn damit könnte man die der Luft zuzuführende Wassermenge so vernebeln, daß sie ebenso restlos wie bei Druckluftzerstäubern verdunstet, und keine Wasserablaufleitungen nötig wären. Vorwiegend aus den folgenden Gründen verwendet man jedoch in Wirklichkeit lieber Düsen mit mittelfeinen Öffnungen, von etwa $1^1/_2$—3 mm Bohrung, bei Wasserdrücken von 3—12 at.

Erstens ist Verstopfung der Düsen hierbei viel leichter zu vermeiden und, wenn sie doch eintritt, leichter zu beseitigen.

Zweitens sind Wasserleitungen von 3—12 at einfacher in Anlage und Unterhalt als Hochdruckleitungen.

Drittens schlägt, wenn die Düsen das Wasser so zerstäuben, daß nur ein Teil davon verdunstet, das überschüssige Ablaufwasser Staub aus der den Apparat durchströmenden Luft nieder, wirkt also luftreinigend.

Schließlich kann man, wenn genügend kaltes Wasser zur Verfügung steht, den Wasserüberschuß so groß, den Düsenregen also so stark machen, daß die Luft kräftig abgekühlt wird. Natürlich muß das Überschußwasser so aufgefangen und abgeführt werden, daß keine mit dem Luftstrome unverdunstet mitgerissenen gröberen Wassertropfen im Betriebsraume niedersinken.

Durchschnittlich werden je nach der Temperatur und Anfangsfeuchtigkeit der angesaugten Luft und nach der Temperatur des Düsenwassers, nur $1^1/_2$—5% des von den Düsen zerstäubten Wassers wirklich von der Luft aufgenommen, der Rest läuft wieder ab und wird, nachdem er gut filtriert ist, entweder von neuem in die Düsenleitung gepumpt oder anderweitig wieder verwendet. Den Düsen muß also meist zwischen 70 und 20mal soviel Druckwasser zugeführt werden, als zur eigentlichen Verdunstung nötig ist. Die Menge des wirklich verdunstenden Wassers ist gegenüber derjenigen des zerstäubten um so größer, je inniger die Luft mit dem Wasser in Berührung kommt, je trockener sie vorher und je höher ihre Temperatur, ferner je feiner die Zerstäubung und je wärmer das Wasser ist. Mit Düsenkammern, die im Verhältnis zur durchströmenden Luftmenge reichlich groß sind, kann man mit kleinerem Wasserdruck, also weniger feiner Zerstäubung auskommen als bei kleineren Kammern.

Zerstäuberdüsen werden in vielerlei Formen ausgeführt (vgl. Abb. 91 und 92).

Um Zerstäuberdüsen vor Verstopfung zu schützen, ist es ratsam, zwischen Zufuhrleitung und Düsenrohr gute Filter einzubauen, die öfters nachgesehen werden. Während dies bei gruppenweise in Kästen oder Kammern angeordneten Düsen, also bei Gruppen- oder Hauptanlagen, verhältnismäßig wenig Mühe verursacht, ist bei Einzelapparaten, die über einen größeren Raum verteilt sind, die regelmäßige Reinigung der Filter umständlicher.

b) Luftwäscher mit Füllkörpern.

Derartige Luftwäscher werden neuerdings vielfach angewendet, da sie bei kleinem Rauminhalt eine große Berührungsfläche zwischen Luft und Wasser ergeben. Bei der gebräuchlichen Ausführung ordnet man auf einer passenden Unterlage, z. B. von grobmaschigem Metallgeflecht aus nichtrostendem Material (Kupfer-, Bronzedraht, Streckmetall

u. dgl.) locker geschichtete, feuchtigkeitsbeständige Füllkörper an und läßt diese durch Duschen, Tropfrohre oder Düsen beregnen, während die Luft durch die Füllkörperschicht hindurchgesaugt oder -geblasen wird. Auch Bündel von rostbeständigen Blechstreifen, Rohren usw. werden zuweilen ähnlich verwendet.

Eine bekannte Art leicht zu schichtender Füllkörper sind die „Raschigringe" aus verzinktem Eisenblech oder aus Porzellan, in der Form von Ringen von 15, 25, 35 oder 50 mm Außendurchmesser und gleicher Höhe. Eine Schicht derartiger Füllkörper von regelmäßiger Form bietet der durchströmenden Luft eine sehr gleichmäßig verteilte, wasserbenetzte Oberfläche. Da der Luftwiderstand, also der Kraftbedarf des Ventilators im Verhältnis der Schichtdicke steigt, verwendet man gewöhnlich niedrige Schichten von etwa 150—300 mm bei entsprechend reichlicher Luftdurchtrittsfläche. Um in kleinem Raume große Luftdurchtrittsflächen unterbringen zu können, werden die Füllkörperschichten gern schräg oder stufenförmig angeordnet, vgl. Abb. 39, 66 u. 70.

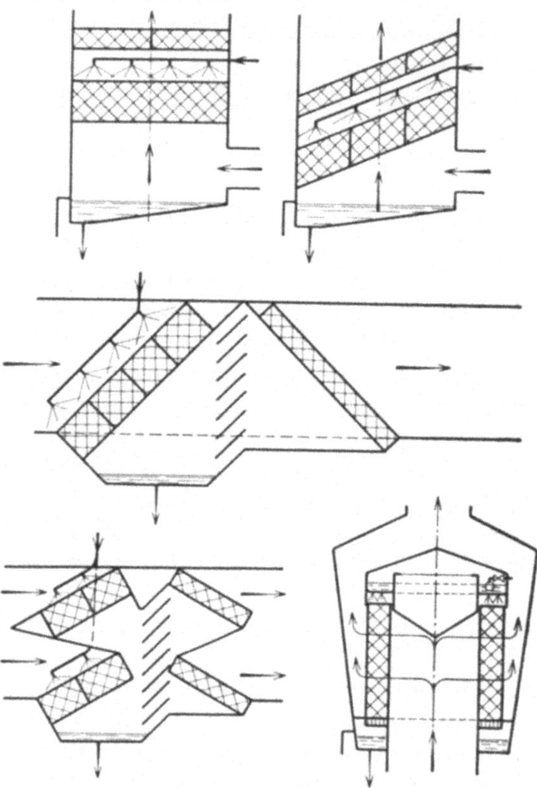

Abb. 39. Anordnungen wasserberieselter Füllkörper als Luftwäscher.

Luftwäscher mit wasserbenetzten Schichten haben den Vorteil großer Einfachheit; die Beregnung kann durch Duschen oder Düsen mit niedrigem Druck erfolgen. Dagegen ist der Luftwiderstand, demnach der Kraftbedarf des Ventilators, größer als bei ausschließlicher Befeuchtung durch Zerstäuberdüsen. Der Gesamtkraftverbrauch für Ventilator und Pumpe fällt bei geeigneten Abmessungen bei beiden Bauarten annähernd gleich groß aus.

Für die Raschigringe sind von der Lieferfirma Kurvenblätter herausgegeben worden; Abb. 40 zeigt z. B. für Ringe von 25 mm den Luftwiderstand in mm WS. beim Durchströmen einer 1 m dicken Schicht bei verschiedenen Luftgeschwindigkeiten. Bei kleinerer Schichtdicke ist der Widerstand proportional kleiner, z. B. bei 10 cm $^1/_{10}$ so groß wie bei 1 m Schichtdicke. Die Linienzüge *b* — *c* — *d* geben den Verlauf des Luftwiderstandes bei verschieden starker Beregnung wieder; je stärker diese ist, um so größer ist der Luftwiderstand, um so kräftiger aber auch der Wärmeaustausch.

Für eine 20 cm dicke Lage Raschigringe von 25 mm Durchmesser und 25 mm Höhe beträgt z. B. bei einer Berieselung mit 3—6 m³ Wasser

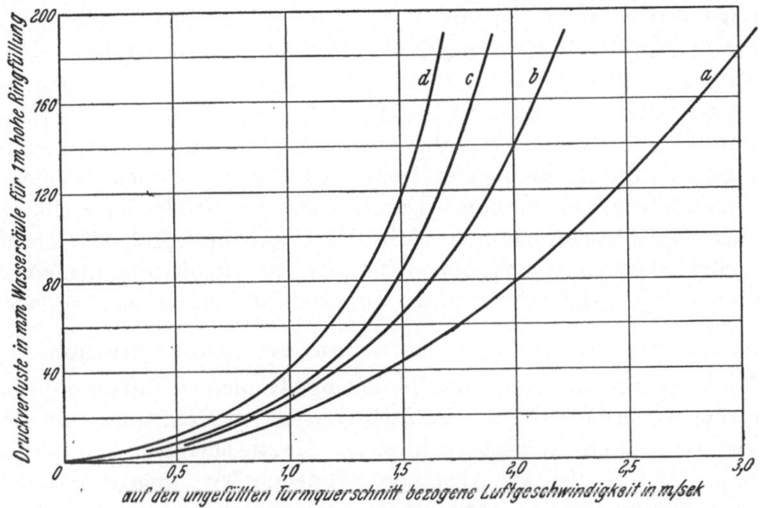

Abb. 40. Luftwiderstand von Raschigringen 25 × 25 mm (Dr. L. Raschig, Ludwigshafen).

auf 1 m² Grundfläche der Luftwiderstand etwa 6 mm bei einer Luftgeschwindigkeit von 1,0 m/sec, 13—17 mm bei einer Luftgeschwindigkeit von 1,5 m/sec. Wählt man für eine Luftbehandlungsanlage von 11000 m³/St. = 3 m³/sec eine Schicht 25 mm Raschigringe von 30 cm Höhe und von 1,5 · 2 = 3 m² Grundfläche, und berieselt man diese Schicht mit etwa 9 m³ Wasser/St., so ist, entsprechend der Luftgeschwindigkeit von 1 m/sec, der Luftwiderstand etwa 9 mm WS. Der Kraftverbrauch (am Ventilator) ist für diesen Widerstand rund 0,7 PS.

Wählt man dagegen bei der gleichen Schichthöhe die Grundfläche zu 1 · 2 = 2 m², die Luftgeschwindigkeit also zu 1,5 m/sec, und die Berieselung wiederum zu insgesamt 9 m³/St., so wird der Luftwiderstand etwa 22 mm WS. und der Kraftverbrauch am Ventilator zur Überwindung dieses Widerstandes rund 1,6 PS.

Die Verteilung des Berieselungswassers über Füllkörperschichten kann mit niedrigem Wasserdruck durch Tropfrohre, Duschen oder Niederdruckzerstäuber erfolgen. Man muß nur darauf achten, daß die Verteileinrichtung nicht verstopft und zur Beobachtung leicht zugänglich ist. Der Kraftverbrauch für Berieselung, also Pumpenarbeit, und zur Überwindung des Luftwiderstandes ist sehr mäßig, wenn die Grundfläche der Berieselungsschicht so groß gewählt werden kann, daß die Luftgeschwindigkeit etwa 1 m/sec beträgt, bezogen auf den freien Querschnitt. Im vorstehenden Beispiele beträgt bei einer stündlichen Leistung von 11000 m^3 mit einer Berieselungsschicht von $1{,}5 \cdot 2$ m Grundfläche der Kraftverbrauch für den Luftwiderstand etwa 0,7 PS und derjenige für Pumpenarbeit etwa 0,6 PS, zusammen 1,3 PS bei günstigem Wirkungsgrade von Ventilator und Pumpe und bei einem Gesamtdrucke der Pumpe von 1 at. Steigert man die Höhe der Füllkörperschicht von 300 auf 600 mm, um die Berührung zwischen Luft und Wasser zu verstärken, so steigt der Kraftverbrauch für den Luftwiderstand auf etwa 1,4 PS, der Gesamtkraftverbrauch auf 2 PS.

Auch als Tropfenabscheider finden 100—200 mm dicke Schichten von Füllkörpern Verwendung. Durch Wahl der Größe der Füllkörper und der Schichtdicke hat man es in der Hand, praktisch alle Tropfen abzuscheiden oder nur die gröberen Tropfen zurückzuhalten, die feineren dagegen zwecks Nachverdampfung von der Luft mitnehmen zu lassen.

c) Luftwäscher mit umlaufenden Tauchscheiben.

Bei diesen Bauarten wird die Berührung strömender Luft mit großen, wasserbenetzten Oberflächen dadurch erreicht, daß auf quer zum Luftstrome drehenden Achsen zahlreiche Metallscheiben mit kleinem Abstande voneinander angeordnet sind (Abb. 41). Der untere Teil dieser Scheiben taucht in ein Wassergefäß; dadurch ist, bei dauernder Drehung der Scheiben, ihr oberer Teil stets vom Wasser benetzt. Die zwischen den Einzelscheiben durchblasende Luft berührt also eine große feuchte Oberfläche. Luftwäscher dieser Art, die in manchen Bauarten ziemlich rasch umlaufende Scheibenpakete aufweisen und das dabei abgeschleuderte Wasser durch Prallflächen zerstäuben, können, je nach den Abmessungen, sowohl zum Befeuchten als auch zum Kühlen und Entfeuchten, in beschränktem Maße auch zum Erwärmen der Luft verwendet werden; bekannt ist die Verwendung dieser Bauart zum Tiefkühlen von Luft bei Kälteanlagen[1], wobei große, langsam drehende Scheiben, in ein Solegefäß tauchend, gebräuchlich sind. Ein Vorteil

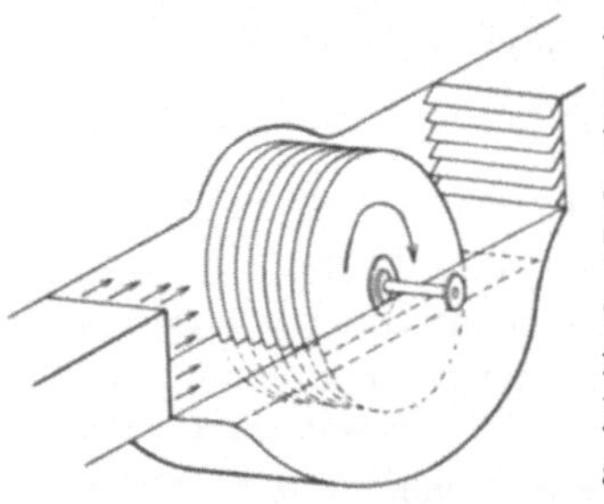

Abb. 41. Schema eines Luftwäschers mit Tauchscheiben.

[1] Gesellschaft für Lindes Kühlanlagen.

der Scheibenluftwäscher ist das Fehlen von Düsen und ein, bei geeigneten Abmessungen, geringer Luftwiderstand, auch nimmt bei niedriger Drehzahl die Luft wenig Tropfen mit, so daß deren Abscheidung einfach ist. Dagegen scheinen Scheibenluftwäscher — sofern nicht der Scheibenabstand sehr klein und die Drehzahl ziemlich hoch ist — eine weniger gründliche Reinigung der Luft als Düsenwäscher und solche mit Füllkörperschichten zu ergeben, weil keine so ausgesprochene Prallwirkung zwischen Luft und Flüssigkeit auftritt. Werden die Scheiben schräg zur Achse angeordnet oder mit Vorsprüngen versehen, so erhält man einen Übergang zur folgenden Gruppe d.

Je nachdem man dem Wasser im Tauchgefäß nur soviel Frischwasser zusetzt, wie verdunstet, oder das Wasser im Tauchgefäß erwärmt oder kühlt bzw. warmes oder kaltes Wasser hindurchlaufen läßt, erhält man reine Befeuchtung oder gleichzeitige Erwärmung bzw. Kühlung und gegebenenfalls Entfeuchtung der Luft. Nur beim Betriebe mit Wasserdurchlauf ist eine Abfuhrleitung nötig; sonst genügt eine Überlauf- bzw. Ablaßvorrichtung.

d) Luftwäscher mit Fliehkraft- und Wirbelzerstäubern.

Bei Luftwäschern, die ausschließlich oder überwiegend zum Befeuchten der Luft, also nicht zu weitergehender Kühlung oder Entfeuchtung dienen sollen, wird neuerdings vielfach und mit gutem Erfolge die Zerstäubung von Wasser durch schnell umlaufende Scheiben oder Trommeln angewendet.

Bei den Fliehkraftzerstäubern fließt das Wasser aus einem Schwimmergefäße — oft mit eingebauter Heizschlange — in einem durch einen Hahn regelbaren dünnen Strahle nach der Innenseite des perforierten oder siebförmig ausgebildeten Umlaufkörpers; durch die Fliehkraft wird es nach außen geschleudert und durch Anprallen an Rippen, Stoßbleche usw. fein zerstäubt. Manche Bauarten bewirken die Zerstäubung allein durch das Durchpressen des Wassers durch feine Öffnungen im Umfange des Schleuderkörpers, d. h. sie vereinigen damit Pumpe und Streudüse; doch können sich zu feine Öffnungen leichter zusetzen. Der Umlaufzerstäuber sitzt meist vor dem Flügelrade des Ventilators oder innerhalb desselben auf gemeinschaftlicher Welle. Diese wird durch einen außen am Luftwäscher angebauten Elektromotor oder durch eine Riemenscheibe angetrieben.

Der nicht verdunstende Teil des zerstäubten Wassers wird durch Tropfenfänger abgeschieden; bei manchen Bauarten läßt man dieses Überschußwasser weglaufen, bei anderen wird es durch eine kleine, von der verlängerten Ventilatorwelle angetriebene Pumpe von neuem dem Zerstäuber zugepumpt.

Eine andere Abart der Schleuderzerstäuber bilden diejenigen Apparate, bei denen an der Oberfläche eines Wasserbeckens durch schnell umlaufende Scheiben oder Trommeln mit Schlagstiften und anderen vorspringenden Teilen ein Sprühregen aufgewirbelt wird.

Diese Bauart wirkt ähnlich derjenigen mit Tauschscheiben, da bei beiden das Wasser aus einem Becken in den Luftstrom hochgehoben wird. Das Hochwirbeln des Wassers durch schnell drehende Umlaufkörper läßt sich mit weniger Materialaufwand erreichen, die Tropfenabscheidung stellt aber höhere Anforderungen als beim Luftwäscher mit langsam laufenden Tauchscheiben.

Während Luftwäscher mit Fliehkraftzerstäubern bisher nur für kleinen Wasserdurchsatz, also nur zur Luftbefeuchtung, gebaut werden, eignen sich Luftwäscher mit Aufwirbelung des Wassers aus einem Becken grundsätzlich in gleicher Weise wie Wäscher mit Tauchscheiben auch zu weitergehender Kühlung und Entfeuchtung, ebenfalls zu mäßiger Erwärmung der Luft.

Durch die meisten Apparate mit Schleuderzerstäubung geht die Luft waagerecht hindurch und wird in der gleichen Richtung ausgeblasen. Die Tropfenabscheidung muß in diesem Falle besonders sorgfältig durchgebildet sein, wenn der Apparat ohne Verteilleitung direkt in den Raum ausbläst.

4. Entnebelung.

Wenn die Schwadenbildung nur an einzelnen Stellen des Raumes erfolgt, z. B. an offenen Bottichen, sucht man durch Anbringen von nicht zu flachen Kappen in der Höhe, welche die Bedienung zuläßt, und durch Absaugen dieser Kappen mittels Rohrleitung oder Schraubenlüfter die Verbreitung der Schwaden zu verhindern und damit die Menge der zur Entnebelung nötigen Zusatzluft zu verringern.

Bei empfindlichen Waren muß man darauf achten, daß die abgesaugte feuchte Luft nicht an kalten Flächen — besonders im Winter — Schwitzwasser bildet und Tropfen auf die Ware fallen. Die Absaugkappen, Dachinnenflächen usw. sind in solchen Fällen gut isolierend und aus Feuchtigkeit aufsaugendem Baustoffe herzustellen.

Je nach den örtlichen Verhältnissen wird bei Entnebelungsanlagen die Zusatzluft durch Einzellufterhitzer oder durch Rohrleitungen mit Abzweigstücken an die Stellen der Schwadenbildung herangeführt. Ebenso erfolgt die Absaugung durch Rohrleitung oder Einzellüfter; unter Umständen auch durch natürlichen Zug, wobei es aber schwierig ist, den Einfluß des Windes genügend auszuschalten.

Im Winter ergibt das Erwärmen der Zusatzluft besondere Heizungskosten. Nach Möglichkeit verwendet man daher als Zusatzluft die bereits erwärmte, also nur noch nachzuwärmende Abluft von benachbarten Räumen niedrigen Feuchtigkeitsgrades, denen der Luftwechsel zugleich zugute kommt.

Die für die Entnebelung stündlich aufzuwendenden Mengen an Zusatzluft liegen vielfach zwischen dem 10- und 20-fachen Inhalt des zu entnebelnden Raumes; bei mehr örtlicher Schwadenbildung und günstig angelegten Absaugkappen genügen kleinere Luftmengen.

Ob man die zugeführte Luftmenge ebenso groß, größer oder kleiner als die abgesaugte ausführt, hängt davon ab, welche Wirkung im Einzelfalle durch Über- bzw. Unterdruck im Raume entsteht[1].

IV. Ausführungsbeispiele.

1. Luftbefeuchtung durch direkten Dampf.

Abb. 35a zeigt die Einführung von direktem Dampf in einen Luftwäscher.

Legt man auf die luftreinigende Wirkung des Luftwäschers Wert, so wird man ihn im Winter lieber mit erwärmtem Wasser betreiben; auch kann man Düsen der nachstehend beschriebenen Art Dampf und kaltes Wasser zuführen.

Abb. 42 zeigt eine Ausführung von Wiessner, Görlitz, bei welcher das Dampfrohr für die Winterbefeuchtung neben dem Druckwasserrohr für die Sommerbefeuchtung in den Apparat eingeführt ist. Die Düsen sind dabei an beide Leitungen angeschlossen. Im Sommer tritt das Wasser durch die innere Bohrung aus und prallt gegen den Zerstäuberkegel. Im Winter strömt der Dampf durch einen Ringraum zwischen dem Wasserröhrchen und dem Gehäuse der Düse aus.

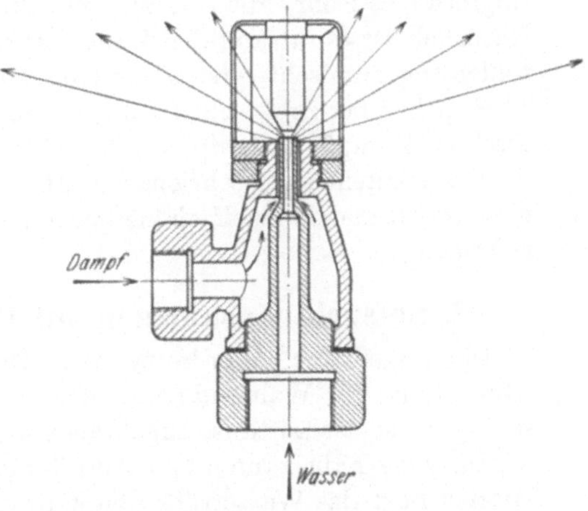

Abb. 42. Düse für Wasser- und Dampfanschluß (C. Wiessner, Görlitz).

Wenn sich die Leistung einer vorhandenen Luftbefeuchtungsanlage auch bei Vorwärmung des Wassers unzureichend erweist, kann man sie durch zusätzliches Einführen von direktem Dampf soweit steigern, bis beginnende Nebelbildung an den Luftaustrittsstellen zeigt, daß die Sättigungsgrenze erreicht ist, siehe Abb. 43.

Ferner kann man bei vorhandenen Luftheizanlagen, wenn nur

[1] Vgl. Qu.-V. 13.

während der Heizperiode Luftbefeuchtung eingeführt werden soll, diese in einfacher Weise durch Dampfzusatz an der wärmsten Stelle des Luftstromes erreichen. Die geringe Menge Tropfwasser, die sich an der Austrittsstelle des Dampfrohres bilden kann, ist leicht durch eine Tropfschale mit Abflußröhrchen aufzufangen. Zweckmäßig führt man das Dampfrohr von unten her, also steigend in den Luftkanal ein. Bei Luftrohren von größeren Abmessungen empfiehlt es sich ferner, zwecks gleichmäßiger Beimischung des Wasserdampfes zur Luft, diesen durch ein Verteilstück, z. B. durch ein ringförmiges Rohr, mit rundum verteilten Löchern, austreten zu lassen. Natürlich ist es ratsam, den Dampf, wenn man ihn der Luft in der Verteilleitung zumischt, erst gut zu entwässern.

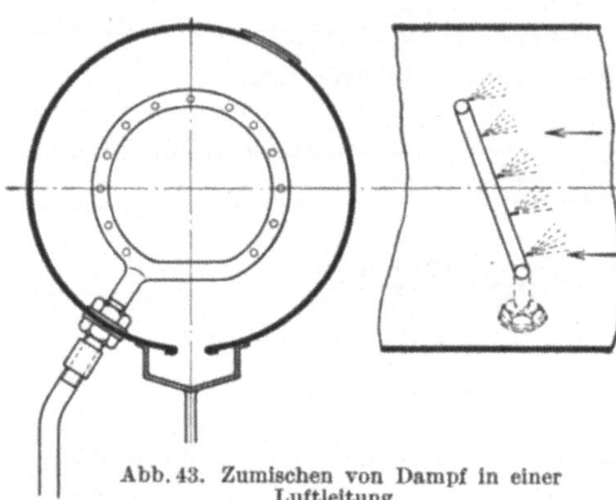

Abb. 43. Zumischen von Dampf in einer Luftleitung.

Man hat bei zahlreichen Anlagen mit der Winterbefeuchtung durch direkten Dampf (Abdampf von Turbinen und reduzierten Kesseldampf) in den vorstehend beschriebenen Anordnungen durchaus gute Ergebnisse erzielt und das vielfach hiergegen bestehende Vorurteil unberechtigt gefunden.

2. Befeuchtungsanlagen mit Druckluftzerstäubern.

Die allgemeine Anordnung von Druckluftzerstäubern zeigen die Abb. 44 und 45. Während früher das Wassersaugröhrchen fast allgemein schräg unter der Luftdüse angebracht war (siehe Abb. 46), führen gegenwärtig viele Fabrikanten eine Anordnung ähnlich der Abb. 47 a—b aus. Hierbei liegt das Wasserröhrchen konzentrisch innerhalb der Luftdüse, das Wasser wird also in der Mitte des Luftstrahles angesaugt. Für die Schrägdüse in der Ausführung nach Abb. 46 wird als Vorteil angeführt, daß sie weniger Gelegenheit zur Verstopfung durch unreine Druckluft gibt, als bei konzentrischen Düsen der enge Ringraum zwischen Luft- und Wasserdüse. Jede Zerstäuberdüse wird an die unter ihr liegende Saugwasserleitung und an die über ihr liegende Druckluftleitung — gewöhnlich mittels Absperrhähnen mit Kettenzug — angeschlossen. Durch Verwendung von sogenannten „Düsenköpfen“ mit 2, 3 oder 4 Düsen, siehe Abb. 48, erreicht man das Vielfache der Leistung von Einzeldüsen, doch ist die Reinigung solcher Düsenköpfe bei manchen Bauarten weniger einfach als die von Einzeldüsen. Immerhin werden sie ziemlich viel verwendet, um weniger Anschlüsse an die Luft- und Wasserleitung und weniger Bedienungsstellen zu erhalten. Bei konzentrischen Düsen erleichtert eine Anordnung nach Abb. 47 die Reinigung (vgl. Abb. 90 a—b).

Das meist durch Elektromotor angetriebene Gebläse saugt Frischluft durch ein Filter an und drückt sie durch einen Windkessel in die Verteilleitung. Bei Verwendung von Kolbenkompressoren wird ein Ölabscheider bester Bauart zwischen den Windkessel und die Verteilleitung eingebaut. Kolbenkompressoren haben in der Regel einen kleineren Kraftbedarf als umlaufende Gebläse.

Die Wasserleitung, aus welcher die Zerstäuber das Wasser hochsaugen, wird durch einen Regelbehälter mit einstellbarem Wasserspiegel

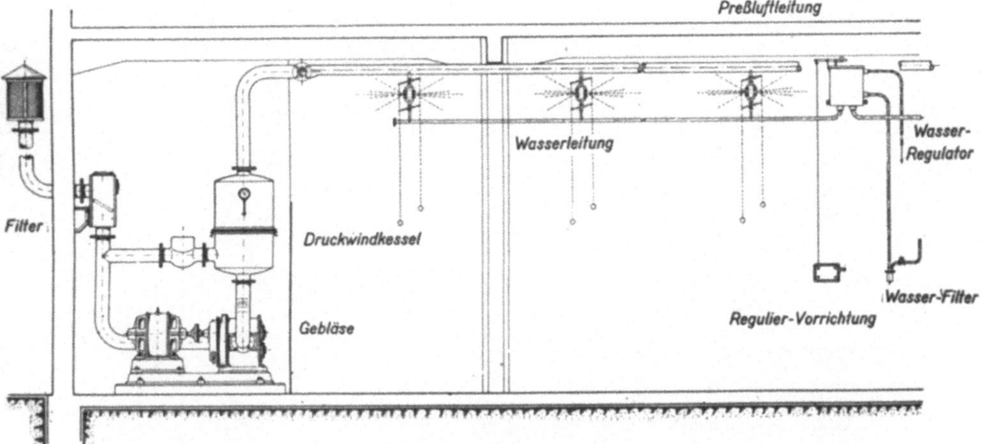

Abb. 44. Druckluftzerstäuber mit offenem Regelgefäß (Danneberg & Quandt AG. Berlin).

gefüllt. Wenn die an ein Regelgefäß angeschlossene Wasserleitung zu lang und zu dünn ist, saugen die näher gelegenen Düsen mehr, die weiter entfernten weniger Wasser an. Bei großen Anlagen werden daher die Düsenwasserleitungen auf mehrere Regelgefäße verteilt.

Die Regelung der Feuchtigkeit geschieht auf zweierlei Art: Man schaltet nach Bedarf mehr oder weniger Düsen ein, oder man hält normal alle Düsen in Betrieb und regelt ihre Zerstäuberleistung durch Veränderung der Saughöhe (seltener der Druckhöhe).

Im ersten Falle bleibt der Wasserstand in den Regelgefäßen stets gleich hoch, die Gefäße sind fest eingebaut und ein Schwimmerhahn an jedem Regelgefäße sorgt dafür, daß ebensoviel Wasser zuläuft, wie der Saugleitung durch die Zerstäuber entnommen wird.

Im zweiten Falle wird im Schwimmergefäße die Höhe des Wasserstandes gegenüber der Düsenmitte je nach der gewünschten Leistung verändert, und zwar wird der Wasserstand bei zu geringer Luftfeuchtigkeit höher, bei zu hoher Feuchtigkeit niedriger eingestellt.

Die Einstellung des Wasserstandes geschieht vielfach dadurch, daß das Regelgefäß mittels eines Drahtseiles mit Rolle, Gegengewicht und Handwinde in der Höhe verstellbar gemacht wird. An die Speisewasserleitung und an die Düsenleitung wird das Regelgefäß durch Gummischläuche angeschlossen; das Überlaufrohr gleitet in einem feststehenden Ablaufrohre.

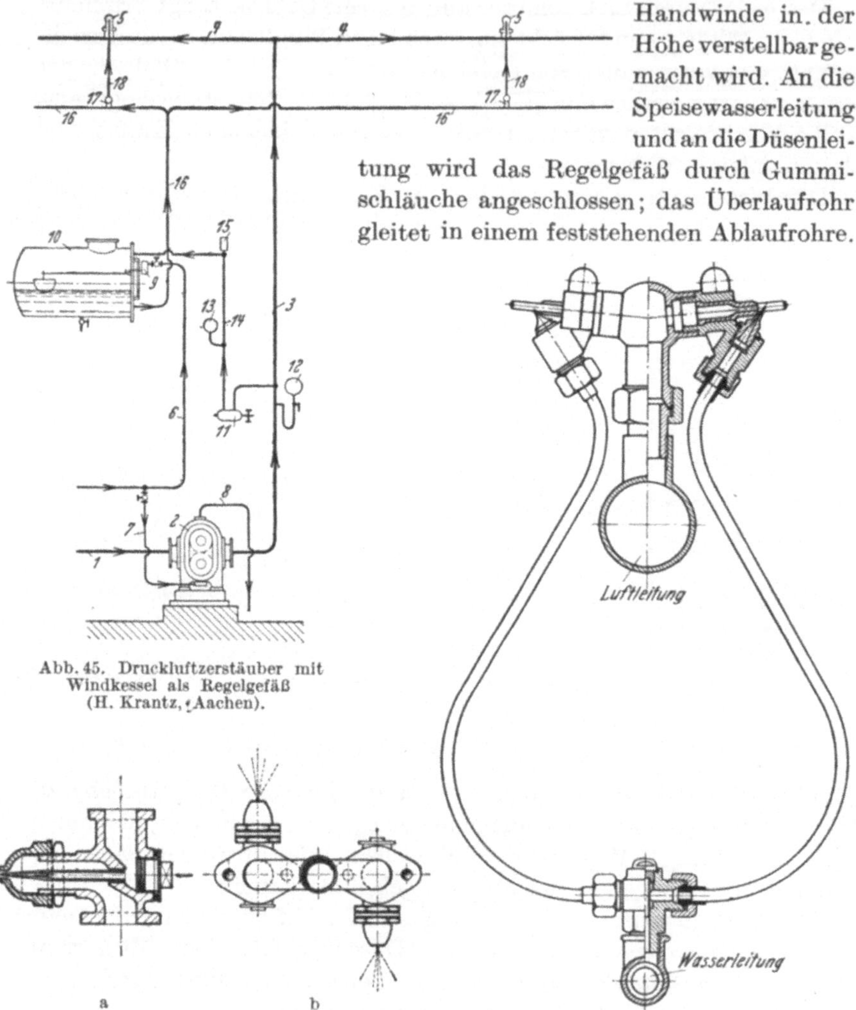

Abb. 45. Druckluftzerstäuber mit Windkessel als Regelgefäß (H. Krantz, Aachen).

Abb. 47. Konzentrischer Druckluftzerstäuber als Doppeldüse (Danneberg & Quandt AG. Berlin DRP.).

Abb. 46. Zweiseitiger Winkelzerstäuber (H. Krantz, Aachen, DRP.).

Abb. 49 stellt eine solche Anordnung dar; in der zu den Düsen führenden Wasserzuflußleitung ist ein Membranventil für selbsttätige Regelung eingebaut.

Eine andere Lösung zeigt Abb. 50. Hierbei steht das Regelgefäß fest, der Schwimmer ist an seinem unteren Ende mit dem Hebel des Zulaufhahnes, am oberen Ende mit einem zweiten Hebel verbunden, den man mittels eines Bedienungsseiles anziehen kann. Dadurch wird die Gewichtsbelastung des zweiten Hebels solange aufgehoben, bis

Abb. 48. Düsenkopf mit 4 Druckluftzerstäubern (Gebr. Körting AG. Hannover).

durch stärkeres Steigen des Wasserspiegels die Eintauchtiefe des Schwimmers wieder den ursprünglichen Wert erreicht hat und bei weiterem Steigen der Hahn geschlossen wird.

Manche Fabriken, wie H. Krantz, Aachen, führen die Schwimmergefäße geschlossen, in der Art von kleinen Windkesseln aus, siehe Abb. 45. Der Luftraum *10* ist unter Zwischenschaltung eines einstellbaren Druckminderventiles *11* und einer Rückschlagklappe an die Druckluftleitung angeschlossen. Das Regelgefäß steht tiefer als der niedrigste Betriebswasserstand in den Düsenleitungen. Ist die Luftleitung druckfrei, so läuft das Wasser aus den Düsenleitungen zum Reglergefäße zurück. Im einstellbaren Betriebsstande drückt der Luftdruck das Wasser in den Düsenleitungen *16—18* auf die gewünschte Höhe, gewöhnlich 100

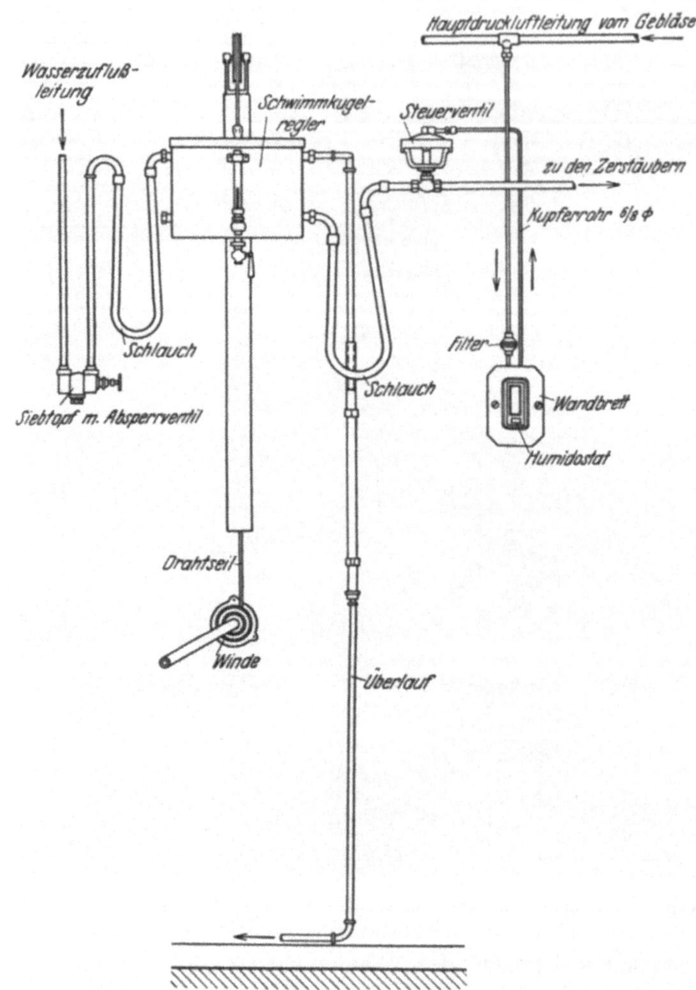

Abb. 49. Offenes Schwimmergefäß mit Höhenverstellung (Gebr. Körting A G. Hannover).

bis 250 mm unter Düsenmitte, je nach der gewünschten Leistung und der Feinheit der Zerstäubung. Zur selbsttätigen Anpassung an Schwankungen der Raumfeuchtigkeit kann das Luftdruckreduzierventil *11* ersetzt oder ergänzt werden durch ein mittels Hygro- oder Psychrostaten gesteuertes Druckregelventil.

Abb. 51 zeigt die viel angewendete Anordnung der Zerstäuber vor den Ausblaseöffnungen von Lufterhitzern, Abb. 52 vor denen einer Luftverteilleitung. Die beiden letzten Anordnungen bezwecken, durch Benutzung des künstlichen Luftstromes die Luftbefeuchtung möglichst gleichmäßig zu machen und die Zerstäuberleistung je Düse steigern zu können, ohne daß Tropfenniederschlag eintritt. Die Anordnung nach Abb. 51 beschränkt ferner die Kontrolle der Düsen auf wenige Bedienungsstellen.

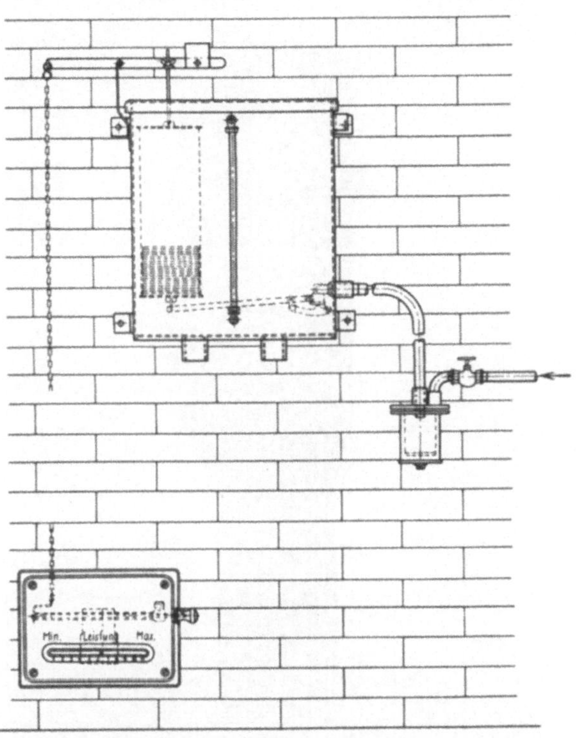

Abb. 50. Offenes Schwimmergefäß mit einstellbarem Wasserspiegel (Danneberg & Quandt, Berlin, DRP.).

Reines Düsenwasser und reine Zerstäuberluft sind bei Druckluftzerstäubern von größter Wichtigkeit. Das Gebläse stellt man daher so auf, daß möglichst staubfreie Luft, am besten durch ein genügend großes Saugfilter angesaugt wird.

Die Leistung der an ein Schwimmergefäß angeschlossenen Zerstäuber kann man leicht auf folgende Art messen:

Man schließt den Hauptwasserhahn vor dem Schwimmergefäße und füllt mittels eines Litergefäßes gleichmäßig so viel Wasser in das Schwimmergefäß nach, daß der Wasserstand in demselben ebenso hoch bleibt, wie vorher unter der Wirkung des Schwimmerhahnes. Die Menge nachgefüllten Wassers ist gleich der Menge zerstäubten Wassers.

3. Luftwäscher.

Einzelapparate über den Betriebsraum verteilt.

a) Düseneinzelbefeuchter.

Eine Luftbefeuchtungsanlage mit einzelnen Druckwasserzerstäubern, die über den Betriebsraum verteilt aufgehängt sind, zeigt Abb. 53 a und einen Durchschnitt durch den Apparat Abb. 53 b, während Abb. 54 die zugehörige Pumpenanlage mit den sorgfältig ausgebildeten Rückwasserfiltern deutlich erkennen läßt. Derartige Anlagen sind hauptsächlich in England in großer Zahl ausgeführt worden.

Jeder Apparat besteht im Wesentlichen aus einer Hochdruckzerstäuberdüse mit einstellbarem Kegel, einem runden Blechgehäuse und einer darunter angebrachten, großen Auffangschale für die gröberen Wassertröpfchen. Der zerstäubte Wasserstrahl übt eine gewisse Saugwirkung aus, wodurch selbsttätig oben in das Gehäuse Luft eingesaugt und unten zwischen Gehäuse und Fangschale hinausgedrückt wird. Dieser Luftstrom von mäßiger Geschwindigkeit nimmt beim Austritt aus dem Apparate nur die feinsten Wassertröpfchen mit, die zum kleineren Teile innerhalb, größtenteils aber außerhalb des Apparates, also durch Nachverdampfung verdunsten. Die Nutzleistung wird zu rund 10 Liter/St. je Apparat angegeben.

Abb. 51. Druckluftzerstäuber im Luftstrome eines Lufterhitzers (Danneberg & Quandt AG. Berlin).

Jeder Einzelapparat ist an die Druckwasserleitung von etwa 10 at Betriebsdruck und an die Rückwasserleitung angeschlossen, aus der das Wasser über ein Koks- und ein Siebfilter wieder der Pumpe zufließt. Öfters werden die Gehäuse auch oben mit einem Sauganschluß durch das Dach oder durch eine Außenwand geführt und mit einer Wechselklappe versehen, so daß die Apparate im Sommer wahlweise Saalluft oder Außenluft ansaugen können. Bei mäßigem Staubgehalte der Luft wird dieselbe in dem Apparate gereinigt und der niedergeschlagene Staub mit dem Ablaufwasser mitgeführt, um in den Filtern und Sieben abgeschieden zu werden. Für sehr staubige Betriebe sind jedoch derartige Apparate weniger geeignet als Druckluftzerstäuber.

Ein besonderes Merkmal der Vortex-Apparate ist die selbsttätige Reinigung der Düsen, die hier, abweichend von anderen Bauarten, auf die folgende Art erfolgt:

Im Ruhezustande drückt die Feder C (Abb. 53 b) den Kolben F nach oben gegen den Sitz. Bei einem Leitungsdrucke von etwa 6 at wird der

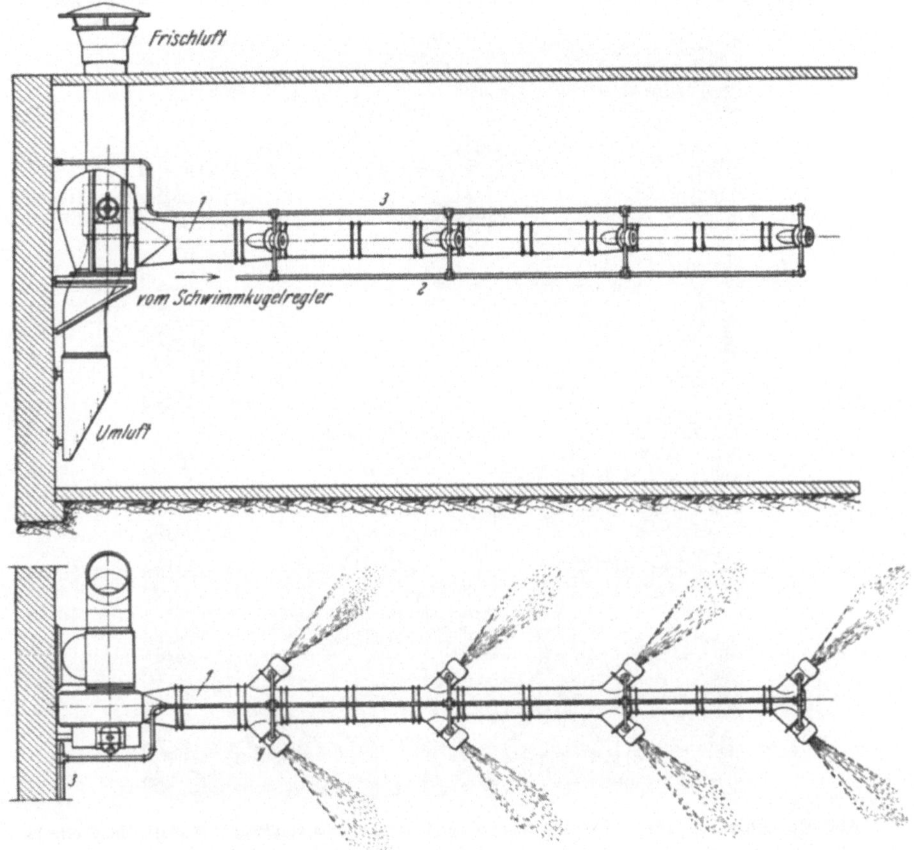

Abb. 52.
Druckluftzerstäuber vor den Ausblasestutzen einer Luftleitung (Gebr. Körting AG. Hannover).

Kolben gegen die Federkraft nach unten gedrückt, bis der Kegel D bei E aufsitzt. Das Wasser strömt durch die Öffnungen I—H des Kolbens nach dem kleinen Siebfilter K, durchströmt dieses von außen nach innen und tritt dann in die Zerstäuberdüse. Gleichzeitig wird der Windkessel O soweit mit Wasser gefüllt, bis der Gegendruck der komprimierten Luft gleich dem Leitungsdrucke ist. Sobald bei Außerbetriebsetzung der Pumpe der Leitungsdruck sinkt, dehnt sich die Luft im Windkessel O aus und bewirkt dabei ein Rückspülen des Filters von außen nach innen. Das Spülwasser läuft durch das Röhrchen P nach dem Fangteller.

Ähnliche Apparate sind von Merz in Basel, Hurling und Biedermann, Zittau, u. a. gebaut worden.

Schleuder-Einzelzerstäuber. Eine andere Bauart von im Betriebsraume zerstreut aufzuhängenden Einzelzerstäubern zeigt

Abb. 53a. Einzelbefeuchter mit Druckwasserdüse (Vortexapparat von Mather & Platt, Manchester).

Abb. 55 a—b. Derartige in Deutschland in ähnlicher Bauart von Prött, Rheydt, ausgeführte Apparate haben Schleuderzerstäuber. Jeder Apparat enthält einen Elektromotor mit senkrechter Welle, auf welcher ein Ventilator und unten ein scheibenförmiger Zerstäuberkörper über einer großen Auffangschale angebracht sind. Der Scheibenkörper läuft schnell in der Wasserschale um, die durch eine von unten angeschlossene Rohrleitung mit einem Schwimmergefäße in Verbindung steht. Das vom Scheibenkörper umgewirbelte Wasser wird durch Schlagstifte zerstäubt. Die gröberen Tropfen fallen wieder zurück; von den feineren Tropfen wird ein Teil durch den Luftstrom mitgenommen und durch Nachverdampfung verdunstet.

Eine derartige Anlage besteht demnach aus:
der Wasserzulaufleitung mit Schwimmergefäß,
den Apparaten mit eingebauten Elektromotoren,
dem elektrischen Leitungsnetz mit Schaltern.

Eine Rückwasserleitung ist nicht vorhanden.

Abb. 53 b. Einzelbefeuchter mit Druckwasserdüse (Vortexapparat von Mather & Platt, Manchester).

Gegenüber dem Fortfall von Düsen und Wasserrückleitungen sowie einer Hochdruckpumpe kommt demnach ein elektrisches Leitungsnetz und eine Anzahl Elektromotoren hinzu, die allerdings nicht mehr Pflege erfordern als gewöhnliche Wandventilatoren. Der Schmutz, der sich im Laufe der Zeit in der Schale sammelt, kann nach Hochheben des Motorkörpers entfernt werden.

Eine andere Bauart von kleinen Umlaufzerstäubern mit Elektromotor zeigt Abb. 56. Das Zulaufwasser fließt in eine Hohlscheibe, die auf der Innenseite des Schraubenlüfters auf dessen Welle angeordnet ist und am Umfange einen Sprühring trägt. Die gröberen Tropfen werden durch die Fliehkraft soweit nach außen geschleudert, daß sie an der Innenseite des Gehäuses ablaufen; die nebelförmigen feineren Tropfen werden vom Luftstrome mitgenommen. Diese Art Apparate hat demnach Wasserzu- und -abfuhrleitung, doch ist der Aufbau sehr einfach; grundsätzlich könnte das am Gehäuse aufgefangene Tropfwasser durch eine auf der Lüfterwelle anzubringende kleine Umlaufpumpe wieder der Hohlscheibe zugeführt werden, wobei die Ablaufleitung

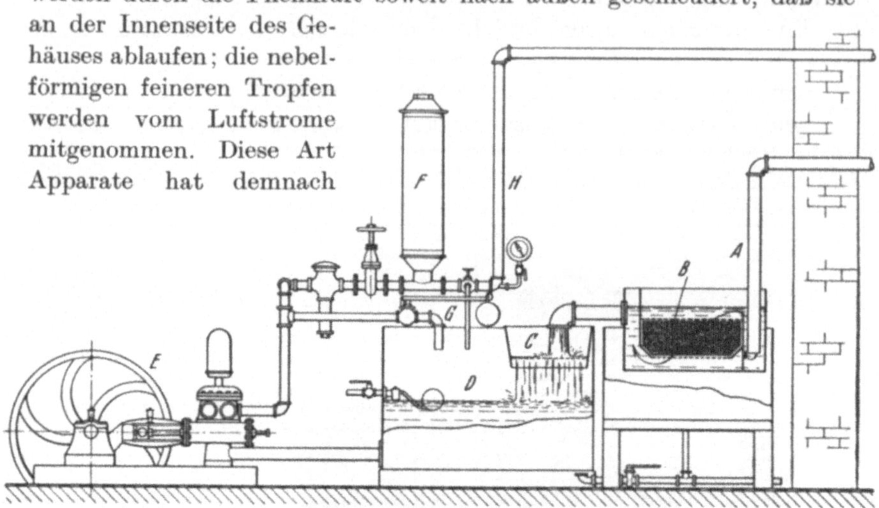

Abb. 54. Filter- und Pumpenanlage (Mather & Platt, Manchester).

Abb. 55a. Elektrische Einzelzerstäuber (Standard Engg. Works Pawtucket, USA.).

verfallen, bei Umluftbetrieb in staubigen Räumen jedoch stärkere Verschmutzung des Apparates auftreten würde. Ähnliche Bauarten werden von mehreren Firmen ausgeführt, wobei die Tropfenabscheidung oft Gegenstand besonderer Gewährleistung bildet.

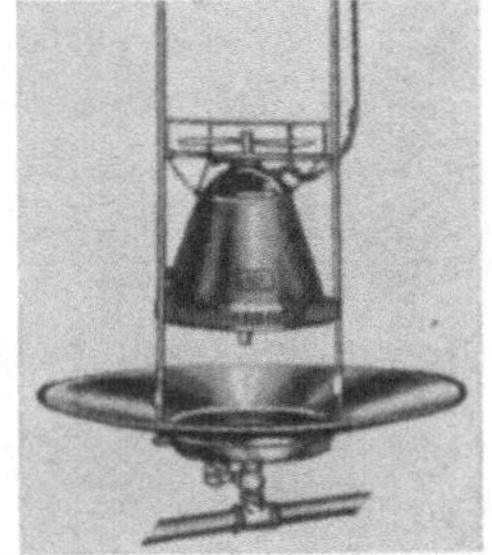

Abb. 55 b. Motorgehäuse zur Reinigung angehoben.

b) Druckwasserzerstäuber an den Ausblaseöffnungen von Luftverteilrohren.

Als die Luftheizung mit zusammengebauten Dampflufterhitzern, Ventilatoren und Luftverteilrohren in gewerblichen Betrieben Eingang fand, lag der Gedanke nahe, derartige Anlagen mit Luftbefeuchtungsanlagen zu vereinigen. Eine der ersten Lösungen war das Anbringen von Druckluftzerstäubern in der Nähe der Luftaustrittstutzen. Ziemlich weite Verbreitung fand ferner die Anordnung von Druckwasserzerstäubern mit Auffangschale direkt an den Austrittsöffnungen der Luftverteilrohre. Ein Beispiel zeigt Abb. 57. Ein gewisser

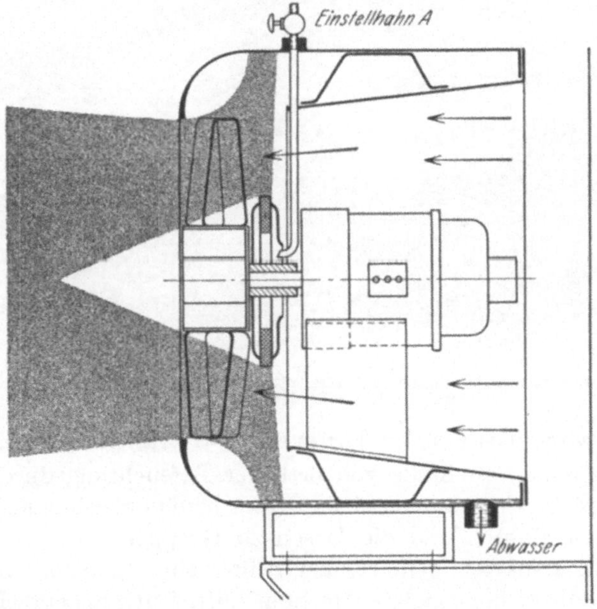

Abb. 56. Elektrischer Einzelzerstäuber (Maschinenfabrik O. Sichtig, Karlsruhe).

Vorteil dieser Bauart bestand gegenüber Einzelapparaten darin, daß Verschmutzung in staubigen Räumen weniger leicht auftrat, da am Lufterhitzer gewöhnlich durch ein Luftsieb gröbere Staubteile, Fasern usw. schon zurückgehalten wurden. Im übrigen bestehen derartige

Befeuchtungsanlagen ebenso wie diejenigen mit einzelnen, im Betriebsraume unabhängig aufgehängten Druckwasserzerstäubern, aus

Pumpe mit Filtern,
Druckwasserverteilleitung,
Zerstäuberapparaten mit Fangschalen,
Rückwasser-Sammelleitung.

Die großen Teller bieten, wenn sie nicht überdeckt sind, Gelegenheit zur Staubablagerung, so daß die Filter für das Rücklaufwasser sorgfältig ausgebildet sein müssen.

Abb. 57. Druckwasserzerstäuber an den Ausblasestutzen einer Luftverteilleitung (ältere Ausführung von Hurling & Biedermann, Zittau).

c) Druckwasserdüsen im Inneren von Hauptluftleitungen.

Das Bestreben, an Stelle von örtlicher Befeuchtung durch Einzelapparate den Betriebsräumen einen Strom bereits gleichmäßig befeuchteter Luft zuzuführen und die Düsen zu Gruppen zu vereinigen, hat zunächst zu Bauarten geführt, bei denen eine Gruppe von Druckwasserzerstäubern in einer waagerechten Luftleitung angebracht wurde. Die Luftbewegung erfolgt dabei entweder nur durch die Saugwirkung der Düsen oder durch Ventilatoren.

Die Bauart ohne Ventilator ist von Jacobine-Hollandia, Nymwegen, von Kestner & Neu, Lille, Schulze & Schultz, Dresden, u. a. vielfach ausgeführt worden. Abb. 58 zeigt eine solche Anlage. Sie besteht aus:

Luftsaugleitung mit eingebautem Düsenkranz oder einer Anzahl hintereinander geschalteter Düsen,

Abscheider für das überschüssige Wasser,

Luftausblaseleitung, wasserdicht mit Ausblasestutzen oder mit unterem Ausblaseschlitz und Tropfrinne,

Pumpenanlage mit Filter, Vorlaufleitung zu den Düsen und Rücklaufleitung,

Dampfanwärmer im Wassersammelbehälter.

Infolge des Verzichtes auf einen Ventilator hängt die Stärke der Luftströmung von der Saugwirkung der Düsen ab. Da diese Saugwirkung bei den üblichen Ausführungen nicht imstande ist, nennenswerte Widerstände zu überwinden, müssen für eine bestimmte Luftmenge Leitungen von sehr reichlichem Durchmesser angewendet

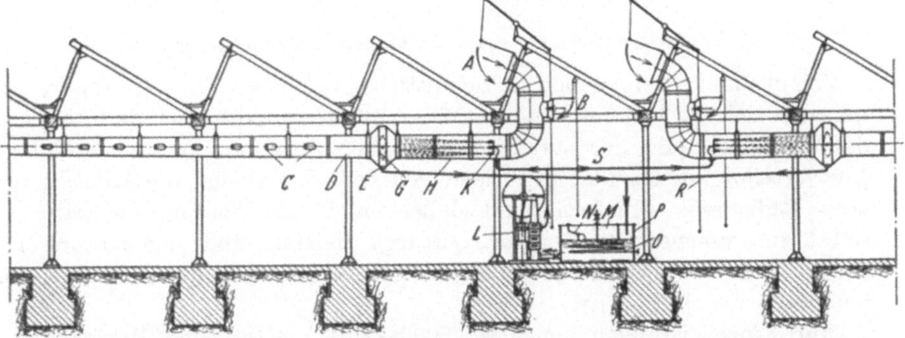

Abb. 58. Luftbefeuchtung durch Druckwasserdüsen ohne Ventilator (Jacobine-Hollandia, Nymwegen).

A Frischluftklappe, *B* Umluftklappe, *D—C* Luftverteilleitung, *E—G* Tropfenabscheider, *K* Druckwasserdüsen, *L* Hochdruckpumpe, *M* Wasserbehälter, *O* Heizschlange, *S* Düsenwasserleitung, *R* Rückwasserleitung.

werden. Auch kann starker Wind einen merkbaren Einfluß auf die Luftbewegung ausüben, wenn mit Frischluft gearbeitet wird. Das Erwärmen der Luft im Winter wird, zur Vermeidung von widerstandbildenden Lufterhitzern, durch Vorwärmen des Düsenwassers erreicht, und zwar bis zum Taupunkte der Raumluft, da die Luft gleichzeitig mit der Erwärmung annähernd mit Feuchtigkeit gesättigt wird. Die eigentliche Raumheizung wird bei derartigen Anlagen gewöhnlich getrennt von der Befeuchtungs- und Lüftungsanlage in der Form von Röhrenheizkörpern oder Radiatoren ausgeführt, da bei zu starker Vorwärmung des Düsenwassers die Luft leicht übersättigt wird.

Die Abmessungen und damit die Anschaffungskosten derartiger Anlagen ohne Ventilator fallen ziemlich hoch aus, doch findet man zahlreiche Ausführungen.

Durch Zufügen eines Ventilators wird erreicht, daß die Abmessungen der Luftrohre kleiner gewählt werden können, und damit die Anschaffungskosten niedriger werden; auch kann dabei durch Einbau eines Lufterhitzers am Ventilator die Anlage die gesamte Raumheizung liefern. Der Mehrverbrauch an Kraft ist bei günstigen Abmessungen des Lufterhitzers und des Ventilators nicht erheblich. Diese Anordnung wird gegenwärtig von verschiedenen Firmen bevorzugt, die dabei mit Vorliebe die Luftverteilleitung mit unterem durchlaufendem Luftaustrittsschlitz und darunter hängender Tropfrinne ausführen.

Derartige Anlagen mit Zerstäuberdüsen in den Hauptluftleitungen dienen vorwiegend zur Luftbefeuchtung, wobei sie auch mit Nachverdampfung arbeiten können. Für den Durchsatz größerer Mengen von Kaltwasser zu stärkerer Kühlung und zur Entfeuchtung der Luft — wobei oft ein Nachheizen der gekühlten Luft nötig ist — sind sie durch ihre Bauart weniger geeignet.

d) Wandapparate mit Kammerluftwäschern.

Von den im vorhergehenden Abschnitte beschriebenen Bauarten unterscheiden sich die Kammer- und Kastenapparate grundsätzlich dadurch, daß die Behandlung der Luft im wesentlichen vor deren Austritt in die Luftverteilorgane beendet ist. Diejenigen Teile der Anlage, die Aufsicht oder Bedienung erfordern, sind dabei im Luftbehandlungsapparate selbst zusammengefaßt, der für Lüftung, Heizung und Befeuchtung sowie — bei entsprechender Ausführung — für Kühlung und Entfeuchtung der Luft sorgt.

Für Einzelleistungen von etwa 3000—25000 m^3/St. sind Bauarten von Kastenapparaten entwickelt worden, von denen eine ausreichende Zahl, je nach der Größe des Betriebsraumes, gewöhnlich an den Wänden desselben aufgestellt oder auf Konsolen aufgehängt wird, um die vorbehandelte Luft entweder frei in den Raum zu blasen oder sie durch Verteilleitungen von einfacher Form — wo möglich, rechtlinig — über den Raum zu verteilen. Derartige Kastenapparate werden in allen auf S. 94ff. beschriebenen Bauarten von Luftwäschern ausgeführt.

Als Beispiel eines Wandkastenapparates mit Düsen und Füllkörperschicht ist in Abb. 59 der Klimatexapparat von Carl Wiessner, Görlitz, dargestellt, der für reichlichen Wasserdurchsatz gebaut, also sowohl zur Befeuchtung als auch — mit einem Lufterhitzer über dem Luftwäscher — zur Entfeuchtung der Luft geeignet ist.

Infolge der beregneten Füllschichten ist keine feine Zerstäubung nötig, d. h. die mit einstellbarem Prallkegel versehenen Düsen können mit niedrigem Wasserdruck betrieben werden.

Diejenigen Teile von Kastenapparaten, die im Winter bei Frischluftbetrieb kalte Luft führen, isoliert man zweckmäßig, da sich sonst an ihren Außenflächen Schwitzwasser bildet.

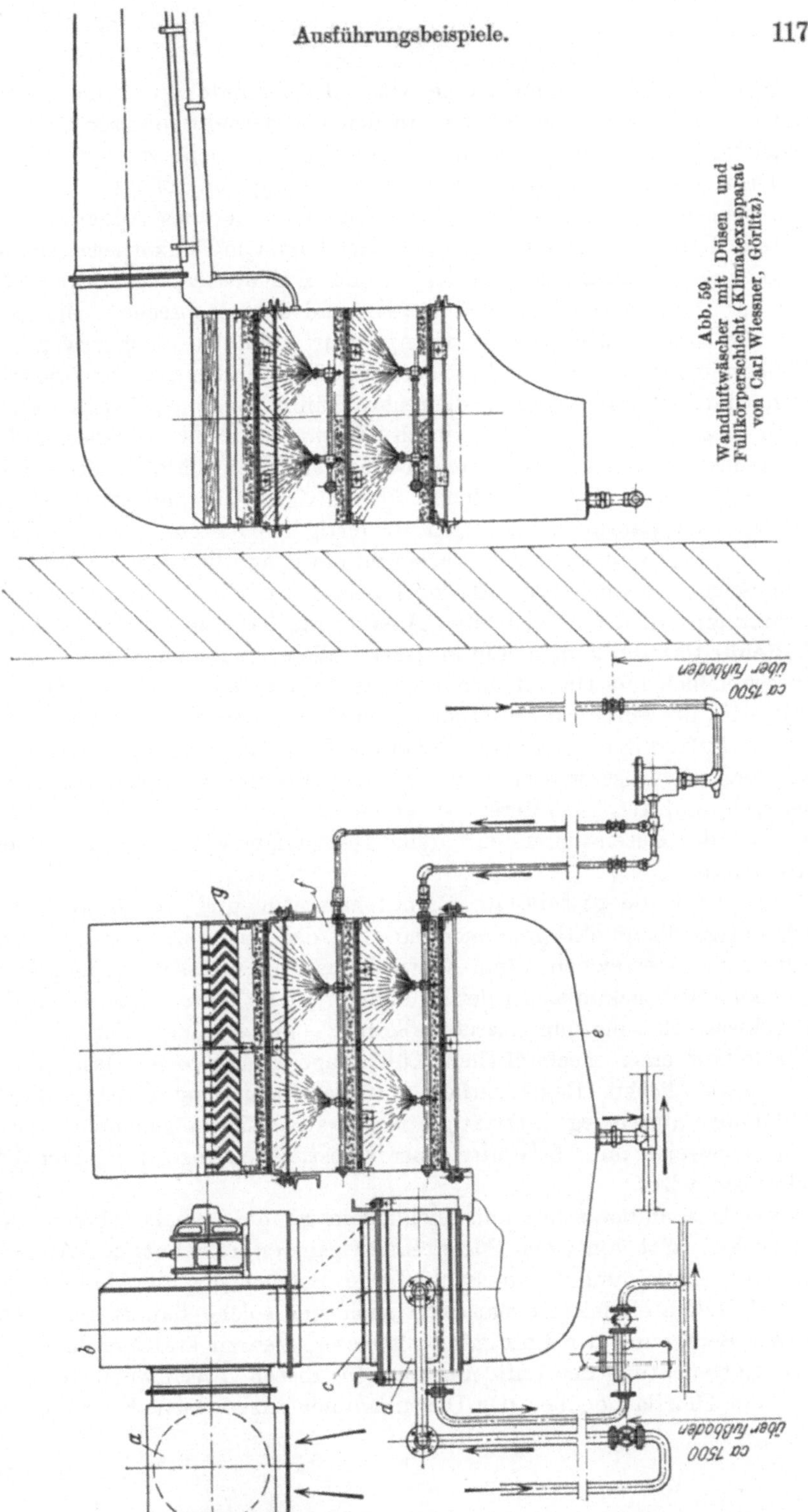

Abb. 59. Wandluftwäscher mit Düsen und Füllkörperschicht (Klimatexapparat von Carl Wiessner, Görlitz).

Abb. 60 zeigt im Schnitt eine Abart des Klimatexapparates für die Luftbehandlung solcher Räume, in denen innerhalb gewisser Grenzen gleichbleibende Temperatur und Feuchtigkeit erreicht werden soll.

Die durch das Saugrohr und die Wechselklappe angesaugte Luft wird vom Ventilator nach unten in die linke Kammer des Apparates geblasen. In dieser Kammer sind über einer Lage von Füllkörpern Doppeldüsen angeordnet, die nach Bedarf aus der Kaltwasserdruckleitung oder aus der Dampfleitung gespeist werden und dementsprechend die Luft auf die gewünschte Taupunkttemperatur abkühlen oder erwärmen. Gleichzeitig sättigt sich die Luft bei dieser Temperatur mit Feuchtigkeit. Danach durchströmt die Luft die rechte Hälfte des Apparates von unten nach oben und wird hier durch Zerstäuberdüsen annähernd bei Taupunkttemperatur noch nach Bedarf nachbefeuchtet, nötigenfalls mit nebelfeinen Wassertröpfchen übersättigt. Oberhalb der rechten Hälfte des Apparates durchstreicht die fertig befeuchtete Luft schließlich noch den Lufterhitzer, in dem sie, soweit nötig, auf die passende Ausblastemperatur erwärmt wird. An den Lufterhitzer schließt die Luftverteilleitung an. In der gezeichneten Ausführung hat der Apparat auf der Lufteintrittsseite keinen Lufterhitzer. Wenn man im Winter nicht ausschließlich mit Umluft, sondern mit Zusatz von Frischluft arbeiten will, wird die Mischluft entweder durch einen, dem Luftwäscher vorgebauten Lufterhitzer oder dadurch auf die Taupunkttemperatur erwärmt, daß man das Düsenwasser vorwärmt bzw. direkten Dampf in das Luftgemisch einbläst. Letzteres ist einfacher, dagegen ermöglicht Vorwärmen des Düsenwassers durch eine Heizschlange Rückgewinnung des Kondensates.

Liegt für die gewünschte Raumtemperatur und -feuchtigkeit die zugehörige Taupunkttemperatur so tief, daß man sie mit Brunnenwasser nicht erreichen kann, so wird das Düsenwasser rundgepumpt und künstlich gekühlt. In der Abbildung ist zu diesem Zwecke in die Druckwasserleitung ein Durchflußkühler eingezeichnet, der an den Soleumlauf einer mechanischen Kühlanlage angeschlossen ist. Außer den gewöhnlichen Regelventilen für Handbedienung sind in dieser Abbildung durchweg selbttätige Membranventile angedeutet, deren Wirkungsweise im Abschnitte über selbsttätige Regelung näher beschrieben wird.

Als Düsenluftwäscher mit reichlichem Kammerinhalt sei u. a. der Sendrikapparat von Gebr. Sulzer, Ludwigshafen, erwähnt, den Abb. 61 in einer Anordnung für ausschließliche Befeuchtung der Luft zeigt; grundsätzlich eignet sich natürlich auch eine solche Bauart zur reichlichen Beregnung der Luft mit Kaltwasser, also zu kräftiger Kühlung und Entfeuchtung der Luft, nur wäre für diesen Zweck wenigstens ein Teil der Heizfläche über der Düsenkammer anzuordnen. F ist die An-

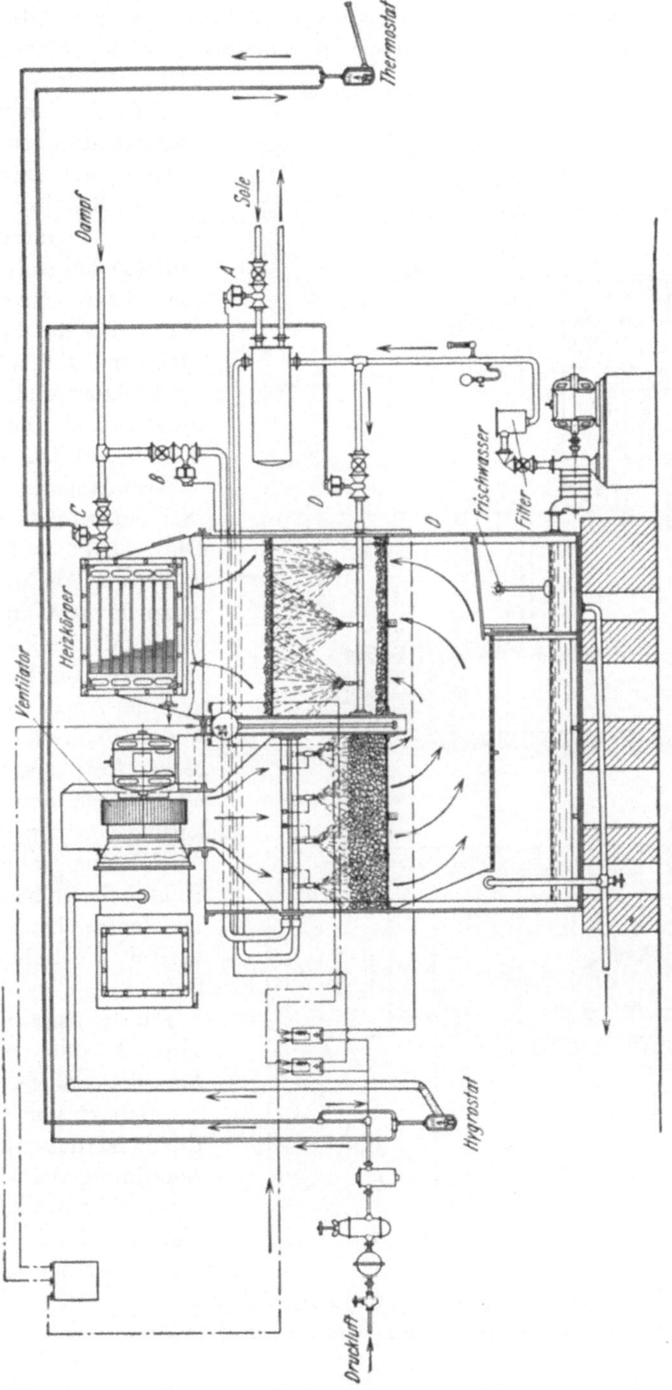

Abb. 60. Wandluftwäscher für Taupunktsregelung (Carl Wiessner, Görlitz).

saugeöffnung für Frischluft, C diejenige für Umluft, H der Lufterhitzer, T der Tropfenabscheider, B der Wasserbehälter für die Düsenpumpe, D die, durch einen Thermostaten einstellbare Dampfzufuhr zum Anwärmen des Düsenwassers im Behälter B. Erwähnt sei ferner der Luftwäscher Abb. 66, der mit flach streuenden Düsen für die Befeuchtung und mit berieselten Füllkörpern für Kühlung und Entfeuchtung ausgerüstet ist.

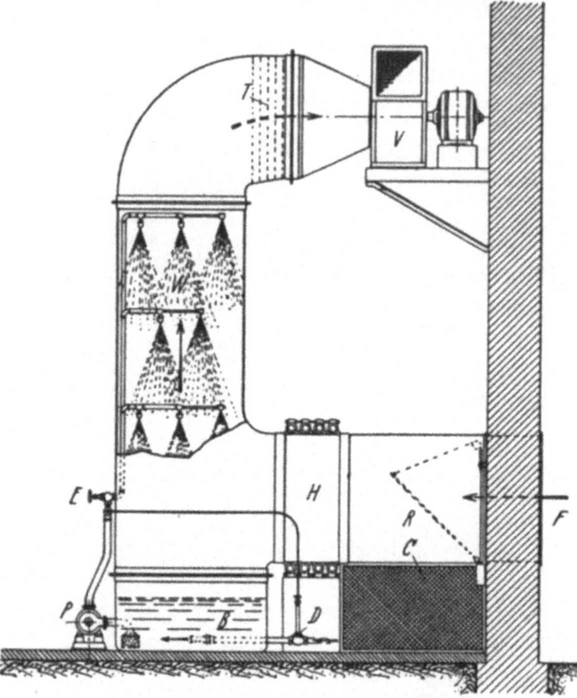

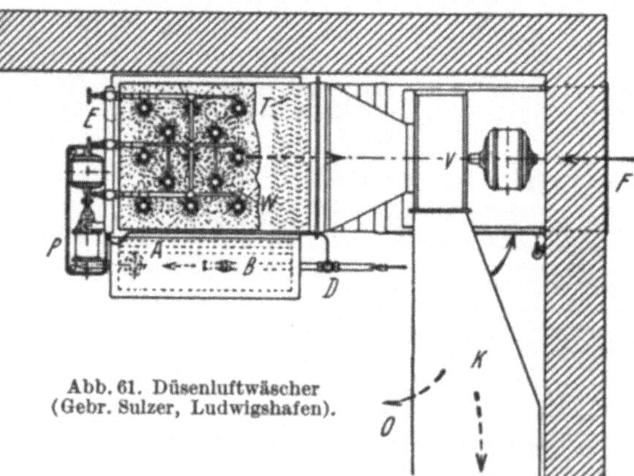

Abb. 61. Düsenluftwäscher (Gebr. Sulzer, Ludwigshafen).

Wandapparate mit Schleuderluftwäschern. Die Abb. 62 und 63a, b u. c zeigen Ausführungsbeispiele von Wandapparaten mit Schleuderzerstäubern. Die Luft wird aus den Apparaten entweder annähernd waagerecht frei ausgeblasen oder durch eine Rohrleitung verteilt; letztere Ausführung gibt größere Sicherheit in bezug auf Tropfenfreiheit und auf zugfreie Verteilung der Luft.

Für den Apparat nach Abb. 62, der einer in Amerika viel verwendeten Bauart von Carrier ähnelt, ist die senkrechte Anordnung der Ventilatorwelle kennzeichnend, die in ihrem oberen Teile das Flügelrad b für die Luftbewegung und darunter das Zerstäuberrad c trägt. Von hier ab nach unten ist die Welle hohl ausgeführt und treibt am unteren Ende eine kleine Pumpe, die in einen Wasserkasten taucht. Durch einen Schwimmerhahn wird soviel Wasser, wie die Luft mitnimmt, selbsttätig nachgefüllt, der Wasserstand also auf gleicher Höhe gehalten. Grundsätzlich ergibt eine solche Anordnung den Vorteil, daß keine

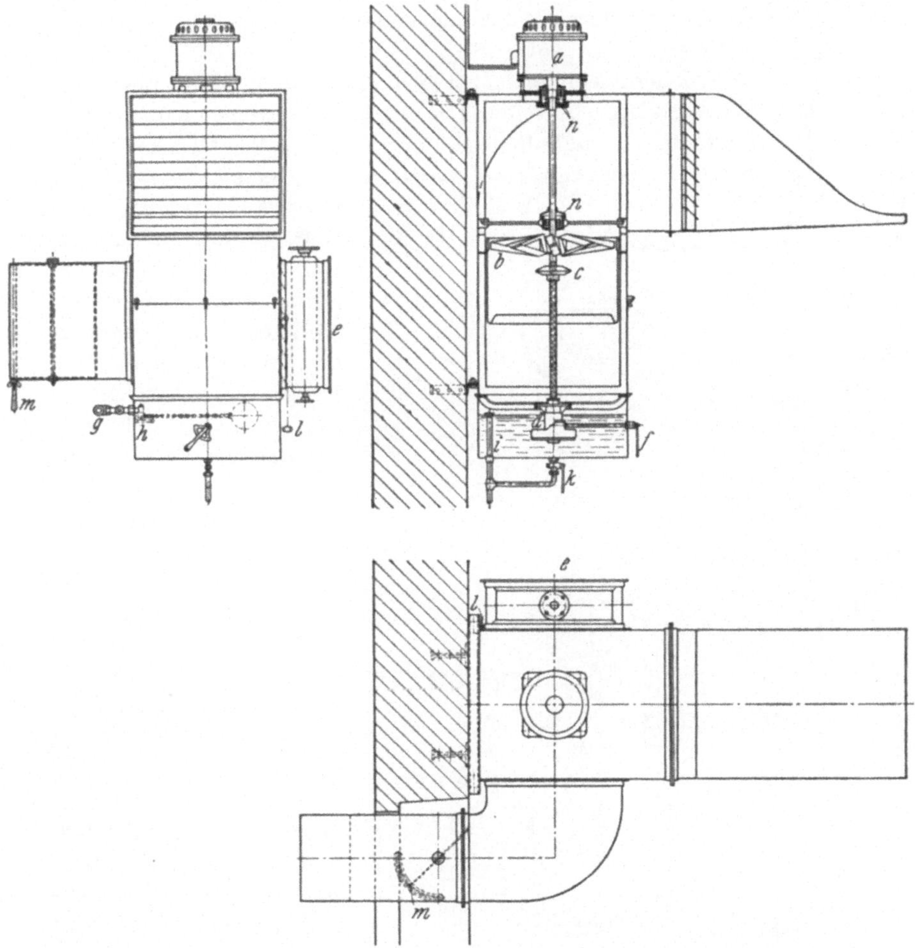

Abb. 62. Wandapparat mit Schleuderluftwäscher, Schraubenlüfter (Hurling & Biedermann, Zittau).

Wasserablaufleitung nötig ist; der Apparat hat nur Anschlüsse für Frischwasser, Überlauf und Ablaßhahn. Andererseits sind die Pumpe und das Stützlager für den Lüfter im Befeuchtungsraume, also weniger zugänglich eingebaut, so daß besonders sorgfältige Durchbildung dieser Bauteile wichtig ist. Der Pumpe muß ein Siebfilter vorgeschaltet sein, um sie vor Verschmutzung durch Staub und Fasern zu schützen, die aus der Luft ausgewaschen werden. In staubigen Räumen und bei vorwiegendem Umluftbetrieb muß man den Wasserkasten öfters entleeren. Bei einzelnen Bauarten (z. B. Carrier) ist das auf der Lüfterwelle umlaufende Wasserrad geschlossen und mit einzelnen Düsenarmen versehen, wobei die Fliehkraft das Wasser durch die hohle Welle hochsaugt, also keine besondere Pumpe nötig ist.

Bei dem Apparat nach Abb. 63 wird die Luft über eine Wechselklappe und einen Lufterhitzer durch einen Kreisellüfter angesaugt. Innerhalb des Läuferrades, auf dessen Nabe an der Saugseite befestigt, sitzt die Zerstäuberscheibe, der das Wasser direkt aus der Frischwasserleitung durch einen Regelhahn zuläuft. Das von dem Zerstäuberkörper verspritzte Wasser wird durch die Schaufeln des Läufers gegen einen Kranz von stillstehenden Plättchen geschleudert und dadurch fein verteilt. Die mit Wassernebel beladene Luft steigt zunächst in einem weiten, senkrechten Stutzen, also mit mäßiger Geschwindigkeit hoch, wobei die gröberen Tropfen zurückfallen, und wird dann in waagerechter Richtung abgelenkt. Durch den Anprall gegen mit Gummischwamm belegte Flächen gibt die Luft infolge ihres Richtungswechsels nochmals Tropfen ab, die nicht fein genug zerstäubt sind.

Wenn der Druck im Wasserleitungsnetz stark schwankt, baut man ein Schwimmergefäß zwischen die Leitung und das Speiseröhrchen des Zerstäuberrades ein.

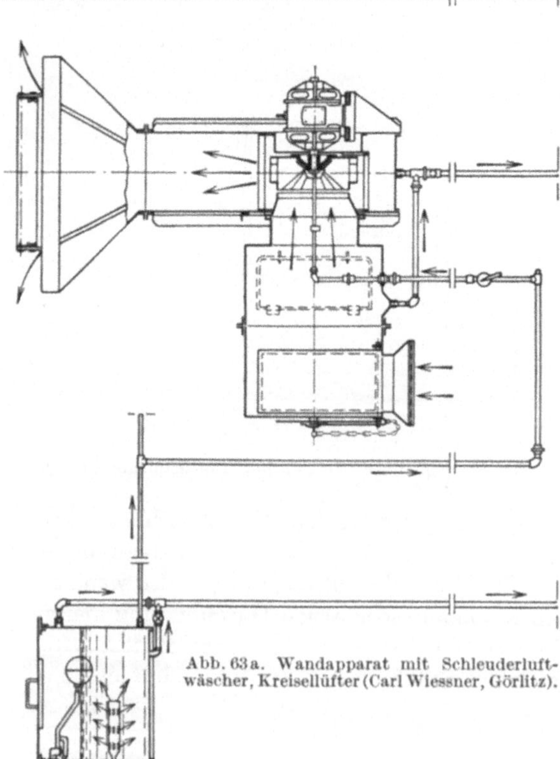
Abb. 63a. Wandapparat mit Schleuderluftwäscher, Kreisellüfter (Carl Wiessner, Görlitz).

Derartige Apparate haben den Vorteil, daß im Befeuchtungsraume keine der Wartung bedürftigen Teile angeordnet sind. Andererseits

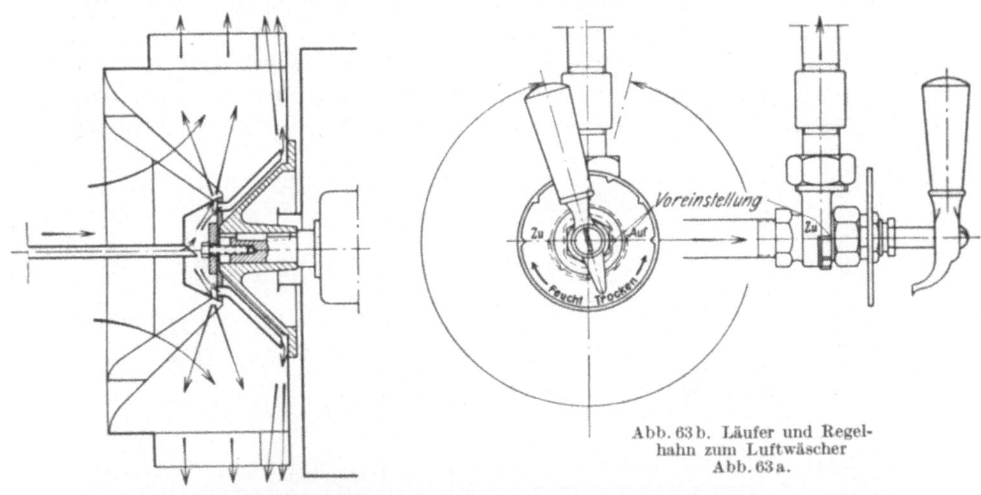

Abb. 63 b. Läufer und Regelhahn zum Luftwäscher Abb. 63 a.

Abb. 63 c. Gruppe von Wandluftwäschern nach Abb. 63 a—b.

haben sie eine Abflußleitung für das abgeschiedene Tropfwasser nötig. Zuweilen umgeht man die Notwendigkeit der Abflußleitung dadurch, daß außen an dem Apparate, vom Motor direkt oder mittels eines Riemchens angetrieben, eine kleine Umlaufpumpe angebracht wird, die das Ablaufwasser wieder dem Zerstäuberrade zuführt. Der Wassersammelraum unten im Kasten erhält hierbei einen Überlauf.

Wandapparate mit Schleuderzerstäubern werden bereits von vielen Fabriken gebaut (erwähnt seien z. B. Gebr. Sulzer, Ludwigshafen, Merz in Zürich, Pollrich in Düsseldorf, Ventilator-AG. in Stäfa (Schweiz),

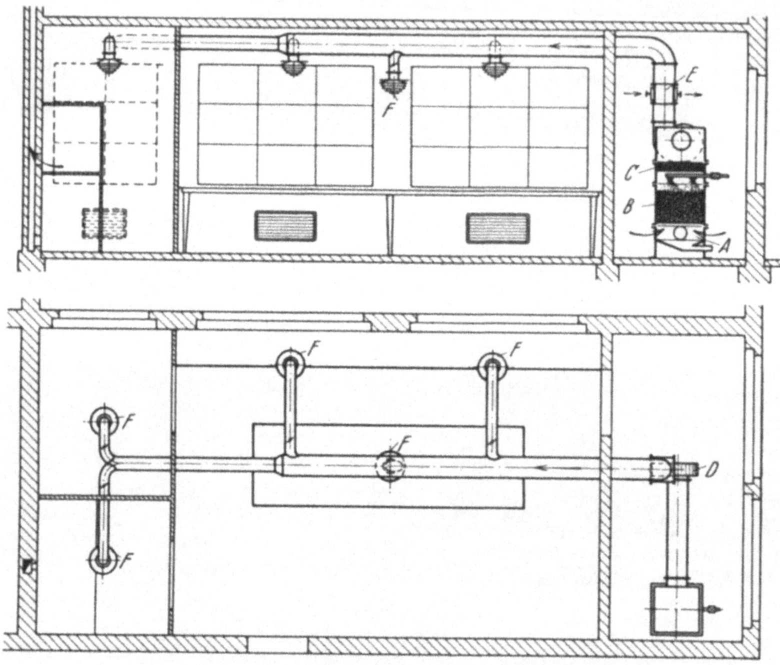

Abb. 64. Kastenförmiger Luftwäscher mit berieselten Füllkörpern (Entwurf Dipl.-Ing. M. Hirsch, Frankfurt a. M.).
A Lufteintritt, *B* Berieselte Füllkörperschicht, *C* Tropfenabscheider, *E* Lufterhitzer, *F* Luftverteiler.

Kaulfersch & Queiser in Reichenberg, Danneberg & Quandt, Berlin, und, als einer der Pioniere auf diesem Gebiete, Prött in Rheydt).

Bei mehreren dieser Bauarten geht der Luftstrom vom Saugstutzen bis zur Ausblaseöffnung in waagerechter Richtung durch den Apparat. Hierbei erfordert die Tropfenabscheidung besonders sorgfältige Ausbildung, wenn die Luft frei, ohne Verteilleitung, ausgeblasen wird. Bei größeren Leistungen sind in der Regel Verteilleitungen vorzuziehen.

Feuerverzinkte Ausführung aller Innenteile der Apparate ist anzuraten. Für den Durchsatz größerer Kaltwassermengen zwecks stärkerer Kühlung und Entfeuchtung der Luft werden, soweit dem Verfasser bekannt ist, Schleuderzerstäuber bisher noch nicht gebaut. Sie werden dagegen sowohl für ausschließliche Befeuchtung als auch für gleichzeitige Heizung und Lüftung mit Wechselklappen für Frisch-, Umluft und Mengluft hergestellt.

Wandluftwäscher mit Tauchscheiben. Der grundsätzliche Aufbau ist auf S. 98 (Abb. 41) beschrieben. Bei der Ausführung von Pollrich & Co., M.-Gladbach, wird das am Rande der Scheiben abgeschleuderte Wasser durch Prallflächen zerstäubt und über eine Auffangrinne wieder dem am Apparate angebrachten Sammelgefäße zugeführt, so daß ohne Pumpe und Ablaufleitung ein ständiger Wasserumlauf erfolgt. Bei dieser Betriebsart dienen die Apparate nur zur Luftbefeuchtung; bei stauhiger Luft muß der Wasserinhalt öfters erneuert werden. Läßt man dagegen genügende Mengen Kaltwasser zufließen und entsprechende Mengen angewärmten Wassers abfließen, so können grundsätzlich derartige Apparate, mit Ablaufleitung und entsprechend stärkerer Zulaufleitung ausgerüstet, auch für stärkere Kühlung und Entfeuchtung der Luft Verwendung finden. Für die letztgenannte Anwendung wären natürlich die Abmessungen anders als für ausschließliche Befeuchtung der Luft zu wählen.

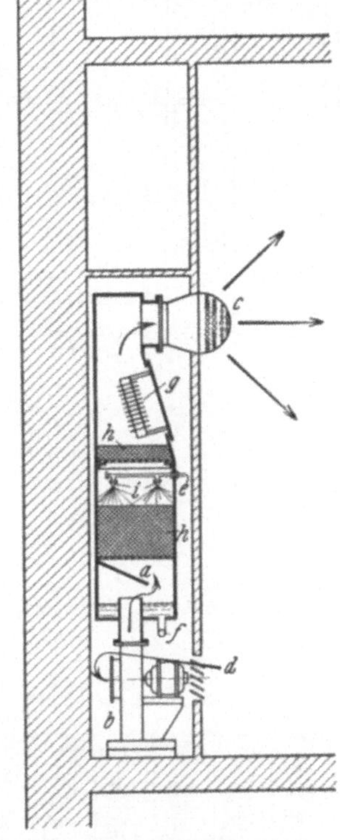

Abb. 65. Kleiner Luftwäscher mit berieselten Füllkörpern, für Wandeinbau (Entwurf Dipl.-Ing. M. Hirsch, Frankfurt a. M.). *a* Lufteintrittskammer, *b* Ventilator, *h* Berieselte Füllkörper (unten) bzw. Tropfenfänger (oben). *g* elektrischer Heizkörper, *c* Luftverteiler.

Wandluftwäscher mit Berieselungsflächen. Zu dieser Art Luftwäschern — vereinigt mit Düsenverstäubung—kann auch der auf S.116, Abb. 59, beschriebene Apparat gerechnet werden.

Die Abb. 64 und 65 zeigen Luftwäscher in der Form von Kastenapparaten von sehr einfachem Aufbau mit senkrechtem Luftdurchgange, wobei der überwiegende Teil der Wirkung den durch Niederdruckbrausen berieselten Füllkörpern zukommt. Die Anordnung der Lufterhitzer über den Berieselungsräumen läßt erkennen, daß die Apparate auch zum Entfeuchten der Luft, nach Bedarf mit anschließender Nacherwärmung, geeignet sind. Als Tropfenabscheider sind dünnere Schichten von Füllkörpern verwendet. In Abb. 65 fällt die brausenartige Ausbildung des Luftaustrittes auf, die bezweckt, auch in kleinen Räumen eine zugfreie gleichmäßige Luftverteilung zu erreichen; für kleine Räume ist der Apparat (Abb. 65) mit elektrischem Heizkörper ausgerüstet.

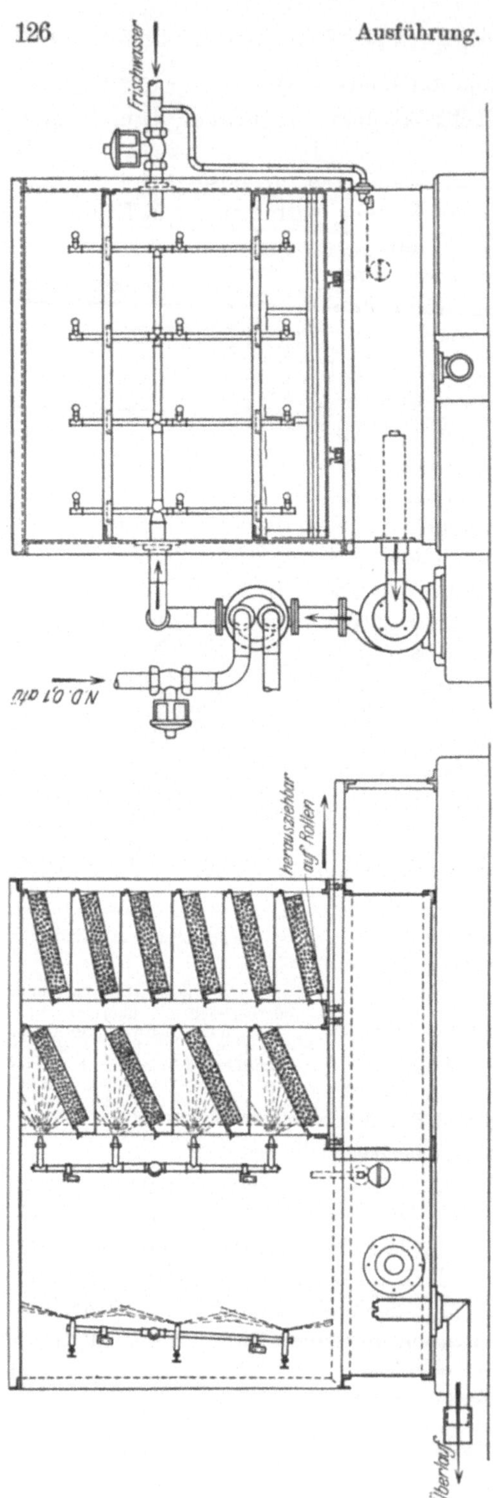

Abb. 66. Luftwäscher mit stufenförmig angeordneten Füllkörpern für größere Luftmengen (Berventulo G.m.b.H., Berlin).

Der in Abb. 66 in einer Ausführung für größere Leistungen dargestellte Luftwäscher zeigt eine Vereinigung von Zerstäuberdüsen, die einen dichten Wasserschleier zur Reinigung und Vorbefeuchtung der Luft bilden, und stufenförmig herausziehbar angeordneten Kästen mit Füllkörpern, die, durch einen zweiten Düsensatz beregnet, zum Tiefkühlen und zum Entfeuchten der Luft dienen können. Durch die stufenförmige Anordnung der Füllkörper, welche höhere Anlagekosten ergibt, wird eine große Durchtrittsfläche und damit verringerter Luftwiderstand erreicht. Die Füllung der beregneten Kästen besteht aus glasierten Tonkörpern. Als Tropfenabscheider dienen ebenfalls stufenförmig in einem ausziehbaren Gestell angeordnete Kästen, die mit unglasierten Tonkörpern gefüllt sind. In der gezeichneten Ausführung wird das Düsenwasser im Winter durch den links angeordneten Gegenstromapparat erwärmt; die Stärke der Verdunstung wird durch verschieden starkes Anwärmen des

Wassers geregelt, wofür, bei selbsttätiger Regelung, ein durch einen Hygrostaten betätigtes Membranventil verwendet wird. Rechts ist die

Abb. 67. Ansicht des Luftwäschers nach Abb. 66, als Doppelaggregat ausgebildet.

Zufuhrleitung für Kaltwasser angedeutet, durch dessen Menge von Hand oder selbsttätig die im Sommer einzustellende Temperatur geregelt wird. Abb. 67 zeigt einen derartigen Luftwäscher, als Doppelaggregat aufgestellt, in Ansicht.

Eine einfache Anordnung, besonders für nachträglichen Anbau von Luftwäschern an vorhandene Lüftungsaggregate, erhält man auch nach Abb. 68, wobei die Füllkörper in vertikale, oben offene, unten mit Rosten versehene Rahmen mit Bespannung von Drahtgeflecht oder Streckmetall eingefüllt sind. Die Berieselung kann durch einen offenen, also leicht zu reinigenden Trog mit Siebboden derart erfolgen, daß die Schicht nicht über die volle Dicke berieselt wird, ein Teil also — aus kleineren Füllkörpern gebildet — als Tropfenabscheider wirkt. Allerdings eignet sich diese einfachste Anordnung nur für kleineren Wasserdurchsatz, also vorwiegend für Befeuchtung, da größere Wassermengen, über senkrechte Schichten hinabrieselnd, mehr Luftwiderstand ergeben als über ebenso große waagerechte Flächen verteilt.

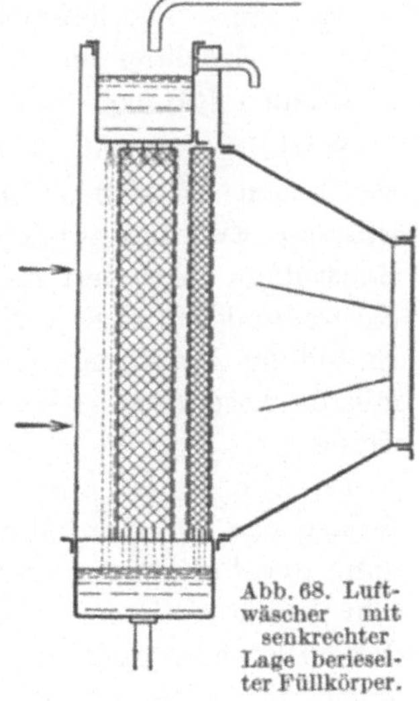

Abb. 68. Luftwäscher mit senkrechter Lage berieselter Füllkörper.

e) Hauptanlagen.

Luftwäscher in der Form von kastenförmigen Apparaten, frei ausblasend oder mit Luftverteilleitungen, zuweilen kombiniert mit Einzelbefeuchtern im Betriebsraume, haben in den letzten Jahren große Verbreitung gefunden; allerdings hat die richtige Wahl der Anordnung und Abmessungen der Apparate, wovon das im Einzelfalle zu erreichende Ergebnis natürlich entscheidend abhängt, nicht immer mit der verbesserten baulichen Ausführung gleichen Schritt gehalten.

Durch die stärkere Verbreitung der Einzelluftwäscher, deren Unterbringung sich leichter verschiedenen Raumverhältnissen anpassen läßt, sind in gewerblichen Betrieben Hauptanlagen zur Luftversorgung ganzer Gebäude, mit eingebauten Kanälen für Luftverteilung und -rückführung, mehr verdrängt worden.

Gegenwärtig werden Hauptanlagen für ganze Gebäude, die sich durch die hohen Kosten der Kanäle ziemlich teuer stellen und infolge der umständlicheren Luftwege auch einen größeren Kraftverbrauch ergeben, vorwiegend in Schulen, Theatern, Kranken-, Waren- und Bürohäusern angewandt, wo auf zentrale Bedienung besonderer Wert gelegt wird, und in den einzelnen Räumen keine sichtbaren Apparate, Leitungen und Motoren erwünscht sind. Auch Geräuschfreiheit spielt oft eine wesentliche Rolle. Bei größeren gewerblichen Betriebsräumen muß im Einzelfalle geprüft werden, ob die Aufstellung einer Anzahl kleinerer Apparate oder einer bzw. weniger großer Hauptanlagen in Bezug auf Anlage- und Betriebskosten, Unterbringung der Luftleitungen oder -kanäle, Regelung der Lufttemperatur und -feuchtigkeit in den verschiedenen Räumen usw. den Vorzug verdient.

Statt im Gebäude fest eingebauter Kanäle bevorzugt man bei gewerblichen Betrieben meist dünnwandige Luftleitungen aus verzinktem Eisenblech oder anderen, gegen feuchte Luft beständigen Baustoffen. Man hat dabei den Vorteil, die Leitungen mit mäßigen Kosten umlegen zu können, wenn veränderte Umstände zu einer anderen Einteilung der Räume Anlaß geben. Fest eingebaute Feuchtluftkanäle müssen besonders sachkundig und hygienisch einwandfrei ausgeführt werden.

In Abb. 69 ist eine für einen größeren Betriebsraum bestimmte Anlage von 50000 m³ stündlicher Leistung abgebildet. Für die Anordnung der Luftbehandlungseinrichtungen in der besonders in Amerika sehr beliebten Form eines geschlossenen großen Blechkastens war in diesem Falle im Gebäude selbst kein passender Raum verfügbar. Daher wurde die Anlage an der Außenseite des Saales in einem kleinen Anbau untergebracht. Der Ventilator *H* saugt durch den senkrechten Schacht ein durch die Klappe *G* regelbares Gemisch von Frisch- und Umluft an.

Die Umluft C tritt aus dem Betriebsraume durch den Lufterhitzer D von unten in den Schacht ein; zum Teile strömt sie durch eine

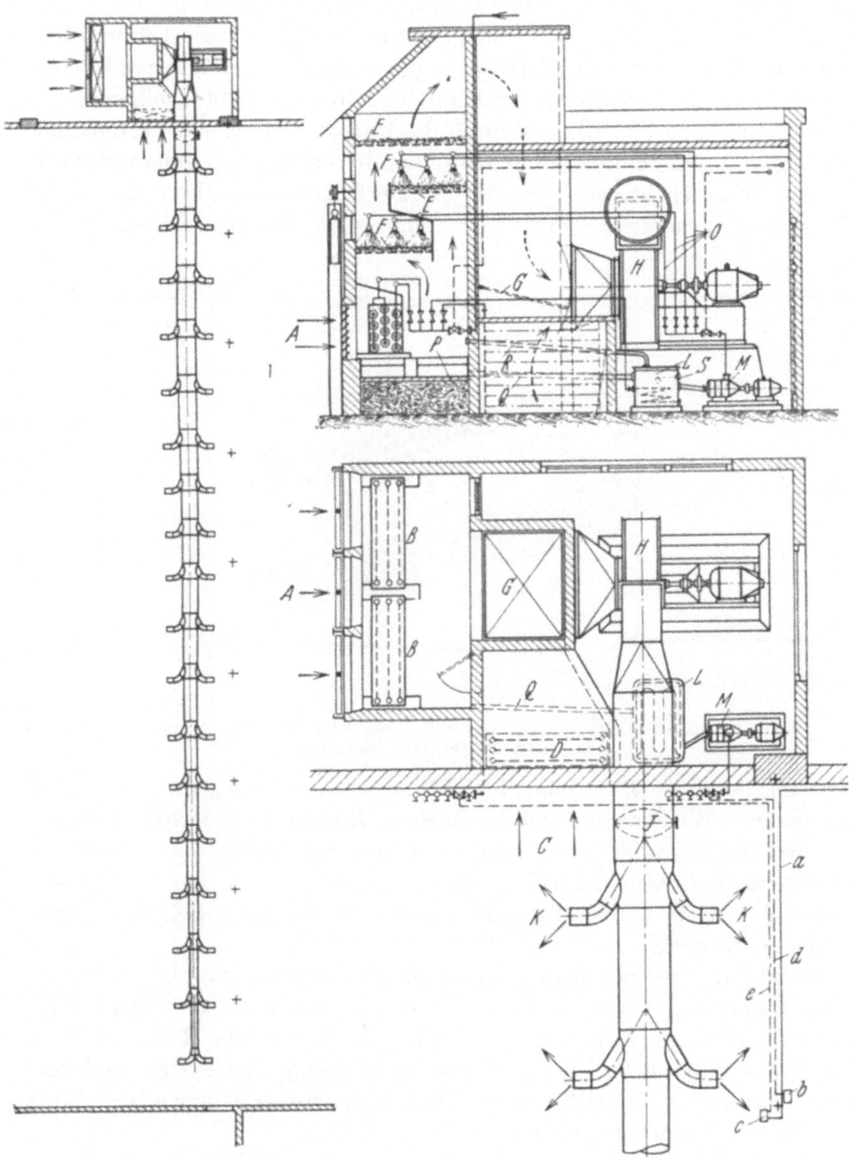

Abb. 69. Anbau eines Luftwäschers an eine Lüftungsanlage für 50000 m³/St. (Benno Schilde AG. Hersfeld).

zweite Regelklappe in den links vom Schacht G liegenden Befeuchtungsraum über.

Die Frischluft *A* wird durch Jalousien und Gazesiebe über den Lufterhitzer *B* in die Düsenkammer gesaugt, durchströmt diese in senkrechter Richtung und tritt dann oben in den Saugschacht des Ventilators über. Als Tropfenabscheider dient eine über dem Düsenraume angebrachte Schicht von Füllkörpern (Raschigringe). Das Ablaufwasser der Düsen fließt vom Boden der Kammer durch das Rohr *Q* einem Sammelbehälter *L* zu, aus dem es durch die Pumpe *M* über ein Verteilstück mit Regelhähnen in die einzeln abstellbaren Düsenreihen gepumpt wird. Dem Wasserbehälter *L* wird durch den Schwimmerhahn *S* die nötige Menge Frischwasser zugeführt. Im Winter wird das Düsenwasser durch

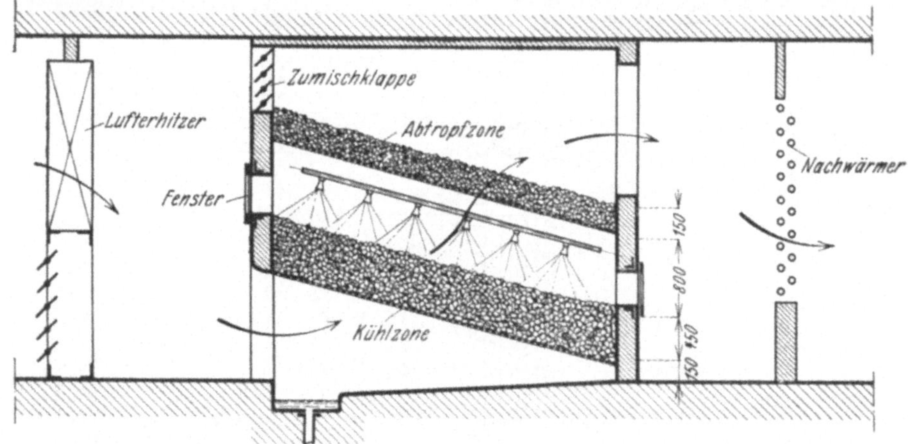

Abb. 70. Luftbehandlungsanlage mit berieselten Füllkörpern in Kammerform (Rud. Otto Meyer AG., Hamburg).

eine im Behälter *L* angebrachte Dampfschlange erwärmt; der dabei entstehende Wrasen zieht durch das Rohr *R* nach der Düsenkammer ab.

Die Düsenkammer ist aus Isoliersteinen hergestellt und mit durchweg gelötetem Zinkblech bekleidet. Die Jalousien können bei Frostgefahr während der Betriebsstillstände durch gut isolierte Schieber abgeschlossen werden.

Durch eine gerade, etwa 50 m lange Blechrohrleitung mit schrägen, seitlich abgebogenen Stutzen wird die Luft zugfrei über einen Raum von 30 m Breite verteilt. Beim Umluftbetriebe wird die Raumluft ohne Rückluftkanäle, lediglich durch die groß genug bemessene und mit Drahtgaze bespannte Öffnung vor dem Lufterhitzer *D* angesaugt, ohne daß Zugerscheinungen auftreten.

Sinngemäß kann eine derartige Anlage auch zu stärkerer Abkühlung und Entfeuchtung der Luft im Durchlaufbetriebe mit Kaltwasser benutzt werden; in den Wassersammelbehälter kann eine Kühlschlange für mechanische Kühlung eingebaut werden.

Abb. 70 stellt im Schema den in Kammerform angeordneten Luftwäscher einer Hauptanlage dar, bei dem Schichten von Füllkörpern für Berieselung und für die Tropfenabscheidung verwendet sind. Der Lufterhitzer ist in eine Vor- und Nachwärmheizfläche unterteilt. Zur Regelung sind am Vorwärmer (für die Wintertemperatur) und am Luftwäscher (für die Feuchtigkeit und für die Sommertemperatur) Umgehungsluftwege mit Jalousieklappen angeordnet.

Abb. 71 zeigt den in Kastenform ausgeführten Luftwäscher einer englischen Bauart mit Hauptluftleitungen in einer Brauerei.

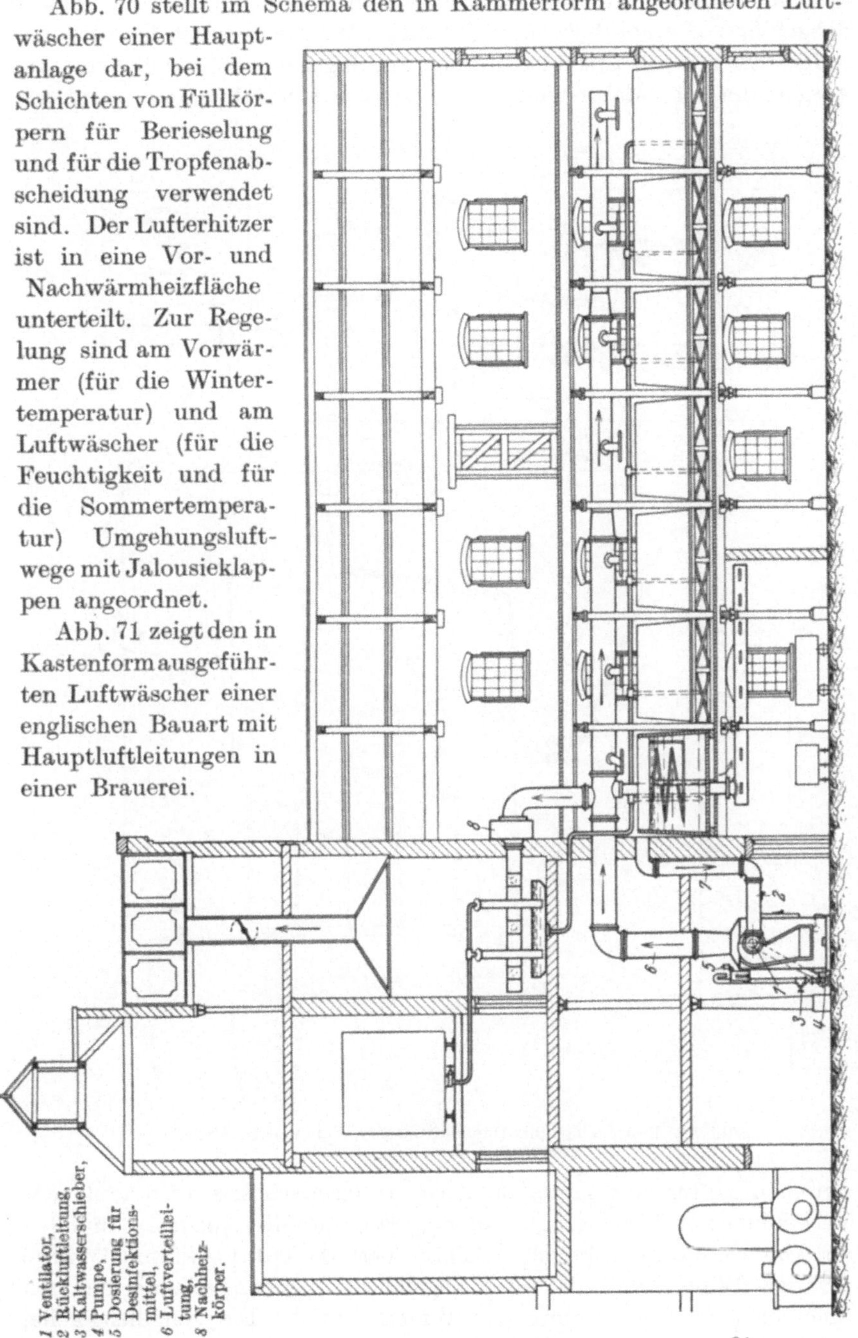

Abb. 71. Hauptanlage für die Luftbehandlung einer Brauerei (Heenan & Froude Ltd. Engg. Works, Worcester).

Abb. 72 stellt die im wesentlichen in geschlossener Kastenform ausgeführte Hauptanlage eines Gebäudes dar, die in einem Kellerraume aufgestellt und mit besonderen Sicherungen gegen Geräuschübertragung ausgerüstet ist; Motor und Lüfter sind auf Schallfängern montiert,

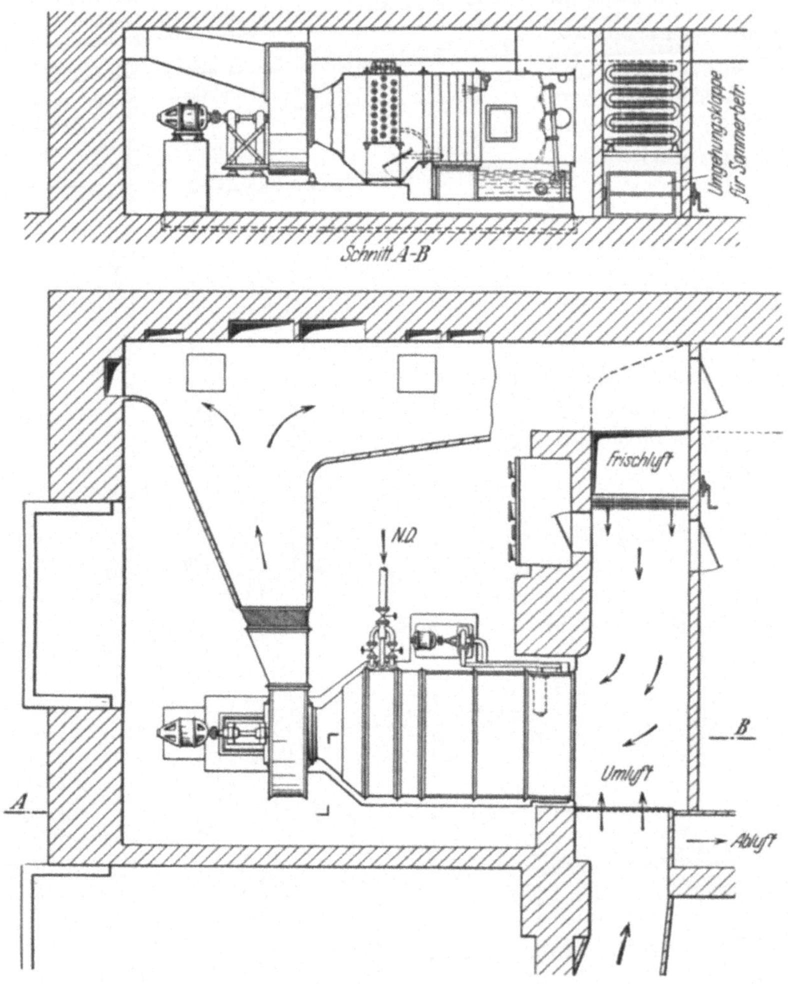

Abb. 72. Hauptanlage mit Düsenluftwäscher, Vor- und Nachheizfläche (Berventulo G. m. b. H., Berlin).

zwischen Lüfter und Verteilkanal ist ein elastisches, schalldämpfendes Verbindungsstück eingefügt. An der Saugseite des Apparates münden der Umluft- und der Frischluftkanal, letzterer mit Vorwärmheizfläche für den Winter und darunter liegender Umgehungsklappe für den Sommer (zur Verringerung des Widerstandes). Die Nachheizfläche, unter der ebenfalls eine Umgehungsklappe angebracht ist, wird durch einen Strahlrohrregler selbsttätig gesteuert.

Abb. 73 zeigt schließlich die Unterteilung einer Gebäudehauptanlage in 2 Aggregate; die Räume sind entsprechend verschiedenen Anforderungen an Feuchtigkeitsgrad, Temperatur und Luftwechsel in zwei Hauptgruppen zusammengefaßt, und jede dieser Gruppen ist mit einem

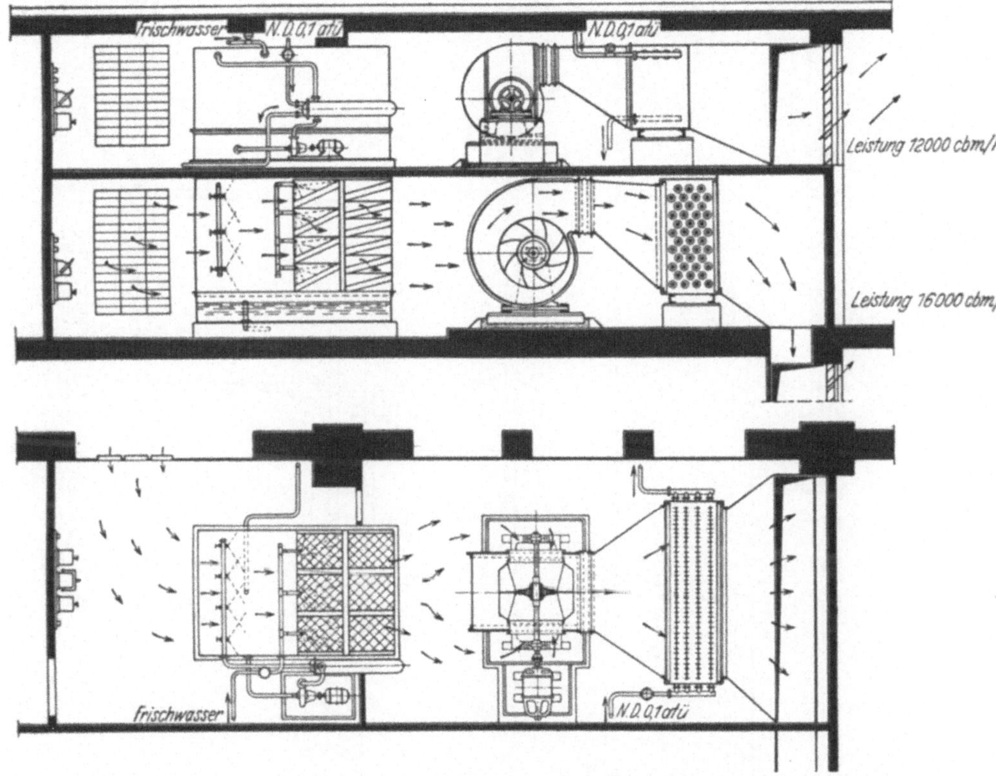

Abb. 73. Hauptanlage mit Füllkörpern, in 2 Systeme unterteilt (Berventulo G. m. b. H., Berlin).

der beiden Bewetterungsapparate durch Kanäle verbunden. Der Schutz gegen Geräuschübertragung ist aus der Abbildung ersichtlich.

Nach Abb. 74 erfolgt die Bewetterung von mehreren Vegetationsräumen einer wissenschaftlichen Versuchsstation von einer gemeinsamen Anlage aus derart, daß in zwei Leitungen jedem Raume gekühlte oder nach der Kühlung erwärmte Luft oder beides zugeführt wird. Je nach dem gewählten Verhältnis der beiden Luftarten können in jedem Raume Temperatur und Feuchtigkeit verschieden eingestellt werden. Bei der ungünstigen Lage der Räume unter dem Dache und den verschiedenen Anforderungen in den einzelnen Räumen wurde durch Einbau der

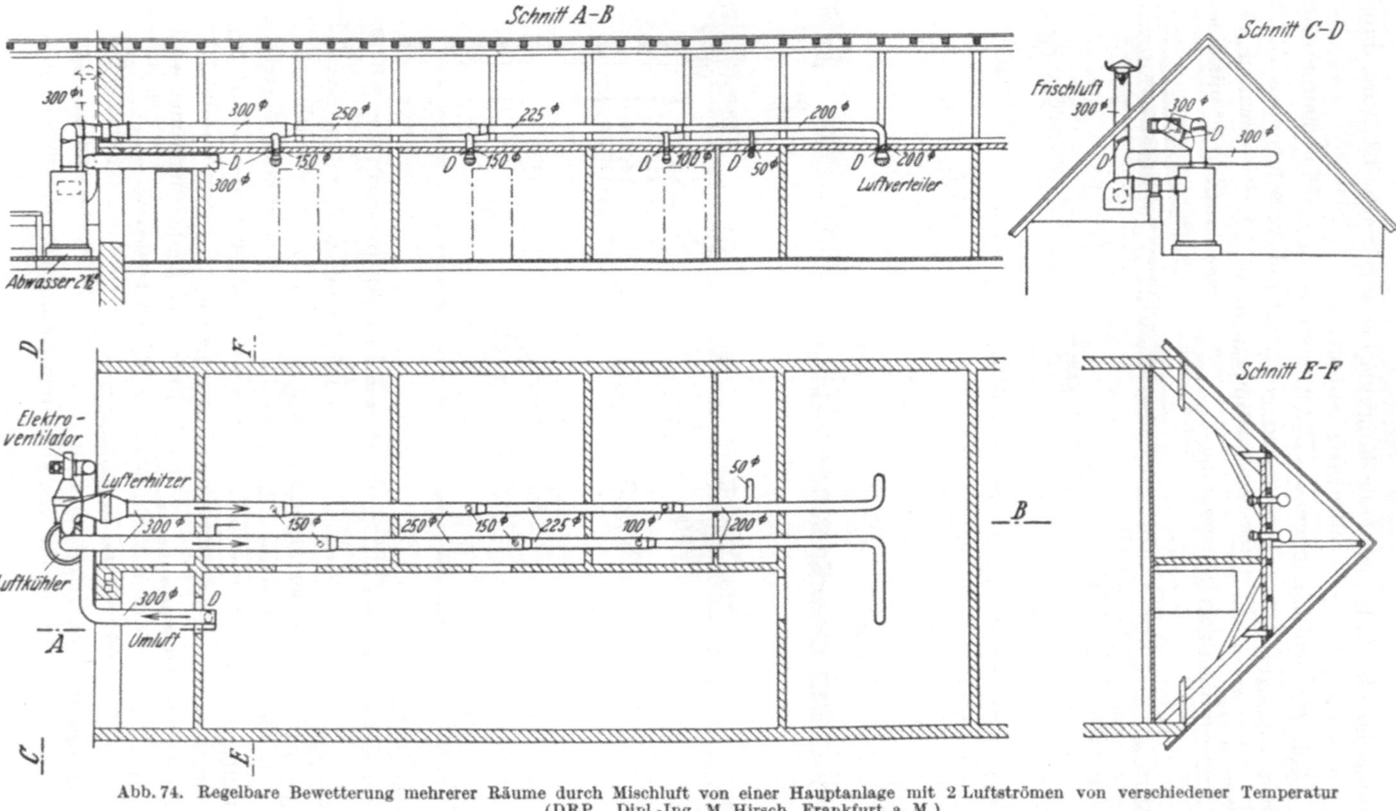

Abb. 74. Regelbare Bewetterung mehrerer Räume durch Mischluft von einer Hauptanlage mit 2 Luftströmen von verschiedener Temperatur (DRP., Dipl.-Ing. M. Hirsch, Frankfurt a. M.).

derart regelbaren Bewetterung der vorher sehr schwierige Betrieb der Versuchsstation wesentlich erleichtert.

4. Entnebelung.

In Abb. 88 wird, um Tropfenbildung zu vermeiden, die warme Zusatzluft an den Wänden der Absaugkappe hochgeführt, damit diese möglichst mit noch nicht zu feuchter warmer Luft in Berührung kommen. Ferner ist in dieser Abbildung die Entfeuchtung der Zusatzluft im Sommer dargestellt; hierhurch kann die Entnebelung, mit Rücksicht auf das Bedienungspersonal, durch Zusatzluft von niedrigerer Temperatur erfolgen als — bei gleicher Luftmenge — ohne vorhergehende Entfeuchtung.

5. Selbsttätige Regelung.

Während in Amerika die selbsttätige Regelung der Temperatur und Feuchtigkeit von künstlich belüfteten Räumen ziemlich verbreitet ist, findet sie in Europa erst langsam Eingang. Wirklichen Vorteil bringt die selbsttätige Regelung nur, wenn die Regelorgane sehr zuverlässig arbeiten und wenig Unterhalt erfordern, ferner wenn schon kleinere Veränderungen der Lufttemperatur und -feuchtigkeit ungünstige Folgen haben, und wenn die Regelung von Hand zu lästig oder zu teuer ist. Selbsttätige Regelung wird gewöhnlich so ausgeführt, daß sie sich auf die Feineinstellung beschränkt, während die Grobeinstellung je nach der Wetterlage von Hand erfolgt.

Selbsttätige Regelung läßt sich beispielsweise für die folgenden Vorgänge anwenden.

a) Temperaturregelung.

Im Winter: Drosselung der Zufuhr von Dampf oder Warmwasser zum Lufterhitzer oder, bei gleichbleibender Zufuhr, Änderung des Mischungsverhältnisses von Frisch- und Umluft durch verschiedene Klappenstellung oder Regelung einer Umgehungsklappe am Lufterhitzer.

Im Sommer: Bei Kühlung durch Brunnenwasser Drosselung der Wasserzufuhr oder, wenn diese durch einen Schwimmerhahn geregelt wird, Drosselung der Ablaufmenge. Bei Solekühlung Drosselung der Solezufuhr.

b) Befeuchtung.

Bei Befeuchtung durch direkten Dampf Drosselung der Dampfzufuhr. Bei Druckluftzerstäubern Drosselung der Wasserzufuhr oder der Luftzufuhr. Bei Luftwäschern Öffnen und Schließen der Wasserzufuhr oder, wenn mit erwärmtem Wasser gearbeitet wird, Regelung der Wassertemperatur. Änderung des Mischungsverhältnisses von

Frisch- und Umluft. Öffnen oder Schließen eines Umlaufkanales am Luftwäscher, so daß nur ein Teil des Luftstromes diesen passiert.

c) Entfeuchtung.

1. Regeln auf den gewünschten Taupunkt im Winter durch Drosseln der Zumischung von Dampf oder Ändern der Warmwassertemperatur; im Sommer durch Änderung der Zulaufmenge von Kaltwasser bzw. Kühlsole.

2. Beim Nachheizen der auf den gewünschten Taupunkt gebrachten Luft Drosseln der Zufuhr von Dampf (bzw. Warmwasser) zum Nachheizkörper oder Regelung einer Umgehungsklappe am Nachheizkörper.

3. Regelung des Mischungsverhältnisses zwischen entfeuchteter und nichtentfeuchteter Luft.

Bei Solekühlung könnte auch die Zulauftemperatur der Sole geregelt werden, was jedoch weniger einfach ist als Regelung der Zulaufmenge.

Diese Aufzählung von Möglichkeiten selbsttätiger Regelung ist nicht erschöpfend, gibt aber einen gewissen Überblick.

Die Wirkung zahlreicher selbsttätiger Regler beruht darauf, daß an Stelle der gewöhnlichen Regelventile, -hähne oder -schieber Sonderventile mit einer Membran oder einem Hilfskolben eingebaut und an eine dünne, kupferne Hilfsleitung eingeschlossen werden, in der Druckschwankungen bei Veränderung der Lufttemperatur bzw. -feuchtigkeit entstehen. Die Druckänderungen werden dadurch hervorgerufen, daß die mit Druckluft, Druckwasser oder Drucköl von gleichbleibendem Anfangsdrucke betriebene Hilfsleitung an einen Thermostaten (Temperaturfühler) bzw. an einen Hygrostaten (Feuchtigkeitsfühler) angeschlossen ist. Diese Apparate lassen bei der gewünschten Temperatur bzw. Feuchtigkeit der Luft eine bestimmte Menge des Druckmittels durch einen Abzweig austreten, bei Steigen oder Fallen der Temperatur bzw. der Feuchtigkeit entsprechend mehr oder weniger.

Bei anderen Bauarten betätigen der Thermo- bzw. Hygrostat durch elektrische Übertragung die Regelventile[1].

Abb. 75 zeigt einen sogenannten Strahlrohrfeuchtigkeitsregler der Askania-Werke-AG., Berlin-Friedenau, für Druckölbetrieb. Das Regelventil *9*, welches in die selbsttätig zu regelnde Wasser- oder Dampfleitung der Luftbefeuchtungsanlage eingebaut ist, wird mittels Hebelübertragung durch den Kolben *8* gesteuert. Das Gehäuse *10*, in dem dieser Kolben, durch Federn abgestützt, auf und nieder geht, ist beiderseits durch dünne, kupferne Leitungen *6* und *7* mit dem Hygrostaten verbunden. In dem öldicht geschlossenen Gehäuse des Hygrostaten

[1] Eine sehr gute Übersicht über Grundformen und Anwendungsmöglichkeiten selbsttätiger Regelorgane enthält ein Aufsatz „Verstärker“ von Dr.-Ing. Kniehahn, Dresden (Qu.-V. 17.)

befindet sich, um eine hohle Achse drehbar, ein Röhrchen *5* mit düsenförmiger Austrittsöffnung. Durch die hohle Achse wird diesem Strahlröhrchen von einer kleinen, elektrischen Motorpumpe dauernd Drucköl zugepumpt, welches je nach der Drehung des Strahlrohres beim Austritt gegen die Anschlußöffnung der Leitung *6* oder *7* oder gegen den Raum zwischen diesen beiden Öffnungen prallt. Im ersteren Falle entsteht durch den Anprall Überdruck über oder unter dem Steuerkolben *8*, der das Regelventil entsprechend bewegt. Der Stand des Strahlrohres wird nun in folgender Weise von der Feuchtigkeit der Raumluft beeinflußt. In dem durchlochten Rohre *2* ist ein Band *1* aus einem hygroskopischen Stoffe mit seinem linken Ende befestigt, während das rechte Ende mit der Führungsstange *3* verbunden ist. Diese Stange *3* gleitet durch eine geschliffene Büchse im Gehäuse des Hygrostaten und bewegt durch einen Übertragungshebel *a* das Strahlrohr. Sinkt z. B. die Luftfeuchtigkeit, so zieht sich das Band *1* zusammen, der Hebel *a* dreht sich um seine oben liegende Schneide nach links und die Öffnung des Strahlrohres kommt vor den Anschluß der Leitung *6*. Durch den Anprall des Ölstrahles steigt in dieser Leitung der Druck, und der Kolben *8* bewegt sich nach oben. Dadurch wird das Regelventil mehr geöffnet. Beim Steigen der Luftfeuchtigkeit wird umgekehrt das Strahlrohr nach rechts, vor den Anschluß der Leitung *7* gedreht, der Kolben *8* geht nach unten, und das Regelventil wird mehr geschlossen. Die Federn *10* über und unter dem Steuerkolben verhindern Überregelung. Abb. 76a zeigt das Regelventil mit Steuerzylinder, Abb. 76b den Thermo- bzw. Hygrostaten in Ansicht.

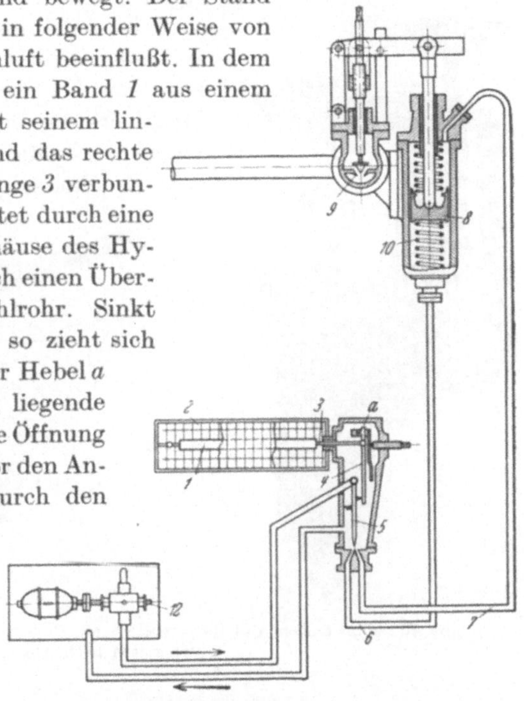

Abb. 75. Schema eines Strahlrohrreglers (Askaniawerke AG., Bambergwerk, Berlin-Friedenau).

An Stelle des hygroskopischen Bandes, dessen Wirkung derjenigen des Haarhygrometers entspricht, kann auch das Psychrometerprinzip — trockenes und feuchtes Thermometer — in folgender Art zum Bewegen des Regelhebels am Hygrostaten angewendet werden.

Ein trockener und ein ständig befeuchteter Metallstab werden an einem Ende gemeinsam fest eingespannt. Die freien Enden greifen so an einem Hebel an, daß durch die verschiedene Ausdehnung des trockenen und des feuchten, infolge der Verdunstung kälteren Stabes, der Hebel entsprechend der Luftfeuchtigkeit verstellt wird. Diese Hebelverstellung betätigt die weiteren Regelorgane.

Beim selbsttätigen Temperaturregler tritt an Stelle des Feuchtigkeitsfühlers ein Metallstab, dessen Längenänderung den Reglerhebel betätigt. Im übrigen ist die Wirkungsweise die gleiche wie beim Feuchtigkeitsregler.

Beim Askania-Regler werden die Druckänderungen in der Hilfsleitung, die das Regelventil steuert, durch Anwendung der Strahlwirkung erreicht. Bei anderen Bauarten, die ebenfalls Hilfsleitungen mit Druckluft, Drucköl oder Druckwasser verwenden, werden die Druckänderungen in der Hilfsleitung dadurch hervorgerufen, daß eine größere oder kleinere Menge des Druckmittels durch eine Düse entweicht, die vom Temperatur- bzw. Feuchtigkeitsfühler mehr oder weniger geöffnet wird. Die Regelventile selbst haben bei diesen Bauarten gewöhnlich eine außerhalb des Ventilgehäuses angebrachte Membran, auf welche der veränderliche Druck der Hilfsleitung entgegen einer Federkraft wirkt, und zwar direkt, also ohne Hebelübertragung. Die Verbindung zwischen Hilfsleitung, Temperatur- oder Feuchtigkeitsfühler und Regelventil kann nach Abb. 77 erfolgen, wobei die den Membrandruck regelnden Auslaßdüsen an irgendeiner Stelle der Hilfsleitung angebaut sind; in Abb. 78 ist der Düsenapparat direkt an den Druckraum über der Membran mit ganz kurzer Anschlußleitung angeschlossen, damit sich die durch verschiedene Stellung der Auslaßdüse d ent-

Abb. 76 a u. b. Ansicht des Regelventiles mit Steuerzylinder und des Thermo- bzw. Hygrostaten nach Abb. 75.

stehenden Druckschwankungen mit möglichst geringer Verzögerung auf das Regelventil übertragen.

Die Regelorgane reagieren um so schneller auf Änderungen der Lufttemperatur bzw. Feuchtigkeit, d. h. die Ausschläge der Regelkurve werden um so kleiner, je besser die folgenden Anforderungen erfüllt sind: Geringe Trägheit des Regelventiles, also große Membrankräfte bei kleinem Gewicht und wenig Reibungswiderstand in der Stopfbüchse

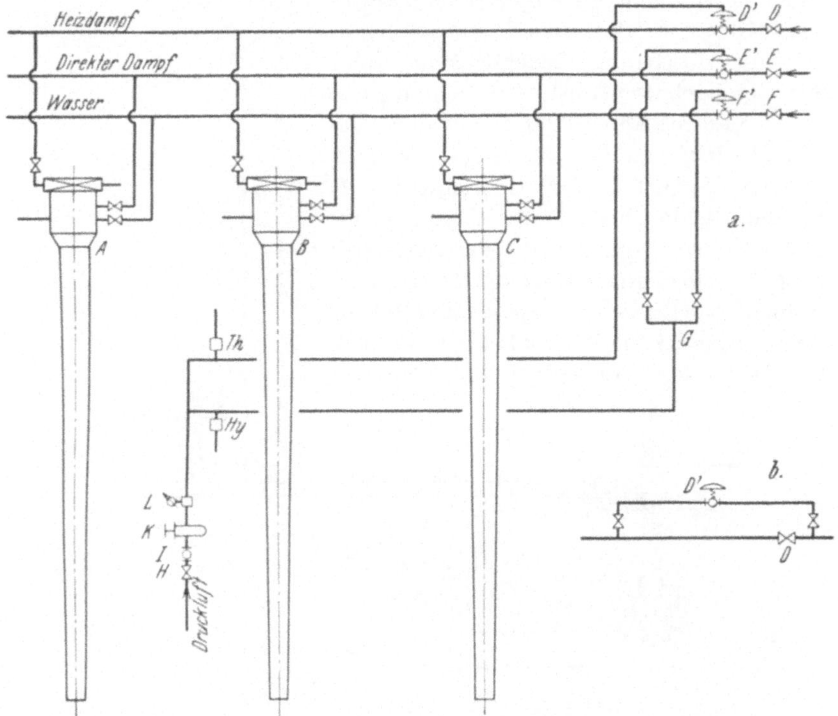

Abb. 77. Anordnung selbsttätiger Membranventile in den Hauptdampf- und Wasserleitungen einer Gruppe von Luftbehandlungsapparaten.

der Ventilspindel. Kurzes Leitungsstück zwischen „Fühler" und Regelventil. Geringe Trägheit und große Stellkraft des „Fühlers"; es ist also günstig, dem Fühlerelement eine Form von großer luftberührter Oberfläche (z. B. Bandform, Bündel von Bändern) zu geben.

Beim Regler nach Abb. 78 wird der Hebel *c*, der auf einer Schneide gelagert ist, durch eine Feder nach unten gedrückt, sucht also die Auslaßdüse *d* zu schließen. Gegengehalten wird der Hebel *c* durch die Fühlerelemente *a*, deren obere Enden durch einen Drehbalken (mit Höheneinstellung *G*) verbunden sind, so daß sich ihre Längenänderungen addieren.

Um Verstopfung der Düsen zu verhüten, muß das Druckmittel gut filtriert sein. Die Hilfsleitungen werden gewöhnlich aus dünnem Kupferrohr verfertigt.

Abb. 79 gibt in Durchschnitt und Ansicht einen Regler der Gesellschaft für selbsttätige Temperaturregelung, Berlin, in der Ausführung als Feuchtigkeitsregler zur Betätigung von Membranventilen wieder. Als Feuchtigkeitsfühler dient der hygroskopische, hülsenförmige Körper E, der links fest eingespannt ist und durch die Druckfeder F unter Spannung gehalten wird. Am rechten Ende ist der Feuchtigkeitsfühler E mit dem Metallstabe H verbunden, der die Längenänderung von E mittels einstellbaren Stiftes K auf den senkrechten Hebel M überträgt. Auf diesen wirkt am unteren, kürzeren Hebelarme die einstellbare Zugfeder O, während er am oberen Ende den waagerechten Hebel Q entgegen einer Federkraft R bewegt. Mit dem Hebel Q ist der Ventilstift S verbunden, der

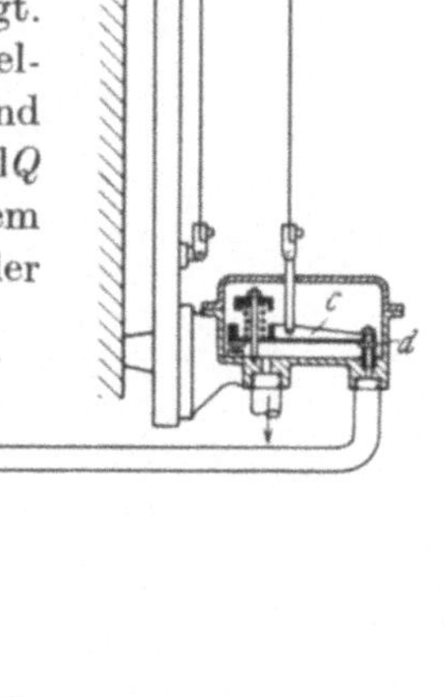

Abb. 78. Membranventil für Druckluft, gesteuert durch eine vom Thermo- oder Hygrostaten geregelte Auslaßdüse (Arca AG., Berlin).

aus der Druckluft-Hilfsleitung mehr oder weniger Luft in das offene Gehäuse C entweichen läßt und durch die dabei entstehende Druckänderung das Membranventil betätigt. Einstellung auf einen gewünschten Feuchtigkeitsgrad der Luft geschieht mittels des Stellstiftes K. Wird die Hilfsleitung zum Membranventil mit Drucköl oder Druckwasser statt mit Druckluft betrieben — Betriebsdruck etwa 1 atü — so ist das Gehäuse geschlossen und an eine Rücklauf- bzw. Ablaufleitung angeschlossen.

Sehr übersichtliche Abbildungen von selbsttätigen Temperatur- und Feuchtigkeitsreglern, deren Einzelteilen und Beispiele für den Einbau findet man in den Katalogen der amerikanischen Firmen The Foxboro

Co., Foxboro, Mass. und The Taylor Instrument Comp., Rochester, N. Y.; diese Apparate zeichnen sich durch einfachen Aufbau und sehr sorgfältige Ausführung der Einzelteile aus, so daß sie zur Zeit noch manchen europäischen Herstellern ähnlicher Apparate als gutes Vorbild dienen können.

Abb. 77 zeigt schematisch den Einbau einer selbsttätigen Regelanlage für Luftheizung und Luftbefeuchtung. *A* — *B* — *C* sind drei Wandapparate für Lüftung, Heizung und Befeuchtung, deren Lufterhitzer an einen gemeinsamen Heizdampfstrang angeschlossen sind; die Befeuchtungskammern

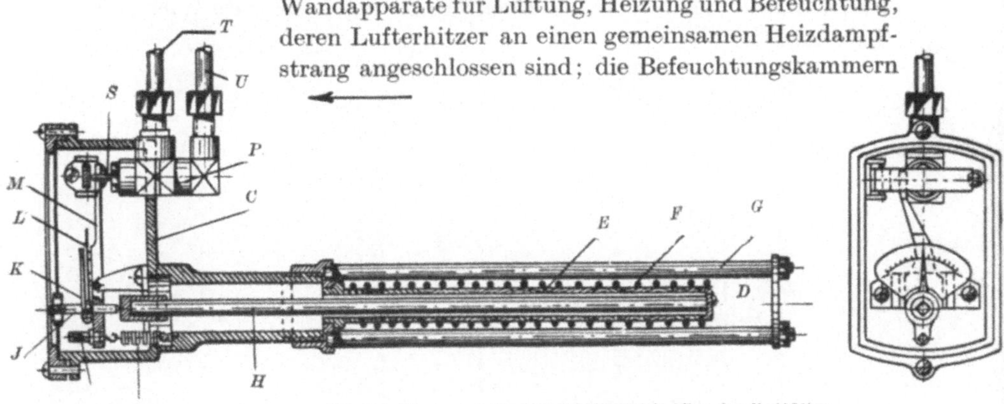

Abb. 79. Hygrostat für Druckluftbetrieb (Ges. f. selbsttätige Temperaturregelung, Berlin).

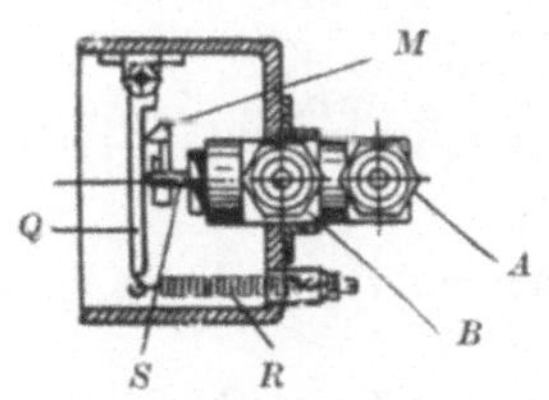

haben Anschlüsse an einen Befeuchtungsdampfstrang für den Winter und an eine Befeuchtungswasserleitung für den Sommer. Die Anschlußventile der drei Apparate werden so eingestellt und nötigenfalls einige Male im Laufe des Jahres so nachgeregelt, daß gewöhnlich die Regelung der Raumheizung und der Feuchtigkeit durch Bedienung der Hauptventile bzw. -schieber *D*—*E*—*F* genügt. Außer diesen gewöhnlichen Absperr- und Regelorganen ist nun in jede der drei Hauptleitungen ein selbsttätiges Membran-Federventil *D'* — *E'* — *F'* eingebaut, und zwar entweder direkt in die Hauptleitung oder in je eine seitliche Abzweigung, siehe Abb. 77b; letztere Anordnung ergibt den Vorteil, daß die Membranventile kleiner gewählt werden können, indem man einen grob mit der Hand einstellbaren Teil der gesamten Dampf- bzw. Wassermenge durch das Hauptrohr und den Rest durch das Regelventil gehen läßt. Dadurch hat das Membranventil nur kleinere Mengen abzuregeln, und kann es empfindlicher arbeiten.

Jedes Membranventil ist an eine Hilfsleitung, im Beispiel für Druckluft, angeschlossen. Diese Hilfsleitungen sind abgezweigt von einer, vom Kompressor kommenden Hauptluftleitung, mit Absperrventil, Filter, Druckminderventil und Manometer. An die obere Hilfsleitung, die zum

Heizdampfregelventil führt, ist ein Thermostat angeschlossen, an die untere, die mit den Befeuchtungsleitungen verbunden ist, ein Hygrostat. Letztere Leitung wird am Abzweigstücke *G* im Sommer mit *F*, im Winter mit *E* durch dafür vorgesehene Absperrventile in Verbindung gebracht.

Vollkommene Dichtheit der Verbindungsleitungen und rostfreie Ausbildung derselben, ferner tadellose Reinhaltung des Filters und Zuverlässigkeit des Druckminderventiles bedingen das gute Wirken der

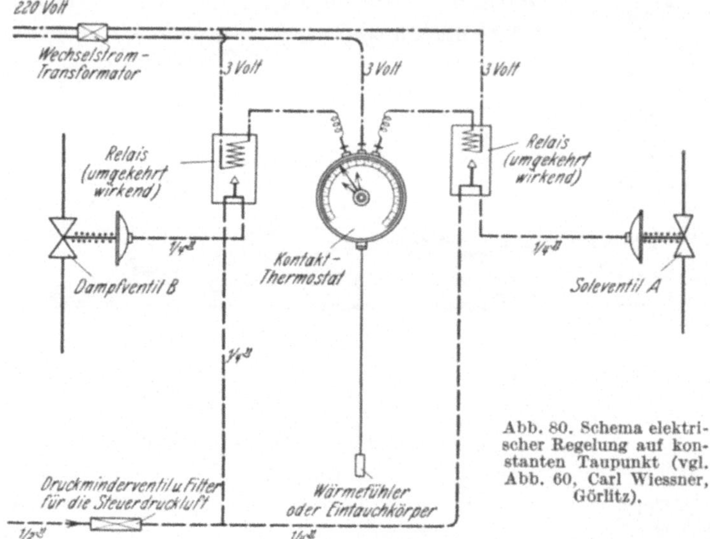

Abb. 80. Schema elektrischer Regelung auf konstanten Taupunkt (vgl. Abb. 60, Carl Wiessner, Görlitz).

Anlage. Auch muß man sich ab und zu davon überzeugen, daß die Ventilsitze von *D* — *E* — *F* gut dichten.

Für selbsttätige Regelung auf konstanten Taupunkt gibt Abb. 60 (mit Schema Abb. 80) ein Beispiel. Die Regelung muß die folgenden Forderungen erfüllen:

1. In der Taupunktkammer muß dafür gesorgt werden, daß im Winter durch Regeln der Dampfmenge, im Sommer durch Regeln der Kühlwassermenge die Luft bei der gewünschten Taupunkttemperatur mit Feuchtigkeit gesättigt ist.

2. Die Temperatur der austretenden Luft soll, nötigenfalls durch Nachheizen, so geregelt werden, daß sich im Raume die gewünschte mittlere Temperatur einstellt.

3. Die Feuchtigkeit muß nach Bedarf nachgeregelt und nötigenfalls ein Überschuß an unverdampftem Wassernebel der austretenden Luft mitgegeben werden.

Zur Erfüllung der Forderungen 2 und 3 dienen die Membranventile *C* in der Dampfleitung vor dem Lufterhitzer (Nachheizung) und *D* in der Düsenwasserleitung zur Nachbefeuchtung. Der Feuchtigkeitsfühler des Hygrostaten, der an der Hilfsleitung zum Membranventile *D* angebracht ist, wird mittels eines Rohres an den Saugraum des Ventilators angeschlossen; dadurch wird stets Raumluft durch den Hygrostaten hindurchgesaugt. Zur Regelung auf den Taupunkt dienen die Membranventile *B* in der Dampfleitung zur Taupunktkammer (Winter) und *A* in der Soleumlaufleitung des Wasserkühlers (Sommer). Die Auslaßdüsen der beiden, dünn gezeichneten Druckluftleitungen, die zu diesen Membranventilen gehören, werden durch je einen Elektromagneten (Relais) geöffnet, sobald der Strom fließt, sonst durch eine Feder geschlossen. Jeder der beiden Magnete ist mit einem Pole direkt an eine Stromquelle angeschlossen, mit dem anderen Pole an einen einstellbaren Kontakt eines Zeigerthermometers, welches die Lufttemperatur hinter der Taupunktkammer anzeigt. Sinkt die Lufttemperatur unter das gewünschte Maß, so geht der Zeiger nach links und schließt den Stromkreis desjenigen Magneten (Relais rechts), der den Luftdruck über dem Dampfregelventil verringert. Dadurch kann die Feder die Ventilspindel heben, und der Dampfzufluß wird größer. Steigt die Temperatur so weit, daß der Zeiger des Thermometers zuweit nach rechts geht und den Kontakt verläßt, so wird der Magnetstrom unterbrochen, die Auslaßdüse geschlossen und durch Steigen des Luftdruckes über dem Membranventile die Dampfzufuhr verringert.

Im Sommer regelt in ganz entsprechender Weise der zweite Magnet (Relais links) bei Überschreiten der Taupunkttemperatur durch Betätigen des Membranventiles *A* die Stärke des Kühlsoleumlaufes im Wasserkühler und damit die Abkühlung des Düsenwassers.

Von den rein elektrisch, also ohne Hilfsdruckleitungen, betätigten Feuchtigkeits- und Temperaturreglern wirkt beispielsweise derjenige der Wilh. Lambrecht AG., Göttingen, nach dem folgenden Grundsatze: Die Spindeln der Regelventile werden durch je einen kleinen, an das Fabriknetz angeschlossenen Elektromotor mittels Schnecke und Schneckenrad angetrieben. Der Stromkreis dieser Kleinmotoren wird unter Zwischenschaltung von Magnetrelais durch Kontakte geschlossen, die am Thermo- bzw. Hygrostaten angebracht sind. Auch durch Elektromagneten direkt betätigte Ventile werden neuerdings angewendet. Bei allen elektrischen Reglern ist sorgfältigste, staub- und feuchtigkeitssichere Ausführung der Kontakte Voraussetzung für dauernde Zuverlässigkeit.

In dieser Beziehung scheinen die von Siemens & Halske, Siemensstadt b. Berlin, und von Hartmann & Braun, Frankfurt a. M. entwickelten elektrischen Meß- und Regelapparate, die auch für Fernablesung geeignet sind, hohen Ansprüchen zu genügen.

Erwähnt sei schließlich noch die Temperaturregelung im Sommer bei Kühlung der Luft durch kaltes Brunnenwasser. Die Grobeinstellung erfolgt gewöhnlich durch Zu- bzw. Abschalten von einigen Düsengruppen. Wird das gesamte Ablaufwasser zu anderweitiger Verwendung abgeführt, so regelt man, von Hand oder selbsttätig, den Druck in der Kaltwasserzufuhrleitung und damit die Menge des Kühlwassers. Häufig wird jedoch den Düsen das Druckwasser durch eine Pumpe aus einem Sammelbehälter zugeführt, in den das Ablaufwasser der Düsenkammern geleitet wird; ein Schwimmerhahn sorgt bei Sinken des Wasserspiegels im Behälter für die Zufuhr von kaltem Frischwasser. Bei dieser Anordnung bringt man in der Rücklaufleitung für das Düsenwasser einen Abzweig für freien Ablauf an und baut in diesen ein Regelventil ein. Dieses bewirkt, daß bei zu hoher Raumtemperatur mehr Rücklaufwasser durch den Abzweig frei, d. h. zu anderweitiger Verwendung, wegläuft, der Wasserstand im Pumpenbehälter entsprechend sinkt, und durch den Schwimmerhahn mehr kaltes Wasser zuströmt. Dieses wird nun durch die Pumpe den Düsen zugeführt und kühlt die Luft herunter (Abb. 35a). Bei Apparaten mit reiner Verdunstungskühlung erhält man die mögliche Abkühlung zwangsläufig als Nebenwirkung der nötigen Befeuchtung, d. h. um so weniger Abkühlung, je feuchter die Außenluft ist; selbsttätig geregelt wird nur die Feuchtigkeit.

Bei Luftwäschern, in denen die Luft mit Kaltwasser unter ihre Kühlgrenze gekühlt wird, kann man mit gleicher Lüftungsstärke eine niedrigere Raumtemperatur — besonders bei feuchtwarmem Wetter — erreichen als bei reiner Verdunstungskühlung. Durch die Wiedererwärmung der aus dem Luftwäscher austretenden Luft erhält man im Raume einen Feuchtigkeitsgrad, der höher oder niedriger als erwünscht sein kann. Man muß daher auch in diesem Falle von den zulässigen Grenzen der Luftfeuchtigkeit ausgehen und danach regeln; will man im Sommer sowohl den Feuchtigkeitsgrad als auch die Temperatur je innerhalb bestimmter Grenzen halten, so muß die Anlage entsprechend den im Abschnitte „Kühlung" näher behandelten Grundsätzen entworfen werden. Erfolgreiche selbsttätige Regelung von Feuchtigkeit und Temperatur im Sommer erfordert daher in jedem Einzelfalle einen sehr sorgfältigen Entwurf. Mit Rücksicht auf Anlage- und Betriebskosten sieht man meist — außer bei äußerst temperaturempfindlichen Waren oder Arbeitsvorgängen und entsprechend wärmeschützender Bauweise der betreffenden Räume — davon ab, im Sommer bei jedem Wetter konstante Raumtemperatur einzuhalten; man beschränkt sich meist darauf, um eine bestimmte Anzahl Grade unter der Außentemperatur zu bleiben und regelt auf konstante Feuchtigkeit. Wendet man die bereits beschriebene Kühlung auf konstanten Taupunkt an, so stellt man die selbsttätige Regleranlage je nach der Außentemperatur auf denjenigen Taupunkt ein, der bei der niedrigsten mit der Anlage erreichbaren Raumtemperatur den gewünschten Feuchtigkeitsgrad im Raume ergibt. Erleichtert wird die Einhaltung günstiger Sommertemperaturen im Raume, wenn man durch geeignete Einstellung von Wechselklappen je nach der Wetterlage das Mischungsverhältnis zwischen Frisch- und Umluft und durch eine Umgehungsklappe die Luftmenge verändert, welche den Luftwäscher passiert. Auch derartige Klappenbewegungen können in gewissem Umfange durch selbsttätige Regler ausgeführt werden, wobei die Beherrschung der Stellkräfte jedoch große Sorgfalt beim Entwurfe erfordert.

Bei Druckluftzerstäubern können selbsttätige Regler in der Weise verwendet werden, daß sie Druckluft- oder Wasserzufuhr drosseln, schlagweise oder allmählich. Wird die Saugwasserleitung durch offene Schwimmergefäße gespeist, so kann man durch ein selbsttätiges Regelventil einen veränderlichen Widerstand zwischen Schwimmergefäß und Saugleitung bilden oder, mit entsprechend großen Stellkräften, den Wasserspiegel des Schwimmergefäßes heben oder senken (vgl. S. 106). Erfolgt die Speisung der Düsen durch geschlossene Niveaugefäße, wie z. B. bei der Bauart Abb. 45, so kann der Luftdruck über dem Wasserspiegel selbsttätig geregelt werden (vgl. S. 104).

Selbsttätige Regelung von Druckluftzerstäubern kann u. a. nützlich sein, wenn dieselben in großen Sälen mit viel Wärmeentwicklung durch Maschinen als Ergänzung zentraler Luftwäscher angeordnet werden, um örtliche Verschiedenheiten der Luftfeuchtigkeit auszugleichen.

V. Einzelheiten der Ausführung.

1. Wasser- und Druckluftleitungen, Filter.

Für Luftwäscher, besonders für solche mit Düsen von kleiner Bohrung, verwendet man am liebsten weiches, gasarmes Wasser mit niedrigem Eisengehalt, da sonst Rostbildung und Steinansatz Anlaß zur Verstopfung der Düsen geben können. Auch bei Druckluftleitungen besteht Rostgefahr und damit Anlaß zur Verstopfung der Luftdüsen durch mitgerissene Rostteilchen; denn die natürliche Feuchtigkeit der angesaugten Luft kann bei dem verkleinerten Rauminhalte der Luft nach der Verdichtung und folgenden Abkühlung in den Leitungen Übersättigung der Luft, also Abscheidung von Wasser veranlassen. Die zu Zerstäuberdüsen führenden Wasser-, zuweilen auch die Druckluftleitungen führt man daher, wenigstens vom letzten, den Düsen vorgeschalteten Filter an, in verzinktem Eisenrohr, manchmal selbst in Kupferrohr aus. Der Einbau von leicht zugänglichen Filtern vor den Apparaten ist immer zu empfehlen, wird aber leider noch oft unterlassen. Die Filter sollen so gebaut sein, daß das Innere ohne Ausbau von Rohrstücken mit wenigen Handgriffen bequem zugänglich ist. Statt oder außer einer Lage feiner Kupfer- oder Bronzegaze (um ein gelochtes Rohr fest geschnürt, die Naht gelötet) bewährt sich oft eine Lage Nesseltuch, das nach Bedarf erneuert wird. Setzt sich ein Feinfilter zu schnell voll, so ordnet man zuweilen zwei Stück, getrennt abschließbar, nebeneinander an, um je eines ohne Störung des Betriebes reinigen zu können, davor nötigenfalls ein Grobfilter. Lagen von harten Koksstücken, Kies, Glasgespinst u. dgl. leisten, bei genügender Größe, oft gute Dienste. Eine bekannte Art Feinfilter bilden die kerzenförmigen Hohlkörper aus keramischen Stoffen von verschiedener Porosität, für größere Leistungen zu Gruppen in gemeinsamem Gehäuse vereinigt (Berkefeld-Filter u. a.).

Zweckmäßige, richtig angeordnete und regelmäßig nachgesehene Filter sind ein wesentlicher Bestandteil von Düsenapparaten; sie schützen vor Versagen derselben und verringern die Unterhaltskosten.

Bei Ablaufwasserleitungen, besonders wenn mehrere Apparate an eine gemeinsame Ablaufleitung angeschlossen sind, ist auf zweckmäßige Entlüftung zu achten; der Leitungsdurchmesser muß natürlich dem verfügbaren Gefälle angepaßt werden, worauf besonders bei beabsichtigter Kühlung der Luft durch größere Mengen Brunnenwasser zu achten ist. Wasserleitungen, die nicht frostfrei verlegt werden können, müssen vor Beginn des Winters abgezapft werden können. Bei Ablaufleitungen, bei denen vorauszusehen ist, daß sie viel Staub, Fasern usw. — herrührend vom Auswaschen der Luft oder von Ablagerungen auf Auffangschalen, Tropfrinnen u. dgl. wegzuspülen haben, ist beim Entwurf auf die Möglichkeit leichter Reinigung zu achten.

Bei der Anordnung der Regelventile oder -schieber achte man darauf, daß sie ohne Benutzung von Leitern zugänglich sind; hochgelegene Regelorgane können durch Antriebsgestänge für Bedienung von unten eingerichtet werden. Lieber verwendet man Rohrverteilstücke mit Regelorganen in Bedienungshöhe.

Bei Gruppen von Einzelapparaten in größeren Räumen wird die Bedienung sehr erleichtert, wenn die Regelung einer ganzen Gruppe durch je ein Hauptventil in den Rohrsträngen für Wasser, Heizdampf, Befeuchtungsdampf erfolgt; die Abschluß- bzw. Regelorgane, mit denen die Einzelapparate an die Hauptstränge angeschlossen sind, dienen hierbei nur zum Einstellen, welches nur in größeren Zeitabständen nötig ist. Abb. 77 erläutert diese Anordnung, die auch nachträglichen Einbau selbsttätiger Regelung erleichtert.

2. Luftverteilleitungen[1].

Die Wahl von Anordnung und Einzelausbildung der Luftverteilleitungen verdient mehr Aufmerksamkeit als oft darauf verwendet wird, besonders in solchen Räumen, in denen die Aufrechterhaltung der

[1] Qu.-V. 13.

gewünschten Luftfeuchtigkeit und Temperatur Schwierigkeiten bereitet. Die Erfahrung spielt hierbei wegen der Mannigfaltigkeit der möglichen Ausführungen und der Verschiedenheit der örtlichen Verhältnisse eine große Rolle. Der Wert von Schemabildern soll daher nicht überschätzt werden.

a) Anordnung der Hauptstränge.

Die Abb. 81a—b veranschaulichen für einen Raum von gegebener Grundfläche bei Verwendung eines einzelnen Luftbehandlungsapparates die Verschiedenheit der Luftwege, je nachdem ein Hauptstrang oder zwei Hauptverteilleitungen angeordnet werden. Die Wege, welche die Luft quer zur Leitung zurücklegen muß, um den Raum gut zu durchdringen, sind im ersteren Falle größer; daher muß, wenn man sich nicht mit Diffusion der Luft begnügt, sondern ausgesprochene Verteilung derselben über den Raum anstrebt, entweder die Austrittsgeschwindigkeit entsprechend höher gewählt werden, oder es müssen Abzweigleitungen am Hauptstrange angebracht werden, welche die Luft an günstig gelegene Verteilpunkte führen. Die Verteilung auf zwei oder mehrere Hauptstränge zieht man u. a. vor, wenn bei Verwendung eines einzigen dessen Abmessungen störend groß werden oder, bei Beschränkung seiner Abmessungen, die Luftgeschwindigkeit in der Hauptleitung zu groß gewählt werden müßte. Abb. 81c zeigt für den gleichen Raum die Unterteilung der Luftbehandlung auf zwei kleinere Apparate mit je einer geraden Hauptleitung. Örtliche Verhältnisse (Lage von Dachbindern usw.) geben bei der Auswahl der Hauptanordnung gewöhnlich den Ausschlag.

b) Die Luftaustrittsöffnungen.

In den Abb. 81d—h sind schematisch einige Anordnungen der Öffnungen für vorwiegend waagerechten Luftaustritt dargestellt. Die Abb. 81d, e u. f zeigen runde Stutzen, die oft mit je einer Drosselklappe oder einem Drosselflansch zum Einstellen der Luftverteilung versehen sind. Durch schrägen Anschluß der Stutzen nach Abb. 81d wird die im Leitungsrohre herrschende Luftgeschwindigkeit größtenteils ausgenutzt; durch die Verwendung von Krümmern nach Abb. 81e wird die Luft außerdem mehr quer zur Richtung der Leitung abgelenkt. Anordnung der Stutzen senkrecht zum Leitungsrohr, siehe Abb. 81f, erfordert bei gleichem Leitungsquerschnitte einen etwas höheren statischen Druck in der Leitung zum Erzeugen der Austrittsgeschwindigkeit; die gleichmäßige Verteilung der Luft wird jedoch gleichzeitig dadurch erleichtert. Abb. 81g deutet den oft mit Vorteil anzuwendenden Luftaustritt durch einen schmalen, zuweilen gitterförmig ausgebildeten Schlitz an der Unterseite des Rohres, mit darunter hängender Rinne an; diese kann, außer zum seitlichen Ablenken des Luftstromes, als

Tropfrinne, z. B. beim Arbeiten mit Nachverdampfung, dienen. Abb. 81 i zeigt diese Anordnung in größerem Maßstabe, Abb. 81 k die Verwendung von kleinen, aus dem Leitungsbleche herausgedrückten Zungen, die auf

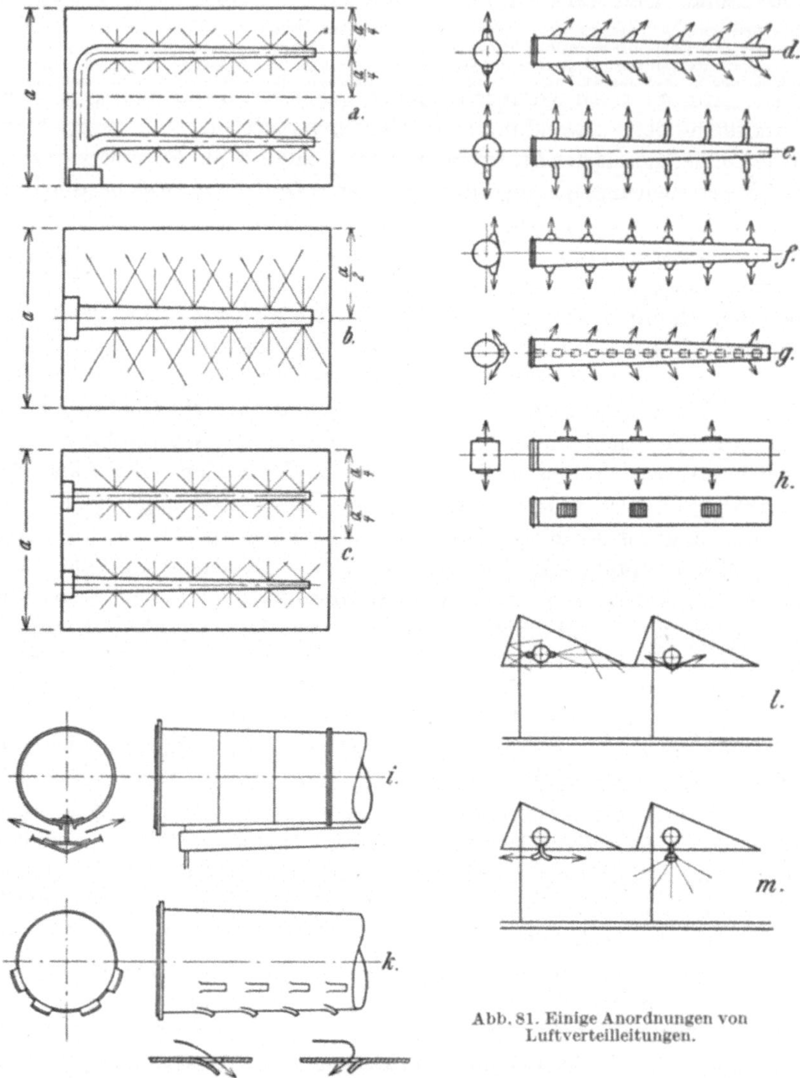

Abb. 81. Einige Anordnungen von Luftverteilleitungen.

sehr billige Art Richtung, Geschwindigkeit und Verteilung des Luftstromes zu regeln ermöglichen. Das Aussehen ist allerdings weniger günstig. In Abb. 81 h ist eine viereckige Luftverteilleitung mit gitter- oder jalousieartigen Austrittsöffnungen dargestellt, wobei die Richtung des Luftaustrittes geregelt werden kann; je nach dem Stande der Jalousien ist der Widerstand der Verteilleitung verschieden groß.

Wenn Luftverteilleitungen in der Längsrichtung von Scheddächern über deren Untergurt verlegt werden, können bei zu großer Luftaustrittsgeschwindigkeit in waagerechter Richtung lästige Zugerscheinungen durch Brechung des Luftstromes entstehen, vgl. Abb. 81 l, links. Diese Gefahr besteht weniger, wenn die Luft durch Schlitz und Führungsrinne

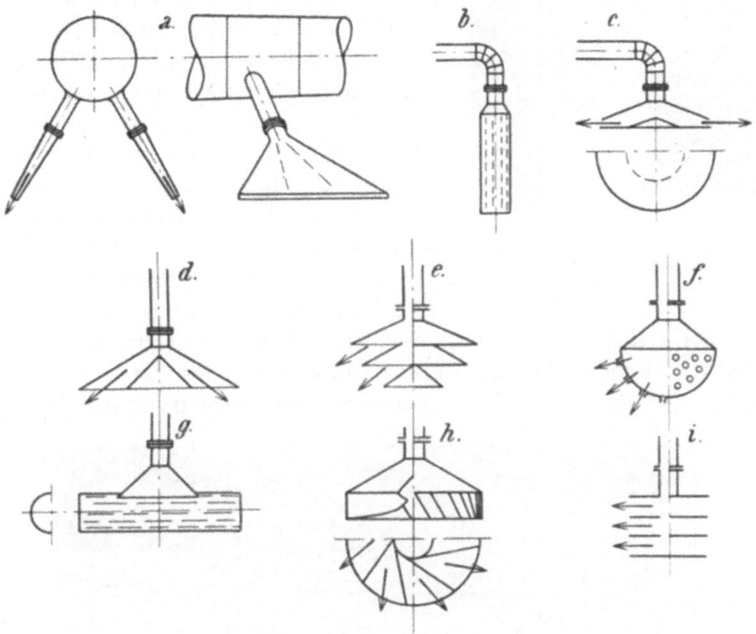

Abb. 82. Beispiele von Luftverteilern.

oder in sonstiger guter Verteilung mit geringer Geschwindigkeit austritt. Ferner wird die Zuggefahr viel geringer, wenn Ausblasestutzen nach Abb. 81 m (links) erst nach unten geführt werden und durch Prallflächen oder Krümmer die Luft waagerecht austreten lassen. Abb. 81 m (rechts) zeigt die Verteilung der Luft durch „Streukörper" (vgl. Abb. 86 a).

In Räumen mit mäßiger Wärmeentwicklung und -einstrahlung kann man gewöhnlich eine genügend gleichmäßige Verteilung von Temperatur und Feuchtigkeit mit vorwiegend waagerechtem Austritt der Luft aus den Verteilleitungen erreichen.

Sind die Verhältnisse schwieriger, und legt man Wert darauf, daß die Luft möglichst direkt an die Ware oder die Arbeitsmaschinen herangeführt bzw. dort abgesaugt wird, so werden an den Verteilleitungen Abzweigrohre angebracht, deren Austrittsöffnungen durch Lochung, Jalousieplatten oder Ablenkkörper den Luftstrom in der gewünschten Richtung mit der zulässigen Geschwindigkeit verteilen. Einige Ausführungsformen zeigen die Abb. 82a—i. Abb. 71 läßt den im Schemabilde 82c dargestellten Verteiler erkennen, Abb. 64 den Verteiler nach 82e, während die Abb. 83a und 83b Ausführungen nach 82i bzw. 82h darstellen. Abb. 86a entspricht dem Verteilkörper nach 82f, während Abb. 86b die auf den ersten Blick etwas verblüffende Vereinigung desselben mit einem Saugkopfe zeigt. Durch richtige Wahl der Abmessungen gelingt es jedoch, „Kurzschluß" zu vermeiden, d. h. die ausgeblasene Luft diffundiert in den Raum hinein und kehrt erst nach einem genügenden Umwege zum Saugkopfe zurück.

Abb. 83a u. b. Luftverteiler mit Prallflächen und mit Lenkflächen (DRP. Berventulo G.m.b.H., Berlin).

Grundsätzlich kann man bei den Luftverteilern unterscheiden zwischen Formen, bei denen die Anfangsgeschwindigkeit der Luft an der Austrittsstelle bereits auf ein Mindestmaß verringert ist, und solchen Formen, bei denen die Luft sich nach dem Austritte noch mit einer gewissen, allmählich kleiner werdenden Geschwindigkeit in bestimmter Richtung bewegen soll. Mit den meisten der in den Abb. 82a—i dargestellten und ähnlichen Verteilern kann man mehr die erste oder die zweite Wirkung erreichen, je nachdem Zahl und Größe der Luftverteilkörper im Verhältnis zur Größe der Hauptleitung gewählt werden.

Abb. 84. Zugfreie Luftverteilung in einem Treibhause (Berventulo G. m. b. H., Berlin).

Abb. 84 zeigt eine Luftleitung mit Prallflächen zur zugfreien Bewetterung eines Treibhauses (Heizung teilweise durch örtliche Heizkörper), Abb. 85 die Anlage in den Hilfsräumen einer Druckerei mit

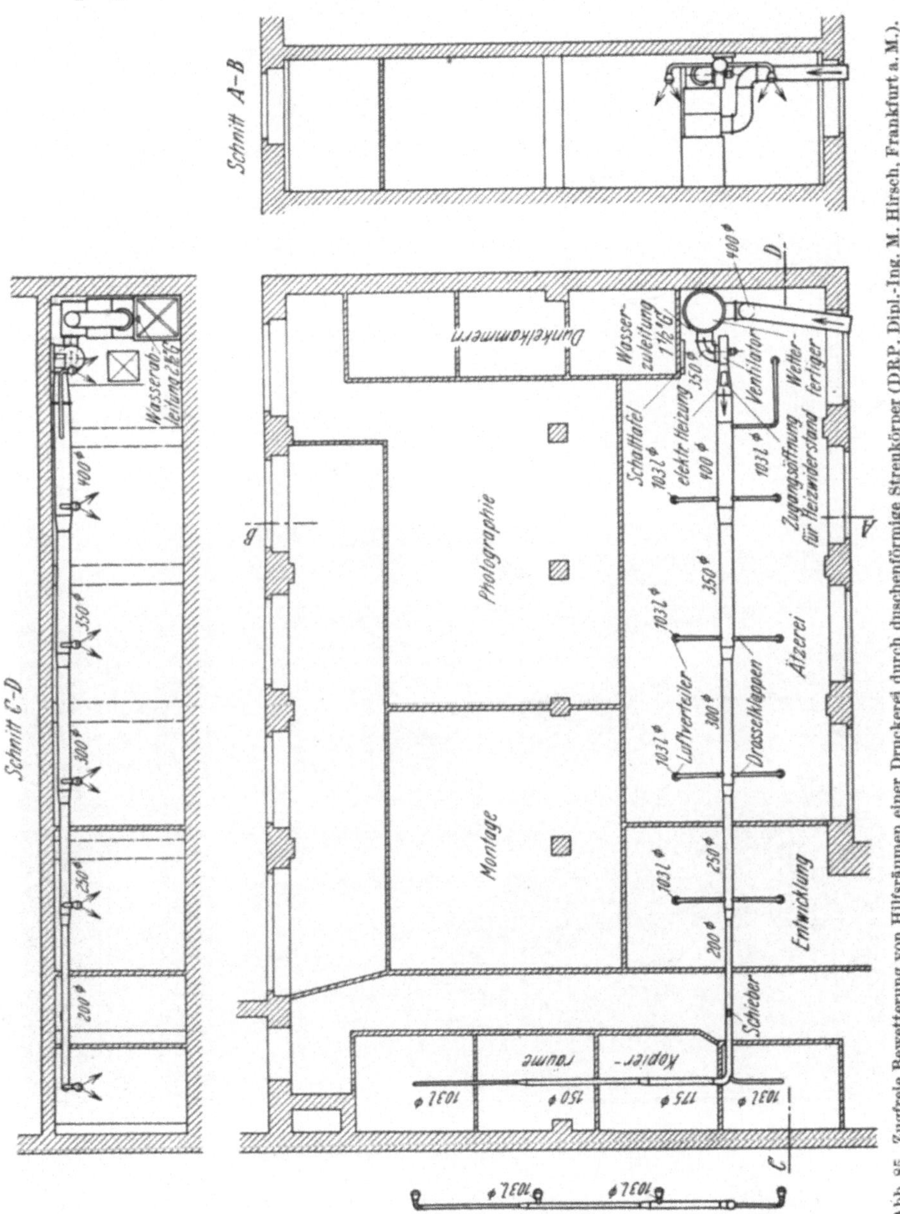

Abb. 85. Zugfreie Bewetterung von Hilfsräumen einer Druckerei durch duschenförmige Streukörper (DRP. Dipl.-Ing. M. Hirsch, Frankfurt a. M.).

nach unten gerichteter Luftverteilung durch duschenförmige Streukörper. Abb. 87 zeigt eine Luftleitung von viereckigem Querschnitte, entsprechend dem Schema Abb. 81 h, mit jalousieförmigen Austrittsöffnungen.

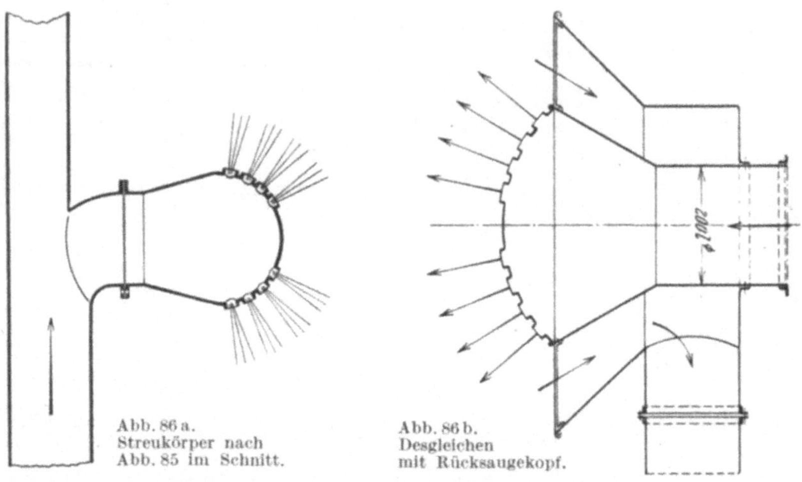

Abb. 86 a. Streukörper nach Abb. 85 im Schnitt.

Abb. 86 b. Desgleichen mit Rücksaugekopf.

Abb. 87. Viereckige Luftleitung mit jalousieförmigen Austrittsöffnungen (Carrier Eng. Corp. Newark-Carrier Lufttechn. Ges., Dr. Klein, Stuttgart).

Schließlich ist in Abb. 88 die Luftverteilung durch Rohre mit Austrittsschlitzen bei der Entnebelung eines Würzekühlraumes dargestellt.

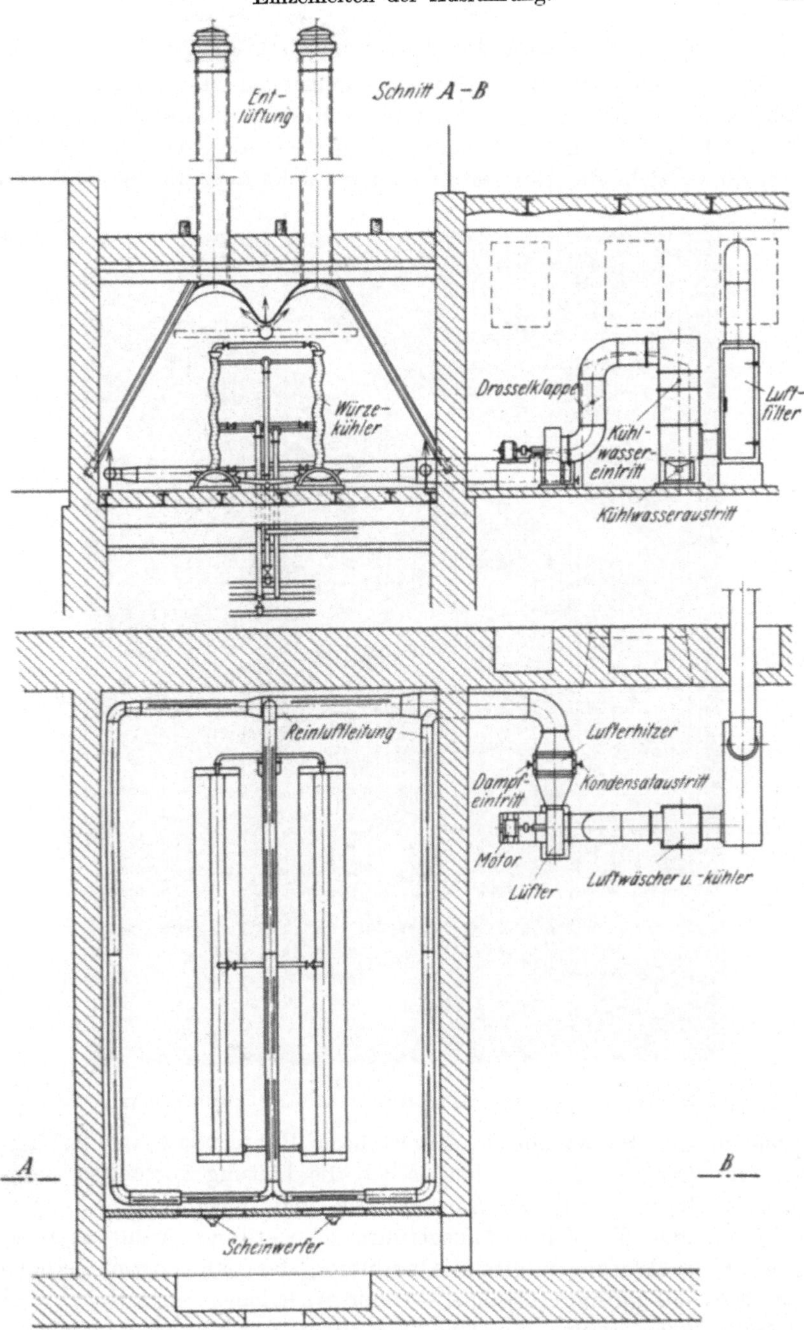

Abb. 88. Luftleitung mit Austrittsschlitzen bei der Entnebelung eines Würzekühlraumes (DRP. Entwurf und Ausführung: Dipl.-Ing. M. Hirsch, Frankfurt a. M.).

c) Ausführung der Luftverteilleitungen.

Der gebräuchlichste Baustoff für die Leitungen ist verzinktes Eisenblech in der Dicke von 0,8—1,5 mm bei Rohrdurchmessern von etwa 250—1000 mm. Bei hohen Feuchtigkeitsgraden oder übersättigter Luft empfiehlt es sich, die Rohrleitungen feuerzinkt auszuführen, d. h. die

Abb. 89. Luftleitung aus gepreßten Asbest-Cementschüssen (Martinitfabrik Amsterdam).

einzelnen, aus Schwarzblech hergestellten Rohrschüsse im Vollbade verzinkt. Auch wird in solchen Fällen die Leitung vorteilhaft tropfsicher, z. B. mit unterem Auslaßschlitz und darunter angehängter, durchlaufender Tropfrinne, ausgeführt. Neuerdings wählt man als Baustoff der Leitungen öfters Aluminium, das den Vorzug geringen Gewichtes mit gutem Aussehen — ohne Anstrich — und Rostfreiheit verbindet. Der Preisunterschied gegenüber verzinkten, gestrichenen Leitungen ist infolge des geringeren Gewichtes und der leichteren Verarbeitung von Aluminiumblech nicht so groß, wie man gewöhnlich annimmt. Bei Leitungen von verzinktem Eisenblech darf das dafür verwendete Material nicht zu spröde sein; besonders bei gefalzten Nähten bilden sich sonst leicht Risse, die Anlaß zum Rosten geben.

Statt runder Luftverteilrohre bevorzugt man zuweilen wegen des gefälligeren Aussehens solche mit viereckigem Querschnitte. Als Beispiel derartiger Ausführung zeigt Abb. 89 eine aus einzelnen Schüssen zusammengesetzte Luftleitung der Martinitfabrik, Amsterdam; als Baustoff dient eine feuchtigkeitsbeständige Preßmasse aus Asbest-Zement von etwa 7 mm Dicke. Allerlei Formstücke (Krümmer, Übergangsstücke usw.) lassen sich nach diesem Verfahren herstellen. Bei geeigneter Bauart der Decke bzw. des Daches kann die Oberseite viereckiger Kanäle direkt dagegen anliegen, so daß sich auf ihnen kein Staub ablagert.

Die Luftverteilleitungen sollten, wenn möglich, stets so angeordnet werden, daß auch Frischluft (mittels Wechselklappe) angesaugt werden kann, selbst wenn gewöhnlich mit reinem Umluftbetriebe gearbeitet wird. Denn nach dem Abstellen von Luftbefeuchtungsanlagen vor Betriebsschluß ist es erwünscht, den Raum gut mit Frischluft durchspülen zu können, damit nicht

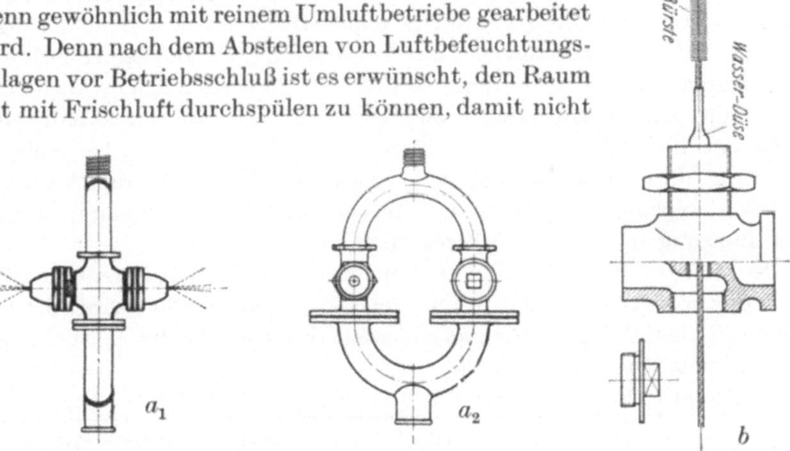

Abb. 90. *a* Druckluftdoppeldüse (Danneberg & Quandt, Berlin). *b* Reinigung der Düse nach Abb. 90a.

durch die in der Nacht eintretende Abkühlung feuchter Niederschlag und Rostbildung an den Maschinen oder Beschädigung von Waren entsteht.

3. Zerstäuberdüsen.

a) Druckluftzerstäuber.

Die gebräuchlichsten Bauarten sind auf S. 103 ff. beschrieben. Abb. 90b veranschaulicht die Reinigung der in Abb. 90a dargestellten konzentrischen Doppeldüse.

b) Druckwasserdüsen.

Der Vorgang der Zerstäubung eines unter Druck aus einer Öffnung tretenden Flüssigkeitsstrahles ist sehr interessant; besonders der Bau neuzeitlicher Schwerölmotoren hat zu eingehenden Untersuchungen darüber Anlaß gegeben, welchen Einfluß der Flüssigkeitsdruck, die Größe und die Form der Düsenöffnung auf die Feinheit der Zerstäubung, die zerstäubte Flüssigkeitsmenge und die Form des Nebelkegels haben. Für die Feuchtluftbehandlung mittels Düsen erscheint es jedoch übertrieben, allzuhohe Forderungen in dieser Richtung zu stellen; bei Luftwäschern ist es häufig in Anschaffung und Unterhalt vorteilhafter, von einer sehr einfachen, billigen und leicht zu reinigenden Düse eine etwas größere Anzahl zu wählen, als eine kleinere Anzahl einer besonders hochwertigen, aber wesentlich teureren und komplizierteren Bauart; besonders gilt dies für sogenannte selbstreinigende Düsen, wenn nicht besonders weiches, eisenarmes Wasser zur Verfügung steht.

Bei allen Düsenformen wird die Zerstäubung um so feiner, die gesamte, luftberührte Oberfläche der Einzeltröpfchen also um so größer, je höher der Wasserdruck und je kleiner die Austrittsöffnung ist. Während früher zum Betriebe der Zerstäuber Wasserdrücke von 8—12 at üblich waren, werden gegenwärtig meist Drücke von $2^1/_2$—4 at angewandt; nur für besonders feine Vernebelung, z. B. bei Anordnung von Düsen im Luftverteilrohre, wählt man höhere Betriebsdrücke.

Kleine Austrittsöffnungen zwecks feiner Zerstäubung erhält man entweder durch Bohrungen von kleinem Durchmesser oder, bei größerer Bohrung, durch Prallflächen, die von außen in einstellbarem Abstande vor der Bohrung angeordnet sind; ferner durch nadelförmige, innerhalb der Bohrung einstellbare Körper u. dgl.

In Abb. 91a und b stellt die Ausführung C eine einfache Zerstäuberdüse dar, die normal für einen Streukegel von 80° ausgeführt wird; die folgende Zahlentafel gibt für verschiedene Bohrungen die Leistung abhängig vom Betriebsdrucke an.

Zerstäuberleistung der Düsen nach Abb. 91a und b (C).

Anschluß-Außenrohr-gewinde	Bohrung in mm	Leistung in l/min bei den angegebenen Betriebsdrücken								
		0,25 atü	0,5 atü	0,75 atü	1,0 atü	2,0 atü	3,0 atü	4,0 atü	5 atü	6 atü
$^1/_8''$	0,3	—	—	—	—	—	0,07	0,076	0,085	0,09
	0,5	—	—	—	—	0,08	0,1	0,115	0,13	0,14
	1,1	—	—	0,2	0,26	0,35	0,5	0,52	0,58	0,64
	1,6	—	0,41	0,55	0,58	0,82	1,0	1,15	1,3	1,4
	2,3	—	0,82	1,2	1,15	1,64	2,0	2,3	2,6	2,83
	2,8	0,9	1,23	1,7	1,73	2,4	3,0	3,5	3,9	4,25.
$^1/_4''$	3,6	1,5	2,05	2,5	2,92	4,1	5,0	5,8	6,5	7,0
	3,9	1,8	2,45	3,0	3,92	4,9	6,0	7,0	7,8	8,5
	4,8	2,6	3,7	4,5	5,2	7,4	9,0	10,4	11,6	12,7

Abb. 91 B zeigt eine Düsenform für flachen Streukegel; Abb. 91 A eine Düse mit einstellbarem Innenkegel, geeignet zu weniger feiner Zer-

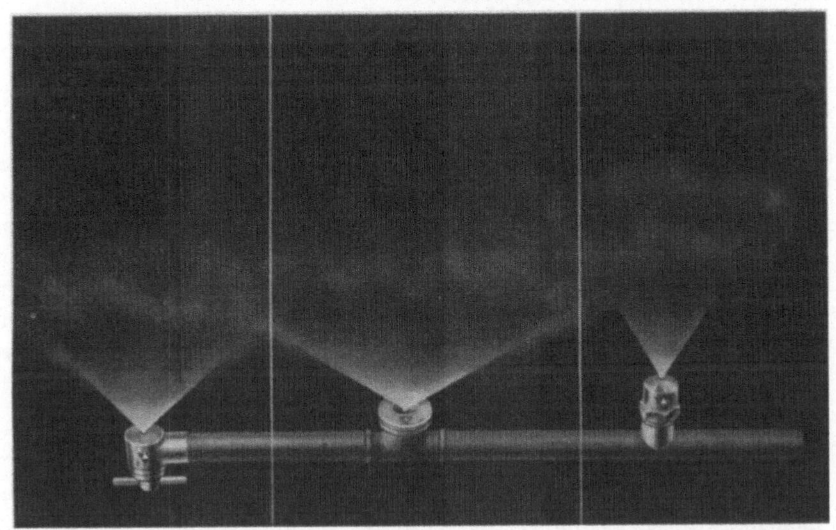

Abb. 91 a.

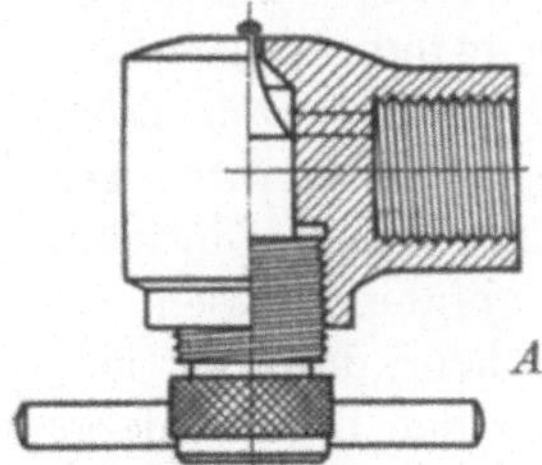

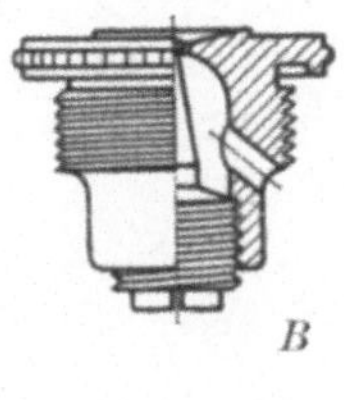

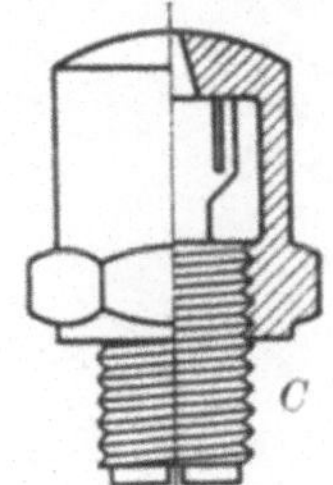

Abb. 91 b.

Ausführungsbeispiele von Druckwasserdüsen (DRP. Gustav Schlick, Dresden).

stäubung größerer Wassermengen, z. B. zum Beregnen von Füllkörpern. Die Düse nach Abb. 92 mit äußerem Prallkörper ergibt einen flachen Wassernebel mit zwei Hohlkegeln als Begrenzungsflächen; je nach der Einstellung ergibt sie feine Zerstäubung kleinerer oder gröbere Zerstäubung größerer Wassermengen.

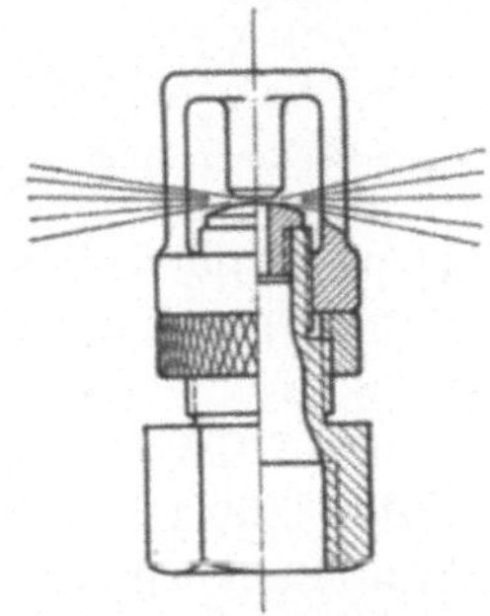

Abb. 92. Zerstäuberdüse mit einstellbarer äußerer Prallfläche (Carl Wiessner, Görlitz).

Als Baustoff von Zerstäuberdüsen wird zinkfreie Bronze bevorzugt. Öfters werden wegen der geringeren Kosten Gehause aus Eisen oder Messing mit Einsatz aus Bronze oder nicht rostendem Stahl verwendet. Auch aus Hartgummi, keramischen Stoffen u. a. werden Düsen hergestellt. Leicht zugänglicher Einbau, einfache Form und guter Baustoff der Düsen, sowie gut unterhaltene Filter ergeben ein Mindestmaß von Unterhalt.

4. Tropfenabscheider.

Der Tropfenabscheider ist ein wichtiges Element jeder Luftbehandlungsanlage. Nur bei der Zerstäubung mit Druckluft erhält man, bei guter Einstellung und Reinhaltung der Düsen, direkt einen so feinen Wassernebel, daß kein Tropfenabscheider nötig ist. Bei allen anderen Bauarten ist besondere Abscheidung der gröberen, zum Teil auch der feineren, unverdampften Wassertröpfchen vor Verlassen des Apparates nötig, wobei der dadurch verursachte Luftwiderstand möglichst klein sein soll. Besonders sorgfältig muß die Tropfenabscheidung bei solchen Apparaten sein, die die durchgesaugte Luft ohne Verteilleitung direkt in den Betriebsraum ausblasen. Gebräuchlich sind die folgenden Arten der Tropfenabscheidung.

a) Prallflächen.

Quer zum Luftstrome werden senkrecht oder schräg jalousieartige, mehrmals durchgekröpfte, rostbeständige Metallstreifen angeordnet. Ihr Zweck ist, durch den Anprall der Luft gegen die schrägen Flächen, durch Änderung von Richtung und Geschwindigkeit des Luftstromes, die kleineren Tröpfchen zu größeren zu vereinigen, die sich infolge ihres Gewichtes leichter abführen lassen. Um zu erreichen, daß die beim Anprallen der Luft niedergeschlagenen Tropfen nicht wieder mitgerissen werden, wird öfters die Vorderkante der Metallstreifen in der Form einer kleinen Rinne umgebogen, in der die Tropfen geschützt nach unten ablaufen können, siehe Abb. 93. Die Wahl der richtigen Abmessungen erfordert Erfahrung.

Abb. 93. Einige Formen von Tropfenabscheidern mit Prallflächen.

b) Tropfenabscheider aus geschichteten Füllkörpern.

Man läßt den Luftstrom durch eine Schicht von feuchtigkeitsbeständigen Füllkörpern streichen, z. B. Raschigringe, verzinkte Metallschnitzel u. dgl., die auf rostbeständiger Unterlage (Drahtgeflecht, Streckmetall, aus Kupfer, Bronce oder Eisen, feuerverzinkt) aufgebracht sind. Die Größe und Höhe der Schicht muß der Luftgeschwindigkeit angepaßt werden. Mit Rücksicht auf mäßigen Luftwiderstand soll die Durchtrittsfläche reichlich groß sein; durch Regeln der Schichthöhe und durch die Größe der Füllkörper kann man nach Bedarf die Tropfenabscheidung beeinflussen.

c) Tropfenaufsaugende Prallflächen.

Der Luftstrom wird durch Leitflächen abgelenkt, die mit Matten, Bürsten, Gummischwamm u. dgl. belegt sind. Auch werden zuweilen bei streifenförmigen Tropfenabscheidern der erst beschriebenen Art (a) die Prallflächen mit Filz, Gummischwamm u. dgl. belegt.

d) Rinnen und Fangschalen.

Bei Luftverteilrohren mit unterem Auslaßschlitz und darunter aufgehängter Tropfrinne kann diese bei genügender Breite und Seitenhöhe auch zur Tropfenabscheidung dienen; dadurch, daß der nach unten ausblasende Luftstrom beim Aufprall auf die Rinne Richtung und Geschwindigkeit ändert, werden die gröberen Tropfen abgeschleudert und nur nebelfeine Tröpfchen mitgenommen, die zur Nachverdampfung geeignet sind. Das gleiche gilt für genügend große Auffangschalen, die unter senkrecht nach unten ausblasenden Rohrstutzen angeordnet sind. In sehr staubigen Räumen sind allerdings die hier angeführten Tropfenabscheider weniger am Platze, da sich in den Rinnen und Schalen während der Betriebsstillstände leicht Staub absetzen kann.

5. Ventilatoren.

Der Wirkungsgrad des Ventilators und die Zweckmäßigkeit seiner Anordnung bestimmen, bei gleichem Widerstande der übrigen Teile der Anlage, den Kraftbedarf für die Luftbewegung. Der Ventilator soll schwingungsfrei und praktisch geräuschfrei laufen. Feuerverzinkte Ausführung ist zwar teurer, aber dauerhafter als Innenanstrich, der fast nie erneuert wird.

Bei Apparaten mit geringem Widerstand und bei einfachen, wenig verzweigten Luftverteilleitungen werden neuerdings vielfach statt Kreisellüfter (Zentrifugal-Ventilatoren) Schraubenlüfter verwendet, die gegenwärtig in guten Bauarten mit sehr hohem Wirkungsgrade, bis über 70%, hergestellt werden, vielfach mit gegossenen Läufern von hochwertigem Material. Beim Schraubenlüfter wird die Luft in gerader Richtung, mit annähernd gleicher Geschwindigkeit vor und hinter dem Läufer, bewegt, während sie beim Kreisellüfter in der Achsenrichtung angesaugt und quer dazu, meist mit größerer Geschwindigkeit, ausgeblasen wird. Um mit Kreisellüftern einen niedrigen Kraftverbrauch zu erzielen, werden besser größere, langsamer laufende, als kleine, schnelllaufende Bauarten gewählt. Bei größeren Leistungen ist es, wenn man geringsten Kraftverbrauch anstrebt, zuweilen vorteilhaft, den Antrieb für regelbare Drehzahl, z. B. mit Stufenscheibe oder, bei direkter Kuppelung, mit regelbarem Motor einzurichten, um im Sommer den Lüfter schneller, im Winter langsamer laufen zu lassen. Diese Regelung ist sparsamer als diejenige durch Drosselklappen. Ein genügend großer Umgehungskanal am Lufterhitzer dient dem gleichen Zwecke, wenn der Widerstand des Lufterhitzers einen verhältnismäßig großen Teil des Gesamtwiderstandes bildet.

Bei fliegender Anordnung des Läufers soll die Lagerung besonders sorgfältig sein; neuerdings wendet man gern Kugel- oder Walzenlager an, und zwar bei fliegend aufgesetztem Läufer in der Form von Doppellagern mit reichlich langer Büchse zwischen den beiden Lagern.

6. Lufterhitzer für Dampf oder Heißwasser.

An Stelle der früher üblichen Lufterhitzer mit Bündeln von glatten Rohren haben sich fast allgemein diejenigen mit Rippen- oder Lamellenrohren eingeführt; bei diesen sind auf den vom Dampf oder Heißwasser durchflossenen Rohren in kleinem Abstande runde Rippen oder viereckige Plättchen angebracht, die, zur Erzielung eines guten Wärmeüberganges, möglichst stramm auf dem Kernrohre sitzen sollen. Als Baustoff für Rohre und Rippen dient gewöhnlich weiches Flußeisen, wobei die einzelnen Rohrelemente zum Schutze gegen Rosten feuerverzinkt oder, in billigerer Ausführung, mehrmals in wärmebeständiger Rostschutzfarbe getaucht werden. Eine Anzahl nebeneinander angeordneter Rippenrohre wird zu einem Elemente mit gemeinsamer Zu- und Abfuhr des Heizmittels vereinigt, indem die Einzelrohre an beiden Enden an je ein gemeinsames Querrohr sorgfältig angeschweißt oder in Rohrböden eingewalzt werden; bei der Ausführung mit Rohrböden verwendet man gern kupferne Kernrohre, da die Innenverzinkung eiserner Rohre oft weniger haltbar ist. Lufterhitzer minderwertiger Bauart ergeben leicht Undichtigkeiten. Der Luftwiderstand eines Lufterhitzers ist kleiner, wenn er aus wenigen, z.B. zwei genügend großen, hintereinander gebauten Elementen besteht, als wenn, nach früherer Gewohnheit, eine größere Zahl kleinerer Elemente hintereinander geschaltet wird. Bei großen Elementen muß allerdings durch genügend lange konische Übergangsstücke oder durch eingebaute Leitbleche dafür gesorgt werden, daß der Luftstrom gut über die ganze Fläche des Lufterhitzers verteilt wird.

Bei größeren Anlagen erleichtert Unterteilung des Lufterhitzers in getrennt abschließbare Elemente die Regelung; Unterteilung meist in $^1/_2$—$^1/_2$ oder $^1/_3$—$^2/_3$ der gesamten Heizfläche. Auf gute Abfuhr des Niederschlagwassers ist bei Dampfheizung besonders zu achten; wenn die Heizleistung trotz ausreichenden Dampfdruckes zeitweilig zurückgeht, ist die Ursache meist schlechte Wasserabfuhr oder Verschmutzen der Luftsiebe.

Die Abb. 94a u. b zeigen in Ansicht und Schema eine Ausführung von Lufterhitzern, die bezweckt, dieselben im Sommer mit Brunnenwasser betreiben und dabei durch günstige Ausnutzung desselben eine möglichst kräftige Kühlung der Luft erreichen zu können; vgl. S. 61.

Abb. 94a. Lufterhitzer, umschaltbar als Kühler (Gea Lufterhitzer G.m.b.H., Bochum).

Lufterhitzer werden gewöhnlich für den Betrieb mit Mittel- oder Niederdruckdampf oder mit Heißwasser ausgeführt; höhere Temperatur des Betriebsmittels ergibt kleinere Abmessungen des Lufterhitzers. Dampf- und Kondenswasserleitungen zu isolieren hat keinen Zweck, wenn die von ihnen abgegebene Wärme der Raumheizung zugute kommt, und die Leitungen im Sommer außer Betrieb sind. Gruppen von Lufterhitzern werden neuerdings öfters an einen gemeinsamen Kondenswasserableiter angeschlossen, wobei jedoch fachkundiger Entwurf der Leitungen besonders nötig ist. Ferner sei die Einführung von H.D.-Heißwasser für den Betrieb vollständiger Fabrikheizungen erwähnt, wobei das Heißwasser dem Wasserraume von Dampfkesseln direkt entnommen und durch Umlaufpumpen geeigneter Bauart über das Heizungsnetz den Kesseln wieder zugepumpt wird.

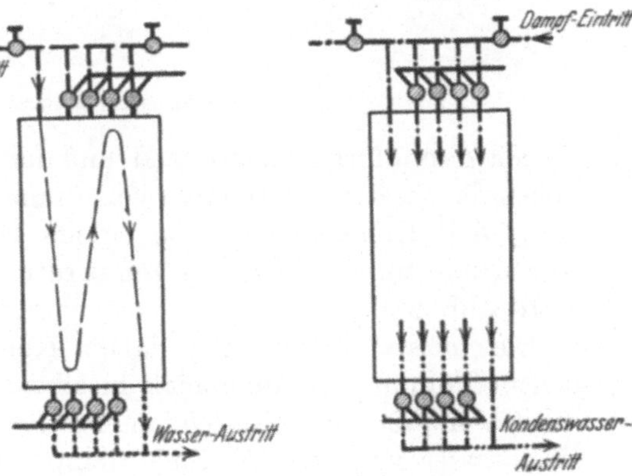

Abb. 94b. Desgleichen. Schema der Schaltvorrichtung (Gea Lufterhitzer G. m. b. H., Bochum).

Luftfilter.

Bei gewerblichen Anlagen, besonders bei solchen mit Luftwäschern, begnügt man sich meist mit einfachen, gut zugänglichen Siebfiltern aus Kupfer- oder Bronzegaze, die gröbere Verunreinigungen der Luft zurückhalten sollen; die selbstverständliche Forderung, die Filter öfters zu reinigen, wird leider häufig nicht erfüllt, wodurch sich Rückgang der Luftbewegung und — im Winter — der Heizleistung ergibt.

Bei höheren Ansprüchen an die Vorreinigung der Luft finden die bekannten Filterbauarten mit Stoffflächen, ölbenetzten Füllkörpern, Prallflächen usw. Verwendung[1].

7. Kältemaschinen[2,3].

Zur künstlichen Kälteerzeugung benutzt man niedrig siedende Stoffe, d. h. solche Flüssigkeiten, die bei gleichem Drucke wie Wasserdampf wesentlich niedrigere Temperaturen erfordern, um vom flüssigen

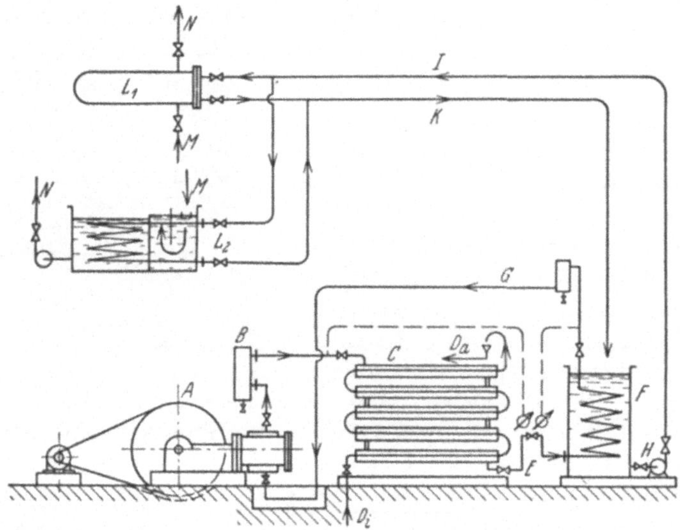

Abb. 95. Schema einer Kompressions-Kälteanlage.

in den dampfförmigen Zustand und umgekehrt überzugehen. Bei 0° haben die gesättigten Dämpfe von Ammoniak (NH_3), schwefliger Säure (SO_2) und Kohlensäure (CO_2) bereits Drücke von 3,4 bzw. 0,6 bzw. 34 atü; die zu verschiedenen Temperaturen gehörigen Sättigungsdrücke zeigt Abb. 96[3].

Die meiste Verbreitung haben Kompressionskältemaschinen, bei denen Dämpfe von Ammoniak in einem Kompressor *A* (Abb. 95) verdichtet und in einem Röhrenkondensator *C* beim gleichen Drucke durch Kühlwasser von 10—25° Zulauftemperatur verflüssigt werden. Nach Passieren eines zum Regeln der Leistung dienenden Hauptregulierventiles *E*, in dem die Flüssigkeit entspannt wird und teilweise verdampft, tritt das bereits abgekühlte Flüssigkeitsdampfge-

[1] Vgl. Qu.-V. 13. [2] Qu.-V. 7, 26. [3] Qu.-V. 25.

misch in die Kühlspirale des mit Sole gefüllten Verdampfergefäßes F; beim weiteren Verdampfen der Flüssigkeit entsteht die Abkühlung der Sole, welcher die zum Verdampfen nötige Wärmemenge bei tiefer Temperatur entzogen wird. Das stündlich durch den Kompressor geförderte und verdampfende Gewicht an Ammoniak bestimmt also, entsprechend der Verdampfungswärme je kg Ammoniak, die Kälteleistung.

Dem entspannten, dampfförmigen Kältemittel werden bei größeren Maschinen die letzten Flüssigkeitsreste in einem Abscheider entzogen,

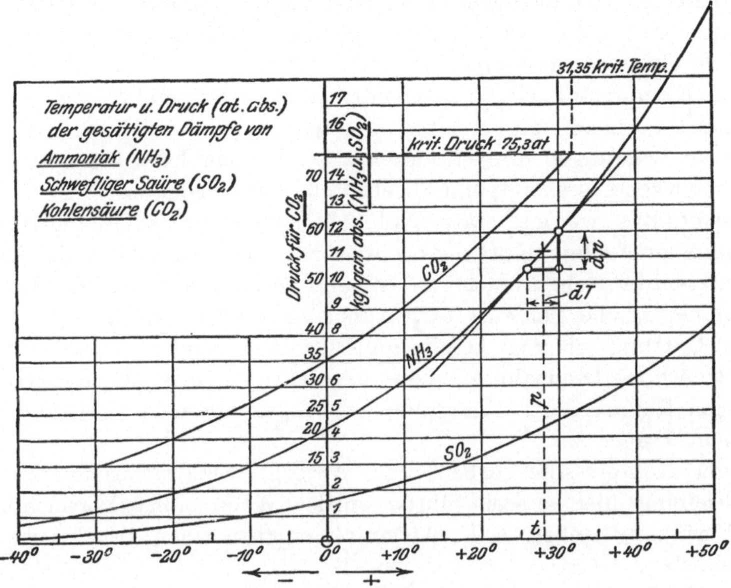

Abb. 96. Temperatur und Druck gesättigter Dämpfe von Ammoniak, schwefliger Säure und Kohlensäure.

der sie wieder dem Verdampfer zuführt; der gesättigte Dampf gelangt durch die Saugleitung G zu neuer Verdichtung nach dem Kompressor. In die Druckleitung wird stets ein periodisch abzulassender Ölabscheider B eingebaut. Je besser der zurückgesaugte Dampf von Flüssigkeit befreit ist, um so höher wird er bei der Verdichtung erhitzt, was die Leistung günstig beeinflußt.

Die gekühlte Sole (Lösung von Kochsalz, besser Chlorkalzium) wird durch eine Umlaufpumpe H entweder zu direkter oder, wie in der Abbildung dargestellt, zu indirekter Kühlung der Luft einer Solevorlaufleitung zugeführt, während der Solerücklauf in das Verdampfergefäß mündet. Bei direkter Luftkühlung durch Sole wird diese durch das aus der Luft niedergeschlagene Wasser allmählich verdünnt. Bei indirekter Kühlung wird das zum Kühlen der Luft verwendete Wasser mittels der Sole, wie in der Abbildung angedeutet, entweder in einem offenen Behälter L_2 mittels Kühlschlange oder in einem in die Wasserleitung eingebauten, geschlossenen Röhrenapparate L_1 gekühlt. Die Handräder der Abschlußventile von Wasser- und Soleleitung werden zweckmäßig so angeordnet, daß die Wasserleitung erst geschlossen werden kann, wenn die Soleleitung bereits abgeschlossen ist.

Der Kondensator wird bei beschränktem Raume in der Form von Doppelrohrelementen ausgeführt, siehe Abb. 95, wobei das Kühlwasser durch die inneren Rohre strömt, das Ammoniak durch die Hohlmäntel. Bei anderen Ausführungen wird eine vom Ammoniak durchströmte Spirale vom Kühlwasser berieselt oder in einem Behälter mit Rührwerk vom Kühlwasser umströmt.

Der Kompressor wird liegend oder stehend ausgeführt; als Kolbenkompressor meist mit leichten Plattenventilen, bei mittleren und größeren Leistungen doppeltwirkend, bei kleinen Leistungen zuweilen einfachwirkend, stehend, mit ölgefülltem Kurbelgehäuse.

Neuerdings werden statt Kolbenkompressoren auch umlaufende Kompressoren ohne Kurbelgetriebe verwendet, bei denen ein Läufer exzentrisch im Gehäuse gelagert ist, und in Längsschlitzen des Läufers radial bewegliche Schieber angeordnet sind. Mit einzelnen Bauarten dieser Gattung scheinen bereits günstige Erfahrungen vorzuliegen; sie gestatten hohe Drehzahl, ergeben also niedrigen Anschaffungspreis und geringen Raumbedarf. Für große Leistungen kommen Turbokompressoren in Frage.

Ohne Kompressoren arbeiten die Absorptionskältemaschinen, deren Beschreibung hier zu weit führen würde. Wenn billige Wärmequellen zur Verfügung stehen, z. B. Abdampf, ergeben sie u. U. niedrige Betriebskosten.

Die Bedienung von kleinen Kältemaschinen und solchen mittlerer Leistung erfordert weniger besondere Fachkenntnis als sorgfältige Beachtung der Betriebsvorschriften. Besonders geschultes Personal ist hierfür nicht nötig.

Der Kraftverbrauch ist um so kleiner, je weniger tief, infolge reichlich groß gewählter Kühlfläche, die Soletemperatur zu sein braucht; ferner, je kälteres Kühlwasser für den Verflüssiger zur Verfügung steht.

D. Wahl des Systems von Luftbehandlungsanlagen.

In den bisherigen Ausführungen wurde versucht, einen Überblick über verschiedene Ausführungsmöglichkeiten zu geben; dadurch wird im praktischen Einzelfalle die Auswahl einer günstigen Lösung erleichtert und, wie der Verfasser hofft, das Verständnis für sachkundige

Beratung gefördert. Die folgenden allgemeinen Bemerkungen über die Wahl des Systemes, die naturgemäß einige Wiederholungen enthalten, unterliegen durchaus der Einschränkung, daß im Einzelfalle besondere Erwägungen zu anderen Ergebnissen führen können; ferner sind sie im Zusammenhange mit den vorhergehenden ausführlicheren Angaben zu bewerten.

1. Neuanlagen.

Bei Neuanlagen erreicht man in der Regel die niedrigsten Anlage- und Betriebskosten, indem die Heizung und Lüftung mit der Be- bzw. Entfeuchtungsanlage von vornherein planmäßig vereinigt wird, ferner, sofern öl- und geruchfreier Dampf zur Verfügung steht, indem die Luftbefeuchtung im Winter und in den Übergangszeiten durch direkten Dampf in zweckmäßiger Anordnung erfolgt.

An Stelle von direktem Dampf kann auch Dampf von sehr niedriger Spannung (0,1—0,05 atü) verwendet werden, der in dampfbeheizten Röhrenapparaten in der Nähe der Verwendungsstelle erzeugt und nach den Luftwäschern oder den Luftverteilorganen geleitet wird.

Günstiger, als stark verzweigte Kanäle oder Rohrleitungen mit einer einzigen Hauptanlage, sind bei großen Räumen oft mehrere Gruppenanlagen mit getrennter Regelmöglichkeit und mit möglichst einfachen Luftverteilleitungen.

Hierbei ist es auch leichter, sich verschiedenen Anforderungen in den einzelnen Räumen oder Teilen derselben anzupassen.

Die Frage einer geregelten Abfuhr der Abluft ist allgemein lüftungstechnischer Art und je nach Lage der Verhältnisse zu beantworten. Oft kann man sich, wenn nicht die Abfuhr gesundheitsschädlicher Gase oder Dämpfe eine gut durchgebildete Absauganlage nötig macht, damit begnügen, die vorbehandelte Luft in guter Verteilung dem Betriebsraume zuzuführen, während die durch Zuluft verdängte Raumluft unter der Wirkung eines geringen Überdruckes durch die immer vorhandenen Undichtigkeiten entweicht. Besser ist es, um nicht an einzelnen Türen, Fenstern usw. Zug durch starkes Abströmen der Luft zu erhalten, von vornherein sorgfältig ausgewählte Abzugsöffnungen mit Schiebern vorzusehen. Auch von senkrechten, über den Raum gut verteilten Abzugsrohren kann man oft mit Nutzen Gebrauch machen. Um vom Winde weniger abhängig zu sein, werden an den Abzugsöffnungen zuweilen Ringventilatoren zuverlässiger Bauart gute Dienste leisten.

In sehr staubigen Räumen werden, wenn die Luftbehandlung nicht ausschließlich mit Frischluft erfolgen soll, gern Druckluftzerstäuber zur Luftbefeuchtung verwendet, am liebsten vor der Austrittsöffnung von Luftheizapparaten, um nur wenige Düsengruppen bedienen zu müssen. Wird jedoch stärkere Abkühlung der Luft oder zeitweilige

Entfeuchtung derselben gefordert, so werden Kasten bzw. Kammer apparate für reichlichen Wasserdurchsatz, mit Druckwasserzerstäubern oder mit Berieselung, nötigenfalls unter Vorschaltung von leicht zu reinigenden Luftfiltern, gewählt, öfters vereinigt mit örtlicher Befeuchtung.

In Räumen mit geringer oder mäßiger Staubentwicklung bieten Druckluftzerstäuber weniger Vorteil. Apparate, in denen die Luft durch Berieselung oder Zerstäubung zugleich gewaschen wird, werden in diesem Falle öfters bevorzugt, wobei jedoch Luftsiebe und Rückwasserfilter sorgfältig auszubilden sind.

Bei großen Räumen, die im Sommer starker Wärmezufuhr von außen, z. B. durch Scheddächer, und durch Wärmeabgabe von Menschen und Maschinen ausgesetzt sind, ist besonders sorgfältige Berechnung nötig, um so mehr, wenn ein hoher Feuchtigkeitsgrad auch bei sehr warmem und trockenem Wetter verlangt wird. Zeigt die Rechnung, daß es bei Zufuhr vorbehandelter, selbst beinahe gesättigter Feuchtluft schwierig wird, infolge der trocknenden Wirkung der Raumwärme den gewünschten Feuchtigkeitsgrad im Raume zu erreichen, so werden in erster Reihe die Feuchtluftmengen reichlich groß gewählt; stärkere Luftbewegung macht zugleich den Aufenthalt in warmen, sehr feuchten Räumen erträglicher. Außerdem verdient es in solchen Fällen Erwägung, mit Nachverdampfung zu arbeiten bzw. noch örtliche Einzelbefeuchter anzubringen oder, was den Unterhalt der Anlage vereinfacht, über den Raum gut verteilte Abluft- bzw. Rückluftöffnungen mit anschließenden Absaugerohren oder -kanälen anzuordnen.

Schleuderzerstäuber haben gegenüber Düsenapparaten den Vorteil größerer Einfachheit, da sie keiner Pumpenanlage bedürfen und bei einigen Bauarten auch keiner Wasserablaufleitung. Der Wasserdurchsatz der Schleuderzerstäuber ist jedoch gewöhnlich viel kleiner als der von kasten- bzw. kammerförmigen Apparate mit Düsen oder Berieselung, so daß letztere die Möglichkeit bieten, mit kaltem Brunnenwasser die Luft stärker abzukühlen und, nötigenfalls unter Zuhilfenahme mechanischer Kühlung, zeitweise auch zu entfeuchten.

Kleinere Einzelapparate, über den Betriebsraum verteilt, verwendet man zweckmäßig dann, wenn an bestimmten Stellen örtliche Befeuchtung von verschiedener Stärke gewünscht wird.

Ob man frei ausblasende Luftbehandlungsapparate oder Verteilleitungen wählt, ist im wesentlichen eine Kostenfrage. Sicherer erreicht man die gewünschte Verteilung der vorbehandelten Luft natürlich mit Verteilleitungen, die aber von einfachster Form und dementsprechend billig sein können. Ist der Platz für die Unterbringung von Luftverteilleitungen sehr beschränkt, so kann man deren Abmessungen kleiner als sonst üblich wählen, wobei allerdings der Kraftbedarf des Lüfters steigt und ein hoher Wirkungsgrad des Lüfters besonders anzustreben ist, um mäßigen Kraftverbrauch zu erhalten. Wählt man statt frei ausblasender Apparate solche mit Verteilleitung, und wird außer Heizung und Lüftung nur Befeuchtung der Luft mit der dabei, mit genügender Luftmenge erreichbaren Abkühlung bezweckt, so wird die Anlage sehr einfach bei Verwendung von Einheiten, bestehend aus:

Lufterhitzer, Schraubenlüfter mit Klappen für Frisch- und Umluft, gerader Luftleitung mit unterem Schlitz und Tropfrinne, Gruppe von einfachen Hochdruckdüsen (10—15 at) im Anfange der Luftleitung.

2. Nachträglicher Ein- oder Umbau von Luftbehandlungsanlagen.

Zahlreich sind die Betriebe, die veraltete Luftbefeuchtungsanlagen besitzen und damit nicht bei jeder Witterung denjenigen Zustand der Raumluft erreichen können, der angestrebt wird. Statt mit allerlei kleinen Hilfsmitteln Verbesserung zu versuchen, ist es in solchen Fällen ratsam, einen richtig durchgearbeiteten Plan aufzustellen, bei dessen Ausführung soviel wie möglich die vorhandenen Teile Verwendung finden. Hierzu holt man am besten den Rat einer unabhängigen, fachkundigen Persönlichkeit ein. Wenn eine solche nicht zur Verfügung steht, lasse man durch einige vertrauenswürdige Fachfirmen nach vorangegangener Besichtigung des Betriebes ausführliche Vorschläge für den vollständigen Umbau der bestehenden Anlage ausarbeiten, die Kosten ermitteln und die für den Erfolg zu leistende Gewährleistung aufgeben.

Ungenügende Leistung vorhandener Luftbefeuchtungsanlagen kann man zuweilen ohne große Kosten dadurch vergrößern, daß das zur Zerstäubung verwendete Wasser vorgewärmt oder — im Winter — direkter Dampf dem Luftstrome vor dessen Austritt aus der Verteilleitung zugemischt wird. Häufig ist — besonders in Räumen mit starker Wärmezufuhr — die durch die Luftbefeuchtungsanlage bewegte Luftmenge für warme Sommertage unzureichend und Vergrößerung derselben nötig. Allgemeine Richtlinien für den Umbau von unzureichenden, vorhandenen Anlagen können schwerlich gegeben werden; man muß im Einzelfalle die günstigste Lösung heraussuchen.

In Räumen, die überhaupt noch keine Einrichtung zur künstlichen Luftbehandlung haben, wohl aber mit ausreichender Heizung und Lüftung versehen sind, sind sinngemäß die Ausführungen des vorhergehenden Abschnittes anzuwenden. An vorhandene Lüfter oder Lufterhitzer kann man oft Düsen- oder Berieselungskammern anbauen, deren Abmessungen so zu wählen sind, daß die Leistung der Lüfter nur wenig durch den vergrößerten Luftwiderstand zurückgeht. Ist ein Feuchtigkeitsgrad von 70—80% erwünscht bzw. zulässig, also auch bei feuchtem Sommerwetter keine Entfeuchtung der Luft nötig, so wird man die einfachste Lösung oft mit Schleuderzerstäubern erreichen, denen im Winter direkter Dampf zugesetzt wird. Wird bei warmer und zugleich feuchter Außenluft, also bei schwülem Sommerwetter kräftige Abkühlung angestrebt, so muß man Apparate mit großem Wasserdurchsatz wählen, deren Anlage- und Betriebskosten etwas höher sind; Sinn hat diese größere Ausgabe aber nur, wenn eine ausreichende Menge kalten Brunnenwassers zur Verfügung steht, das vor sonstiger Verwendung erst der Luftbehandlungsanlage zugeführt werden kann.

Soll der Feuchtigkeitsgrad z. B. stets unter 60% liegen, und dabei mäßige Temperatur im Raume herrschen, so muß zu Apparaten für reichlichen Wasserdurchsatz und, bei den meist vorliegenden Temperaturen des Brunnenwassers, zu künstlicher Hilfskühlung gegriffen werden.

Verstärkung der vorhandenen Heizung ist nicht nötig, wenn die Befeuchtung im Winter durch direkten Dampf, also nicht durch Zerstäuben von kaltem Wasser geschieht, bzw. wenn das Zerstäuberwasser hinreichend vorgewärmt wird.

Für nachträglichen Einbau von Luftbehandlungsanlagen in sehr staubigen Räumen gilt das im vorhergehenden Abschnitte Gesagte.

Für rein örtliche Befeuchtung an einzelnen Stellen eines Raumes wählt man Einzelapparate mit Druckluft-, Düsen- oder Kreiselzerstäubung.

E. Betriebskosten.

Die Betriebskosten einer Luftbehandlungsanlage bestehen aus Abschreibung und Verzinsung, Verbrauch an Kraft, Wasser und Dampf, Lohn und Material für den Unterhalt. Der Verbrauch an Betriebskraft ist bei zweckmäßiger Anlage recht gering. Überschlägig kann man für vereinigte Lüftungs-, Heizungs- und Luftbe- oder -entfeuchtungsanlagen je 1000 m^3 stündlicher Luftbewegung 0,2—0,6 PS rechnen. Die niedrigeren Werte ergeben sich bei günstig gebauten Apparaten, ferner bei freiem Ausblasen der Luft oder bei Verteilleitungen von einfacher Form und reichlichen Abmessungen; die höheren Werte bei Apparaten mit größerem Luftwiderstande und Wasserdurchsatz, ferner bei mehr verzweigten Luftleitungen und knapperen Abmessungen derselben, sowie bei weniger günstigem Einbau und Wirkungsgrade der Lüfter. Die günstigste Stärke der Luftbewegung, also Frisch- und Umluft zusammen, muß im Einzelfalle ermittelt werden; meist liegt sie zwischen dem Zweifachen und dem Achtfachen des Rauminhaltes. Demnach kommt man je 1000 m^3 Rauminhalt zu einem Kraftbedarf für Lüftung, Heizung und Luftbehandlung, der überschlägig zwischen

$^1/_2$ und 3 PS beträgt. Günstig ist es, im Sommer mit größerer, im Winter mit kleinerer Luftbewegung zu arbeiten.

Der Mehrverbrauch an Pumpenarbeit für größeren Wasserdurchsatz, zu kräftiger Kühlung oder Entfeuchtung ist nicht wesentlich, solange man mit Brunnenwasser auskommt, zumal es sich hierbei nur um einen kleinen Teil der jährlichen Betriebszeit handelt.

Beschränkt man z. B. bei einem auf 60% relativer Feuchtigkeit zu haltenden Raume von 3000 m³ Inhalt, dem im Sommer durchschnittlich 10000 m³ Frischluft per Stunde zugeführt werden, bei sehr warmem und zugleich feuchtem Wetter die Frischluftzufuhr auf 5000 m³/St., so wird mit

5000 m³/St. $\approx$ 5600 kg Frischluft von $t = 28^\circ$, $\varphi = 80\%$, $x_1 = 19$, $i_1 = 18{,}3$,

5000 m³/St. $\approx$ 5600 kg Umluft von $t = 25^\circ$, $\varphi = 60\%$, $x_2 = 11{,}5$, $i_2 = 13$

die vom Luftwäscher zu behandelnde Luftmenge $\approx$ 11200 kg/St. Mischluft von $x_m = 15{,}2$, $i_m = 15{,}6$, demnach (lt. Molliertafel) $t_m \approx 27^\circ$. Zur Abkühlung auf 17° sind diesem Gemisch je kg Luft $15{,}6 - 11{,}1 = 4{,}5$ WE zu entziehen, insgesamt $11200 \cdot 4{,}5 = 50400$ WE/St. Steht Brunnenwasser von 12° zur Verfügung, das bei der Kühlung der Luft auf 15°, also um 3° erwärmt wird, so beträgt der Wasserbedarf $\frac{50400}{3} = 16800$ kg/St. Bei einer angenommenen manometrischen Förderhöhe der Pumpe von 25 m und einem Wirkungsgrade von z. B. 63% wird der Kraftbedarf der Pumpe

$$N = \frac{16800}{3600} \cdot \frac{25}{75 \cdot 0{,}63} = 2{,}5\ \text{PS}.$$

Je 1000 m³ Rauminhalt ergibt dies 0,83 PS als Höchstwert während einer kleinen Anzahl besonders ungünstiger Sommertage.

Nimmt man für die Luftbewegung den vom Ventilator zu erzeugenden Gesamtdruckunterschied zu 40 mm WS an, den Wirkungsgrad des Ventilators zu $\eta = 0{,}55$, so wird der Kraftbedarf für die Luftbewegung

$$N_L = \frac{10000}{3600} \cdot \frac{40}{75 \cdot 0{,}55} = 2{,}7\ \text{PS},$$

d. h. je 1000 m³/St. 0,27 PS bzw. je 1000 m³ Rauminhalt 0,9 PS. Bei günstigen Abmessungen gelingt es, niedrigere Werte zu erhalten.

Bei mechanischer Kühlung durch Kältemaschinen (vgl. S. 162ff.) wird der Kraftbedarf wesentlich größer; als Überschlagswert kann man für Ammoniak-Kompressionsmaschinen einschließlich der Soleumlaufpumpe bei Kühlwassertemperaturen von 12—15° etwa 4—5 PS je 10000 WE/St. rechnen.

Darum unterteilt man bei großen Anlagen zur Luftkühlung bzw. -entfeuchtung die Düsen- oder Berieselungskammern in zwei Zonen:

eine Vorkühlzone mit Brunnenwasser, das getrennt abgeführt wird, und eine Nachkühlzone mit künstlich gekühltem Umlaufwasser.

Druckluftzerstäuber haben ausschließlich der Lüftung und Heizung je Düse von etwa 4 Liter stündlicher Zerstäubung einen Kraftverbrauch von rund 0,23 PS, mäßigen Druckverlust in der Rohrleitung vorausgesetzt. Je Liter zerstäubten Wassers kann man überschlägig eine vom Gebläse anzusaugende Luftmenge von 1,8 m^3 rechnen.

Für den Winterbetrieb einer Luftbefeuchtung kann man an Dampf, sei es zur direkten Befeuchtung oder zum Verdunsten von zerstäubtem Wasser, für überschlägige Rechnungen etwa 6—10 kg je 1000 m^3 stündlicher Lufterneuerung rechnen. Bei reinem Umluftbetriebe kann man überschlägig die gleichen Werte je 1000 m^3 Rauminhalt annehmen. Der Verbrauch ist um so höher, je mehr Feuchtigkeit durch Türen, Undichtigkeiten usw. verloren geht und ersetzt werden muß.

Über Abschreibung und Verzinsung erübrigen sich besondere Bemerkungen.

Die Unterhaltskosten sind bei zweckmäßiger Anlage gering. Anlagen mit zahlreichen, über die Betriebsräume verteilten Einzelapparaten erfordern naturgemäß mehr Aufsicht und Instandhaltung als solche mit Gruppen- oder Hauptapparaten. Zerstäuberdüsen erfordern um so weniger Unterhalt, je besser durch Verwendung von weichem, eisenarmem Wasser, durch gute Filter und Siebe, ferner durch nicht rostendes Leitungsmaterial zwischen den Filtern und Düsen Verstopfungen der Düsen vorgebeugt wird.

Wenn die Beschaffung von weichem, eisenarmem Wasser unverhältnismäßig große Schwierigkeiten bereitet, verwendet man besser Schleuderzerstäuber oder Berieseler an Stelle von Düsen.

Zahlentafeln.

Zahlentafel 1. Höchstwassergehalt in 1 m^3 feuchter Luft in Gramm beim Barometerstande 760 mm QS.

(Nach Recknagels Kalender für Gesundheits- und Wärmetechnik 1928, Berlin-München.)

Temp. °C	Wassergehalt g/m³	Temp. °C	Wassergehalt g/m³	Temp. °C	Wassergehalt g/m³	Temp. °C	Wassergehalt g/m³
— 20	1,05	9	8,82	25	22,93	42	56,25
— 15	1,58	10	9,39	26	24,24	44	62,05
— 10	2,3	11	10,01	27	25,64	46	68,36
— 8	2,69	12	10,64	28	27,09	48	75,22
— 6	3,13	13	11,32	29	28,62	50	82,63
— 4	3,64	14	12,03	30	30,21	—	—
— 2	4,22	15	12,82	31	31,89	—	—
0	4,89	16	13,59	32	33,64	—	—
+ 1	5,23	17	14,43	33	35,48	—	—
2	5,60	18	15,31	34	37,40	—	—
3	5,98	19	16,25	35	39,41	—	—
4	6,39	20	17,22	36	41,51	—	—
5	6,82	21	18,25	37	43,71	—	—
6	7,28	22	19,33	38	46,00	—	—
7	7,76	23	20,48	39	48,40	—	—
8	8,28	24	21,68	40	50,91	—	—

Zahlentafel 2. Zahlenwerte für Rechnungen mit feuchter Luft, gültig für einen Barometerstand von 760 mm QS.[1].

t °C Lufttemperatur.

γ kg/m³ Spez. Gewicht der trockenen Luft.

γ_s kg/m³ Spezifisches Gewicht gesättigter, feuchter Luft.

h_s mm QS. Sättigungsdruck des Wasserdampfes.

x_s g/kg Wassergehalt gesättigter feuchter Luft bez. auf 1 kg Reinluft.

i_s WE/kg Wärmeinhalt gesättigter feuchter Luft für 1 kg trockener Luft und den zugehörigen Wassergehalt x_s.

t °C	γ kg/m³	γ_s kg/m³	h_s mm QS.	x_s g/kg	i_s WE/kg	t °C	γ kg/m³	γ_s kg/m³	h_s mm QS.	x_s g/kg	i_s WE/kg
— 20	1,396	1,395	0,77	0,63	— 4,43	26	1,181	1,166	25,21	21,4	19,2
— 15	1,368	1,367	1,24	1,01	— 3,01	27	1,177	1,161	26,74	22,6	20,2
— 10	1,342	1,341	1,95	1,60	— 1,45	28	1,173	1,156	28,35	24,0	21,3
— 8	1,332	1,331	2,32	1,91	— 0,79	29	1,169	1,151	30,04	25,6	22,5
— 6	1,322	1,320	2,76	2,27	— 0,10	30	1,165	1,146	31,82	27,2	23,8
— 4	1,312	1,310	3,28	2,69	0,64	31	1,161	1,141	33,70	28,8	25,0
— 2	1,303	1,301	3,88	3,19	1,41	32	1,157	1,136	35,66	30,6	26,3
+ 0	1,293	1,290	4,58	3,78	2,25	33	1,154	1,131	37,73	32,5	27,7
+ 1	1,288	1,285	4,93	4,07	2,66	34	1,150	1,126	39,90	34,4	29,3
2	1,284	1,281	5,29	4,37	3,08	35	1,146	1,121	42,18	36,6	30,8
3	1,279	1,275	5,69	4,70	3,52	36	1,142	1,116	44,56	38,8	32,4
4	1,275	1 271	6,10	5,03	3,96	37	1,139	1,111	47,07	41,1	34,0
5	1,270	1,266	6,54	5,40	4,42	38	1,135	1,107	49,69	43,5	35,7
6	1,265	1,261	7,01	5,79	4,90	39	1,132	1,102	52,44	46,0	37,6
7	1,261	1,256	7,51	6,21	5,40	40	1,128	1,097	55,32	48,8	39,6
8	1,256	1,251	8,05	6,65	5,90	41	1,124	1,091	58,34	51,7	41,6
9	1,252	1,247	8,61	7,13	6,43	42	1,121	1,086	61,50	54,8	43,7
10	1,248	1,242	9,21	7,63	6,97	43	1,117	1,081	64,80	58,0	45,9
11	1,243	1,237	9,84	8,15	7,53	44	1,114	1,076	68,26	61,3	48,3
12	1,239	1,232	10,52	8,75	8,14	45	1,110	1,070	71,88	65,0	50,8
13	1,235	1,228	11,23	9,35	8,74	46	1,107	1,065	75,65	68,9	53,4
14	1,230	1,223	11,99	9,97	9,36	47	1,103	1,059	79,60	72,8	56,2
15	1,226	1,218	12,79	10,6	9,98	48	1,100	1,054	83,71	77,0	59,0
16	1,222	1,214	13,63	11,4	10,7	49	1,096	1,048	88,02	81,5	62,1
17	1,217	1,208	14,53	12,1	11,4	50	1,093	1,043	92,51	86,2	65,3
18	1,213	1,204	15,48	12,9	12,1	52	1,086	1,031	102,1	96,6	72,3
19	1,209	1,200	16,48	13,8	12,9	54	1,080	1,019	112,5	108	80,0
20	1,205	1,195	17,53	14,7	14,8	56	1,073	1,007	123,8	121	88,6
21	1,201	1,190	18,65	15,6	14,6	58	1,067	0,995	136,1	136	98,5
22	1,197	1,185	19,83	16,6	15,3	60	1,060	0,981	149,4	152	109
23	1,193	1,181	21,07	17,7	16,2	62	1,054	0,968	163,8	171	121
24	1,189	1,176	22,38	18,8	17,2	64	1,048	0,954	179,3	192	135
25	1,185	1,171	23,76	20,0	18,1	66	1,041	0,939	196,1	216	151
						68	1,035	0,924	214,2	244	169

[1] Nach Rietschel: Heiz- und Lüftungstechnik. S. 279 (Zahlentafel 19). Berlin: Julius Springer 1930.

Zahlentafel 3[1]. Einfluß der berieselten Oberfläche und der Luftgeschwindigkeit auf den Wärmeaustausch zwischen Luft und Wasser.

(Für einen Versuchsapparat mit $G_w = 150$ kg Wasserumlauf/St., Lufteintritt $t_1 = 19°$ C, $x_1 = 7{,}4$ g, $i_1 = 9{,}0$ WE/kg.)

Riesel-fläche	Wassertemp. °		Wasser-zusatz-menge	Luftaustritt		$x_2 - x_1$	$i_2 - i_1$	$1000 \frac{i_2-i_1}{x_2-x_1}$	Q	Q_L	Q_w	$\frac{Q_w}{Q_L}$
	Eintritt	Austritt		Temp. °C	Rel. Feucht.							
m²	t_e	t_a	kg/St.	t_2	φ_2	g/kg	WE/kg		WE/St.	WE/St.	WE/St.	
1. Luftmenge $G_L = 37{,}5$ kg/St.												
0	40	38,8	0,229	23,4	0,72	6,1	4,8	790	178	40,4	137,6	3,4
2	40	37,6	0 461	27,7	0,81	12,3	9,6	780	360	81,3	278,7	3,45
6	40	35,4	0,881	35,3	0,82	23,7	18,4	810	690	152,0	538	3,55
10	40	34,0	1,159	39,9	0,78	30,9	24,0	780	900	196,0	704	3,59
10	50	40,9	1,757	49,9	0,64	46,8	36,4	780	1370	294,0	1076	3,67
2. Luftmenge $G_L = 75$ kg/St.												
0	40	37,8	0,405	23,0	0,71	5,4	4,3	800	322	73,4	248,6	3,4
2	40	35,8	0,818	26,7	0,80	10,9	8,5	780	638	142	496	3,5
6	40	31,8	1,582	33,5	0,83	21,1	16,4	770	1225	270	955	3,53
10	40	29,5	2,025	37,4	0,80	27,0	21,0	780	1570	344	1226	3,55
10	50	34,4	3,019	45,8	0,70	40,2	31,2	780	2340	542	1798	3,31

[1] Nach Merkel, F.: Q.-V. 8.

Quellenverzeichnis.

(Abgekürzter Hinweis Qu.-V.)

1. Mollier: Ein neues Diagramm für Dampfluftgemische. Z. V. d. I. **1923**, 869—872.

2. Mollier: Das ix-Diagramm für Dampfluftgemische. Z. V. d. I. **1929**, 1009—1013, und Festschrift zum 70. Geburtstage von A. Stodola (1929) S. 438.

3. Grubenmann: Ix-Tafeln feuchter Luft. Berlin: Julius Springer 1926.

4. Hirsch: Trockentechnik. Berlin: Julius Springer 1927.

5. Hirsch: Grundsätze zeitgemäßer Lüftung. Gesdh.ing. **1928**, 550 (s. auch 1926, 188).

6. Hirsch: Die Abkühlung feuchter Luft. Gesdh.ing. **1926**, 376.

7. Hirsch: Die Kältemaschine. Berlin: Julius Springer 1924.

8. Merkel: Verdunstungskühlung. Mitt. über Forschungsarbeiten H. 275. Herausgegeben vom Verein deutscher Ingenieure. VDI-Verlag 1925.

9. Rietschel: Heiz- und Lüftungstechnik. Berlin: Julius Springer 1930.

10. Gramberg: Technische Messungen. Berlin: Julius Springer.

11. Thiesenhusen: Untersuchungen über die Wasserverdunstung. Gesdh.ing. **1930**, 113—119.

12. Kastner: Luftbefeuchtungsanlagen. München-Berlin: R. Oldenbourg 1931.

13. Mode: Ventilatoranlagen. Berlin-Leipzig: W. de Gruyter & Co. 1931.

14. Regeln für Leistungsversuche an Ventilatoren und Kompressoren. Berlin: VDI-Verlag 1926.

15. Luftbefeuchtung und Ventilation in der Textilindustrie. Reichenberg (Böhmen) 1909. Sonderabdruck aus der Zeitschrift „Österreichs Wollen- und Leinenindustrie".

16. Air conditioning in Printing and Lithographic Plants. Bull. 1029. Parks-Cramer Company, Fitchburg-Boston, USA.

17. Kniehahn: Verstärker. Maschinenbau **1931**, H. 7 u. 8.

18. Baumann: Kühlung und Entfeuchtung von Raumluft. Brown-Boveri-Mitt., Sept. 1930 (AG. Brown-Boveri & Co., Baden.)

19. Lewis: The evaporation of a liquid into a gaz. Mechanical Engg. **1922**, 445.

20. Kevil and Levis: Dehumidification of air. Industrial and Eng. Chemistry **10**, Nr 10 (1918).

21. Lieneweg: Siemens-Ztschr. **1931**, H. 11 und **1931**, H. 1.

22. Hausbrand: Verdampfen, Kondensieren, Kühlen. Berlin: Julius Springer (Hirsch-Hausbrand 1931).

23. Regeln für die Berechnung des Wärmebedarfes usw. Berlin: Selbstverlag des Verbandes der Zentralheizungsindustrie.

24. Berlowitz: Zentrale Lüftungsanlagen. Bauwelt 27. Febr. 1930.

25. Schüle: Leitfaden der technischen Wärmetechnik. Berlin: Julius Springer 1920.

26. Göttsche: Taschenbuch für Kältetechniker. Hamburg: Hanseatische Verlagsanstalt 1930.

27. Hüttig, Heizungs- und Lüftungsanlagen für Fabriken. Leipzig: Otto Spamer 1931.

Buchdruckerei Otto Regel G. m. b. H., Leipzig.

Druckfehlerberichtigung.

Seite 15, Zeile 23 u. 29 von oben, lies: φ_2 statt φ_3;

„ 19, „ 8 „ „ „ 0,6 statt 0,65;

„ 20, „ 4 „ „ „ *DA'* statt *DA*;

„ 24, vorletzte Zeile, ist einzufügen:

„Die Beschränkung des Richtungsstrahles auf Werte bis etwa 640 gilt nur für kleine Wasserflächen bei großen Luftmengen. Ist die heiße Wasserfläche im Verhältnis zur Luftmenge groß, so werden unschwer Richtungsstrahlen vom Werte 800 und mehr erreicht, vgl. Zahlentafel 3 und Gleichung 25, S. 29."

Seite 28, Zeile 28 von oben, lies: 1000 statt 750;

„ 30, „ 3 „ unten, „ °C fällt weg, also: WE/m³/St;

„ 35, „ 12 „ oben, „ h_d statt h_w;

„ 53, „ 14 „ „ „ x_d' statt x_d;

„ 57, „ 11 „ „ „ 39% statt 54%;

„ 58, „ 24 „ „ „ $i_{L2} - i_{L1}$ statt $i_{L1} - i_{L2}$;

„ 65, zweite Spalte der Zahlentafel, lies: 2250 statt 1480;

„ 70, Zeile 4 von unten, lies: 25,5° statt 26°;

„ 76, zweite Spalte der Zahlentafel, lies: 2250 statt 1480;

„ 78, Zeile 17 von oben, lies: 24000 statt 25000;

„ 143, „ 16 „ „ „ Relais rechts statt links;

„ 143, „ 27 „ „ „ Relais links „ rechts;

„ 172, „ Zahlentafel 2, bei $t = 20$ letzte Spalte i_s, lies: 13,7 statt 14,8.

Additional material from *Luftbehandlung in Industrie- und Gewerbebetrieben,* ISBN 978-3-642-98218-7, is available at http://extras.springer.com